협력의 진화

The Evolution of Cooperation

협력의 진화

The Evolution of Cooperation

이기적 개인으로부터 협력을 이끌어내는 팃포탯 전략

로버트 액설로드 지음 | **이경식** 옮김

시스테마

| 편집자 주 |

본문에서 용어의 원어를 병기했으나, 기존 국내 번역 용어들이 통일되어 있지 않아 독자들이 혼란스러워 할 소지가 있어, 이 책에서 채택한 역어들을 아래에 정리한다. 도움을 주신 경북대학교 최정규 교수(『이타적 인간의 출현: 게임이론으로 푸는 인간 본성의 진화』 저자)께 감사드린다.

- iterated Prisoner's Dilemma 반복적 죄수의 딜레마
- payoff 보수
- payoff parameter 보수 변수
- reciprocity 호혜주의
- territoriality 세력권제 / territory 세력권
- move 게임: 반복적 죄수의 딜레마 게임에서 배반 또는 협력을 선택하는 한 시점. 수.
- game 전체게임: 게임을 200회(1차 대회 기준) 반복하는 행위. 경기.
- tournament 대회: 이 책에서는 라운드로빈 방식의 대회를 뜻한다. 즉, 모든 선수가 돌아가며 대전해 가장 높은 점수를 얻는 선수가 우승하는 대회. 리그전.

* 다음 용어들은 본문에서 맥락에 따라 혼용된 경우도 있으나, 궁극적으로 모두 죄수의 딜레마 게임을 하는 두 개체를 뜻한다.

- player 경기자, 참가자
- entry, participant 참가자
- program 프로그램
- rule, strategy 규칙, 전략

리처드 도킨스

『이기적 유전자』 저자, 옥스퍼드대학교 뉴칼리지 명예교수

이 책은 낙관론 그 자체이다. 그러나 이 낙관론은 비현실적인 희망 사항이나 늘어놓고 감격스러워하는 순진한 낙관론이 아니라 믿음직한 낙관론이다.

믿을 만하려면 낙관론은 우선 인간뿐 아니라 전체 생명의 본성까지 포함하는 근본적 현실을 있는 그대로 인정해야 한다. 여기서 생명이란 물론, 외계에도 생명이 있다면 그것들까지 아울러서, 다윈적 생명을 의미한다. 다윈적 세계에서는 살아남는 자가 살아남으므로(진화론은 동어반복이라는 비판을 역으로 비꼰 표현 - 옮긴이) 그 세계는 살아남는 데 필요한 온갖 특성들로 가득 차게 된다. 따라서 다윈주의자로서 우리의 시작은 비관적이다. 자연선택된 뿌리 깊은 이기심으로 남

의 고통에 피도 눈물도 없이 무관심하며, 남을 이용하여 야멸차게 나의 성공을 추구해 나간다. 그런데 그런 비틀린 시작으로부터, 굳이 의도하지 않더라도 거의 형제애나 다름없는 우애가 실제로 생겨난다. 이것이 로버트 액설로드의 비범한 책이 주는 고무적인 메시지이다.

내가 이 책의 서문을 쓸 자격이 있는지 설명하는 것은 여기서 부차적이기는 해도 그간의 일을 이야기하기에 좋다. 위에 언급한 비관적 원리를 설명한 내 첫 번째 저서 『이기적 유전자 The Selfish Gene』를 출간하고 몇 년 뒤인 1970년대 말, 로버트 액설로드라는 모르는 미국인 정치학자로부터 느닷없이 편지를 한 통 받았다. 반복적 죄수의 딜레마 게임을 하는 컴퓨터 대회를 개최한다고 공지하면서 나에게 참가해 달라는 것이었다. 정확히 말하자면 경기를 치를 컴퓨터 프로그램을 제출해 달라는 것인데, 컴퓨터 프로그램은 앞을 내다볼 의식이 없다는 바로 그 이유에서 이 점을 명확히 해두는 것은 중요하다. 그때 유감스럽게도 여건이 안 되어 나는 경기에 참가하지 못하였다. 그러나 그의 아이디어에 큰 흥미를 느껴 수동적이기는 하지만 나름대로 그 일에 중요한 기여를 하였다. 액설로드는 정치학 전공 교수이므로 내 딴에는 그가 진화생물학자와 공동 작업을 할 필요가 있겠다는 생각이 들었다. 그래서 답장을 보내 우리 시대 최고의 다윈론자인 윌리엄 해밀턴을 소개해 주었다. 불행히도 해밀턴은 2000년도에 콩고 정글 탐사를 나갔다가 세상을 떠나 지금은 우리 곁에 없다. 당시에 액설로드와 해밀턴은 둘 다 미시간대 교수였지만 서로 다른 과에 있어 모르는 사이였다. 내 편지를 받자 액설로드는 곧장 해밀턴에게 연락을 취해 공동연구를 시작하여 이 책의 전신이 된 논문을 완성했고, 그 내용을 요약한 것이 5장이다. 논문의 제목은 이 책의 제목과 같았는데, 1981년 《사이언스》에 발표되었고 미국과학진흥회의 뉴컴 클리블랜드상을 수상하였다.

『협력의 진화』 미국 초판은 1984년에 출간되었다. 나는 책이 나오자마자 구입해 흥분에 휩싸여 읽었으며, 이 책의 전도사라도 된 듯 만나는 사람들마다 붙잡고 읽으라고 권하였다. 수년간 내가 가르친 옥스퍼드 대학교 학부생들은 한 사람도 빠짐없이 액설로드의 책을 읽고 에세이를 써내야 했다. 학생들은 『협력의 진화』를 주제로 에세이 쓰는 것을 제일 좋아하였다. 그러나 이 책은 영국에서는 출판되지 않았다. 어차피 책이란 매체는 애석하게도 텔레비전에 비해 영향력이 적다. 그래서 1985년 BBC 방송의 제러미 테일러가 액설로드의 책을 바탕으로 하는 프로그램 〈호라이즌Horizon〉에 해설자로 출연해 달라고 제안해 왔을 때 나는 기꺼이 수락했다. 우리는 그 다큐멘터리 제목을 '맘씨 좋은 녀석이 일등한다Nice Guys Finish First'로 정했다. 나는 축구장, 영국 공업단지 한가운데 있는 학교, 폐허가 된 중세수녀원, 감기 예방접종을 실시하고 있는 클리닉, 1차 세계대전 참호 모형과 같이 낯선 현장에서 내 대사를 말해야 했다. 〈맘씨 좋은 녀석이 일등한다〉는 1986년 봄 처음 방영되어 호평을 받았고 매우 성공적이었다. 미국에서는 이 프로가 한 번도 방영되지 않았는데, 내 알아듣기 힘든 영국 억양 때문 아니었나 싶다. 그 프로 덕에 나는 잠시 "용서", "너그러움", "착한 마음씨" 등을 설파하는 공식 대변인과 같은 대접을 받았다. 그것은 적어도 무척 다행스러운 일이자, 내용보다 제목의 힘이 얼마나 막강한지를 보여준 유익한 교훈이었다. 내가 이전에 낸 책 제목이 '이기적인 유전자'라 나는 그동안 마치 이기주의 옹호자라도 되는 듯 여겨지던 터였기 때문이다. 이번 다큐멘터리는 제목이 '맘씨 좋은 녀석이 일등한다'여서 이번에 나는 미스터 나이스 가이로 환영받았다. 이기주의자도 맘씨 좋은 녀석도 책과 영화의 내용에 등장하는 것은 아니었는데 말이다. 그럼에도, 맘씨 좋은 녀석이 방영되고 몇 주 후부터 나는 기업가들의 점심접대를 받으며 착함에 대한 조언을 듣고 있었다. 영국의 유명 의류 체인업체 회장은 그의 회사가 종업원들에게 얼마나 착한지 설명하기 위해 점심을 대접했다. 유명 과자회사 대변인 역시 비슷한 임무를 띠고 점심 초대를 하였다. 그녀는 자신의 회사가 초콜릿을 파는 주된 이유는 이윤 추구가 아니라 말 그대로 달콤함과 행복을 사람들에게 선사하기 위한 것이라고 했다. 미안하지만, 이들은 모두 핵심을 놓쳤다.

한번은 세계에서 가장 큰 컴퓨터 회사에서 나를 초대하여 그 회사 간부들이 온종일 하는 전략 게임을 조직하고 감독해 달라고 하였다. 게임의 목적은 게임에서의 우호적 협력으로 임원들 사이 유대를 강화하려는 것이다. 빨강, 파랑, 녹색 세 팀으로 나뉘어 이 책의 중심 주제인 죄수의 딜레마 게임의 변형판을 진행했다. 불행하게도 회사의 목적인 협력적 유대는 극적인 이유로 실현되지 못하였다. 액설로드의 예측대로, 경기가 오후 4시 정각에 종료된다는 사실이 종료 직전 빨강팀으로 하여금 파랑팀을 크게 배반하게 만든 것이다. 하루 내내

협력의 진화

보이던 호의가 갑자기 깨진 일에 모두가 기분이 상했다는 것을 경기 후 가진 회의시간에 분명히 알 수 있었다. 임원들이 다시 함께 일할 것을 설득하기 위해 상담을 해야 할 정도였다.

1989년 나는 『이기적인 유전자』 개정판을 내자는 옥스퍼드 대학교 출판부의 요청을 받아들였다. 이 개정판에, 초판이 나오고 20여년 간 나를 가장 흥분시켰던 두 책을 바탕으로 새로 두 장을 써서 추가했다. 그중 첫 장이 액설로드의 연구를 소개하는 것이었음은 말할 것도 없다. 제목은 다시 '맘씨 좋은 녀석이 일등한다'로 했다. 여전히 나는 액설로드의 책이 영국에서도 꼭 출판되어야 한다고 생각했다. 그래서 펭귄북스에 연락하여 출판을 권유하였는데 다행히도 나의 권유를 받아들였고 영국판에 서문을 써달라는 청탁도 해왔다. 그런데 이번에는 로버트 액설로드 교수가 개정판을 낸다고 추천사를 써달라고 부탁하니 더욱 기쁘지 않을 수 없다.

『협력의 진화』는 첫 판이 나온 후 22년간 연구 논문들이 폭포처럼 쏟아져 나오게 했다고 말해도 과장이 아니다. 1988년 액설로드가 더글러스 디온Douglas Dion과 함께 협력의 진화로부터 직간접으로 파생되어 나온 연구논문들을 찾아 인용 논문 리스트를 작성해 보았다. 당시 시점까지 출간된 250개도 넘는 논문이 "정치와 법", "경제학", "사회학과 인류학", "응용생물학", "이론(진화론 포함)", "오토마타 이론(컴퓨터과학)", "새로운 대회", "기타"와 같은 표제 아래 분류되었다. 액설로드와 디온은 공동 작업으로 《사이언스》(Volume 242, 1998, 1385-1390)에 또 하나의 논문을 게재하였다. 제목은 「협력의 진화의

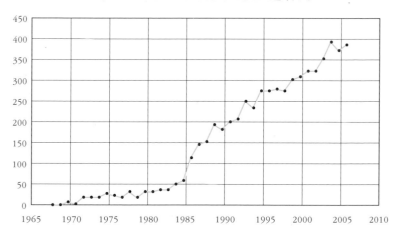

| 로버트 엑설로드의 저작물이 인용된 연간 횟수 |

진화'The Further Evolution of Cooperation」였는데 1984년 이후 4년간 이루어진 이 분야의 발전을 요약하는 것이었다. 이 리뷰가 나온 지 거의 20년이 지났지만 이 책에서 아이디어를 얻은 연구 분야들은 계속 빠르게 성장하고 있다. 위 그래프는 과학 논문에서 액설로드가 '연간' 인용되는 수를 나타낸 것인데 한 권의 책이 한 분야의 발전에 얼마나 큰 영향을 줄 수 있는지 생생히 보여준다. 1984년『협력의 진화』출간일 이후 가파른 증가세를 눈여겨 보라. 협력이론은 액설로드 자신이 추후에 쓴 책들(1997, 2001)뿐 아니라 전쟁의 예방(Huth 1988), 사회적 진화(Trivers 1985), 동물 사회에서의 협력(Dugatkin 1997), 인간의 역사(Wright 2000), 진화적 게임이론(Gintis 2000), 사회적 자본을 구축하는 신뢰와 상호성의 네트워크(Putnam 2000), 미시경제학(Bowles 2004), 과학소설(Anthony 1986) 등의 책들에서 더욱 확장

협력의 진화

되었다.

그러나 넘치는 새로운 연구들을 살펴보면서 내가 놀라는 것은, 결국 협력의 진화의 기본 결론은 변함이 없다는 것이다. 늙은 뱃사람처럼(콜리지의 시 「늙은 뱃사람의 노래」에서 인용 - 옮긴이) 나는 지난 세월 학생들, 동료들, 혹은 스쳐지나가는 수많은 사람들에게 이를 강조해 왔다. 나는 지구 위 모든 사람이 이 책을 공부하고 이해한다면 이 행성이 더 살기 좋은 곳이 되리라고 굳게 믿는다. 세계의 지도자들을 모두 가두어놓고 이 책을 준 다음 다 읽을 때까지 풀어주지 말아야 한다. 그것은 그들 개인에게 기쁨이 될 뿐 아니라 인류를 구원할 것이다. 『협력의 진화』는 기드온 성경Gideon Bible을 대체할 만한 가치가 있는 책이다.

참고 문헌

— Anthony, Piers. 1986. *Golem in the Gears*. New York: Ballantine Books.

— Axelrod, Robert. 1997. *Complexity of Cooperation: Agent-Based Models of Competition and Cooperation*. Princeton, NJ: Princeton University Press.

— Axelrod, Robert, and Michael D. Cohen. 2001. *Harnessing Complexity: Organizational Implications of a Scientific Frontier*. New York: Free Press.

— Bowles, Samuel. 2004. Microeconomics: *Behavior, Institutions, and Evolution*. New York: Russel Sage Foundation and Princeton University Press.

— Dugatkin, Lee Alan. 1997. *Cooperation Among Animals: An Evolutionary Perspective*. New York and Oxford: Oxford University Press.

— Gintis, Herbert. 2000. *Game Theory Evolving: A Problem-Centered Introduction to Modeling Strategic Interaction*. Princeton, NJ: Princeton University Press.

— Huth, Paul K. 1998. *Extended Deterrence and the Prevention of War*. New Haven, CT and London: Yale University Press.

— Putnam, Robert D. 2000. *Bowling Alone: The Collapse and Revival of American Community*. New York: Simon & Schuster.

— Trivers, Robert. 1985. Social Evolution. Menlo Park, CA: Benjamin/ Cummings.

— Wright, Robert. 2000. *Non-Zero: The Logic of Human Destiny*. New York: Pantheon.

협력의 진화

최재천

이화여대 에코과학부 교수, 생명다양성재단 이사장

문학도를 꿈꾸던 까까머리 고등학생 시절에 읽은 〈노오벨상문학전집〉 알렉산드르 솔제니친 편에는 '모닥불과 개미'라는 짤막한 수필이 들어 있었다. 스러져가는 모닥불 속에 통나무 한 개비를 넣었는데 그 안에 개미집이 있는 걸 발견하곤 황급히 끄집어낸다. 그런데 가까스로 죽음을 면한 개미들이 알과 애벌레를 구해내기 위해 또다시 불길 속으로 뛰어드는 걸 보며 솔제니친은 이렇게 묻는다. "그 어떤 힘이 그들을 내버린 고향으로 다시 돌아오게 한 것일까?"

이 수필을 읽은 지 거의 10년 후 나는 펜실베이니아주립대에서 '사회생물학'이라는 수업을 수강하게 되었다. 수업 첫 시간에 교수님은 사회생물학이란 말하자면 일개미들이 왜 동료를 구하기 위해 기꺼이 자기를 희생하는지에 내해 연구허는 학문이라고 소개했다. 솔제니친이 궁금해했던 바로 그 질문이었다. 솔제니친이 그 수필을 언제 썼는지 모르지만 그가 노벨문학상을 수상한 1972년보다 8년 전인 1964년 런던정치경제대 윌리엄 해밀턴William Hamilton은 학술지 〈이론생물학Journal of Theoretical Biology〉에 포괄적합도inclusive fitness 개념을 소개하며 이타적 행동의 진화에 이론적 근거를 제시했다. 개미와 같은 사회성 곤충의 경우에는 그들의 특수한 유전 체계 때문에 일개미가 스스로 자식을 낳더라도 자기 유전자의 절반밖에 물려줄 수 없지만 엄마인 여왕개미를 도와 누이동생을 낳게 하면 그가 자기 유전자와 75퍼센트가 동일한 유전자를 갖고 태어나기 때문에 개체의 관점에서 이타적으로 보이는 행동을 유전자 관점에서 보면 이기적인 동기가 깔려 있다는 것이다. 이런 이타성의 진화를 흥미롭게 설명한 책이 바로 리처드 도킨스Richard Dawkins의 『이기적 유전자』이다.

유전자를 공유하는 가족 간에 벌어지는 이타적 행동은 해밀턴의 포괄적합도 이론으로 비교적 가지런히 설명되지만, 우리는 종종 알지도 못하는 남을 위해 기꺼이 헌혈을 하고 때로는 위험천만한 불구덩이 속으로 뛰어든다. 이 문제에 대해서는 윌리엄 해밀턴이 하버드대에서 초빙교수로 일하던 시절 그곳에서 박사 학위를 받은 로버트 트리버스Robert Trivers가 새로운 해결책을 내놓았다. 해밀턴의 이론이 친족 이타주의kin altruism를 설명한다면, 트리버스는 호혜성 이타주의reciprocal altruism의 진화에 대한 이론을 제시한 것이다. 트리버스는 미래의 보답을 기대하며 남에게 도움을 주는 일종의 계약 이타주의

binding altruism 덕택에 인간을 비롯한 많은 동물들의 사회성이 진화했다고 설명한다. 이타적 호혜성이 진화하는 데에는 서로 교류하는 개체들이 유전적으로 연관된 친척일 필요가 없기 때문에 훨씬 폭넓은 경우에 두루 적용될 수 있다. 심지어는 교류하는 개체들이 같은 종에 속할 필요도 없다. 충직한 개들은 주인인 인간을 구하려 위험을 무릅쓴다.

교류하는 두 개체가 평생 단 한 번밖에 만나지 않는다면 도움을 받고 난 다음 보답할 기회가 없기 때문에 호혜적 관계가 성립하지 않는다. 서로의 존재를 인식하고 도움을 받았다는 사실을 기억할 수 있어야 하며 서로의 만남이 비교적 빈번해야 협력의 관계가 진화할 수 있다. 거대한 가족으로 이뤄진 개미, 꿀벌, 흰개미 등 사회성 곤충의 경우가 아니더라도 개체들 간의 교류가 빈번한 사회라면 협력관계는 충분히 진화할 수 있다. 서울에 거주하는 사람이라면 한강에 빠진 사람을 구하려 뛰어들 수 있지만 어느 날 우연히 베트남을 여행하던 중 메콩강에 빠져 허우적거리는 사람을 발견하더라도 쉽사리 뛰어들지 못한다. 내가 또 언제 베트남을 방문하게 될지도 모르고 훗날 메콩강에 빠질 확률도 매우 낮을 뿐더러 내가 구한 그 사람이 정작 내가 빠졌을 때 마침 그 강변을 거닐 확률은 더더욱 낮기 때문이다.

인간 사회에서 호혜성 이타주의의 예는 차고 넘친다. 1971년 트리버스의 이론이 등장한 지 6년이 지난 1977년에야 드디어 다른 동물 사회에서도 그 예가 보고되기 시작했다. 인간이 아닌 다른 영장류에서 첫 예로 보고된 크레이그 패커Craig Packer의 올리브비비olive baboon 연구에 이어 제럴드 윌킨슨Gerald Wilkinson의 흡혈박쥐 연구가 보고되어 특별한 주목을 받았다. 이타적 협력의 진화가 어떻게 시작되고 유지될 수 있는지 청소놀래기cleaner wrasse를 예로 들어 설명해보자. 열대지방 산호초 생태계에는 다른 물고기들의 몸을 깨끗이 정결하게 관리해주는 일을 생업으로 삼아 살아가는 물고기들이 있다. 물고기들은 우리처럼 손으로 몸 구석구석을 씻고 다듬을 수 없기 때문에 주기적으로 이처럼 청소를 대행해주는 물고기를 찾는다. 몸집이 큰 물고기는 청소놀래기가 아가미 덮개 밑으로 파고들어 마치 자동차 필터처럼 생긴 아가미 속살에 붙어 있는 온갖 이물질들을 제거하도록 내버려두거나 때론 아예 입 속까지 들어와 마치 치과의사가 스케일링을 하듯 치아 사이까지 꼼꼼하게 청소하도록 허용한다. 그런데 청소 서비스를 받으러 온 물고기가 그날따라 온종일 제대로 먹지 못해 배가 출출한 상황을 가상해보자. 이미 입 안에 들어와 청소에 여념이 없는 놀래기는 그야말로 독 안에 든 쥐와 다름없다. 그냥 꿀꺽 삼키면 한 끼 식사가 해결될지도 모른다. 하지만 그런 일을 저지른 다음부터 허구한 날 누가 그의 몸 구석구석을 청소해줄 것인가? 한 끼의 식사보다는 오랜 세월 동안 단골로 청소 서비스를 받는 게 훨씬 유리하기 때문에 그들은 서로 돕는 관계를 충실하게 유지하는 것이다.

동물들의 협력 행동에 관한 연구 결과가 차곡차곡 쌓여가던 1970년대 후반 미시건대 정치학과 로버트 액설로드Robert Axelrod 교수는 개인 또는 단체들 간에 어떻게 협력관계가 창발하는지를 설명할 수

협력의 진화

있는 메커니즘을 찾기 위해 세계 여러 나라의 게임이론가와 컴퓨터 과학자들을 초청해 토너먼트를 벌였다. 이때 러시아 태생의 미국 수학심리학자 아나톨 라포포트Anatol Rapoport는 팃포탯Tit for Tat, TFT이라는 매우 직관적이고 단순하기 짝이 없는 전략을 제출하여 뜻밖에 가장 탁월한 성적을 거뒀다. 엄청나게 길고 복잡한 지시 명령들로 이뤄진 수많은 컴퓨터 프로그램들과 뚜렷하게 대비되게 단 네 줄로 정리된 팃포탯 프로그램은 그 길이만큼 지극히 간단명료했다. 우선 처음에는 무조건 협조하며 관계를 시작한 다음, 상대의 전략을 그대로 따라 하는 전략인데 놀랍게도 경합했던 모든 전략들을 물리치고 가장 우수한 성적을 기록했다.

세계 각국의 학자들을 동원해 게임을 하겠다는 액설로드의 발상도 기발했지만, 거기에 지극히 단순한 프로그램을 가지고 도전해 우승한 라포포트의 혜안도 남달랐다. 이른바 반복적 죄수의 딜레마Iterated Prisoner's Dilemma, IPD 상황에서 게임이론이 분석한 가장 탁월한 전략은 상대가 누구든 가리지 않고 일단 협조적으로 관계를 맺은 다음, 이어지는 모든 관계에서는 그야말로 '눈에는 눈, 이에는 이' 식으로 대응하는 전략이다. 어떻게 이렇게 무식하리 만치 단순한 전략이 가장 효율적인 결과를 창출하는지 신기할 따름이다. 라포포트는 2007년 겨울 세상을 떠났는데, 흥미롭게도 그의 자식들에 따르면 그는 서양장기에는 발군의 실력을 뽐냈으나 포커게임에는 영 형편없었다고 한다. 그는 손에 든 패를 상대에게 거의 다 보여주다시피 했다고 한다. 그의 삶에서 실제로 죄수의 딜레마 상황에 빠지지 않아도 되었던 게 천만다행이다.

　액설로드가 토너먼트에 초대한 학자 명단에는 『이기적 유전자』를 저술한 리처드 도킨스도 포함되어 있었다. 그러나 게임이론가도 아니고 컴퓨터 프로그램이나 수학 모델을 활용하여 연구하는 생물학자가 아닌 도킨스는 액설로드에게 대신 미시건대 생물학과에서 교수로 재직하고 있던 탁월한 이론생물학자 윌리엄 해밀턴을 소개했다. 도킨스가 주선한 액설로드와 해밀턴의 만남은 환상적인 협업으로 이어졌다. 두 사람의 공동 연구는 1981년 과학 저널 사이언스Science에 '협력의 진화The Evolution of Cooperation'라는 제목으로 발표되어 엄청난 주목을 받으며 그해 말 미국과학진흥회AAAS가 최우수 논문에 수여하는 뉴컴 클리블랜드상Newcomb Cleveland Award을 수상했다.

　바로 이 무렵 나는 펜실베이니아주립대에서 석사 학위를 취득하고 하버드대, 예일대, 미시건대 박사 과정에서 입학 허가를 받아 들고 어느 대학으로 진학할지 고심하던 중이었다. 세 대학 중 내가 단연 1순위로 고려하던 대학은 다윈 이래 가장 위대한 생물학자로 추앙받던 해밀턴 교수가 있던 미시건대였다. 1982년 겨울 나는 해밀턴 교수의 초청으로 미시건대를 방문했다. 거의 일주일 동안 해밀턴 교수님 댁에 머물며 밤마다 그와 마주앉아 포괄적합도와 사회성 진화, 다윈의 성선택 이론과 기생의 진화, 게임이론과 협력의 진화 등 참으로 다양한 주제에 관해 담소를 나눴다. 웬만한 생물학도에게는 먼발치에서 그의 얼굴 한 번 보는 것도 크나큰 영광인 마당에 매일 밤 그의 거실에서 토론한 경험은 내 삶을 통틀어 가장 소중한 추억으로 남아 있다. 만일 영국왕립학회가 그를 추대하지 않았거나, 그 결과 그가 옥스퍼드대로 옮기지도 않았다면, 나는 아마 그의 연구실에서 게임이론을 활용해 협력 메커니즘과 사회성 진화를 연구해 박사 학위를 받았을 것이다. 그랬다면 나는 거의 분명히 액설로드 교수를 내 학위논문 심사위원으로 모셨을 것이다. 그 당시 다른 많은 진화생물학도와 마찬가지로 나 역시 그의 1981년 사이언스 논문에 매료되었고, 훗날 교수가 되어서는 내가 가르친 거의 모든 학생들에게 필독을 강요하며 살았다.

1984년 액설로드는 1981년 논문 내용을 기반으로 동일한 제목의 책을 출간했다. 그는 1987년 흔히 '천재상'으로 알려져 있는 맥아더상MacArthur Prize을 받으며 수학, 정치학, 진화생물학의 경계를 넘나든 전형적인 통섭형 학자로 거듭났다. 그런 그가 1974년 그의 첫 직장이었던 캘리포니아주립대 버클리 캠퍼스에서 정년을 보장받지 못해 쫓겨났다는 걸 생각하면 세상은 참 요지경이다. 1983년 하버드대에 진학해 수업조교를 하고, 미시건대와 서울대에서 교수로 지내던 기간 내내 이 책은 내 모든 수업의 필독서였다. 국내 많은 출판사에 번역을 독려했건만 성사되지 않다가 2009년에야 드디어 〈협력의 진화〉라는 제목으로 출간되었다. 그 역서에는 원서 초판에 없던 도킨스의 추천사가 실려 있어 반가웠다. 도킨스는 진화 분야 최고의 화제작인 『이기적 유전자』를 쓴 저자이건만 기꺼이 이 책의 전도사를 자처했다. 이 책의 열렬 지지자로는 도킨스 못지않은 내가 40주년 기념판에 추천의 글을 쓸 수 있는 영광을 얻어 정말 기쁘다. 최근 출간되어 우리 독자들의 사랑을 늠뿍 받은 〈휴먼카인드〉나 〈다정한 것이 살아남는다〉를 읽고 감명받은 독자들에게 자신 있게 이 책을 권한다. 유전자는 비록 '이기적'일 수 있으나 현실에서 우리는 훨씬 다정하고 이타적으로 행동한다. 38억년 생명의 역사에서 손잡지 않고 살아남은 생명은 없다.

찬사의 글

나는 한 번도 우리 인류 종의 미래를 위한 지혜나 희망을 컴퓨터 게임에서 얻게 되리라 생각한 적이 없었다. 그런데 여기, 액설로드의 책이 나왔다. 읽어보시라.

—— 뉴욕주립대학교 스토니브룩캠퍼스 루이스 토머스

협력에 대한 우리의 개념은 확 달라졌다. (…) 이 책을 제대로 읽고 이해하고 적용하면 엄청난 영향력을 발휘할 것이다.

—— 《월 스트리트 저널》 다니엘 콘스타인

협력이론에 대한 굉장한 공헌이자, 명확하고 쉬운 문체로 쓰여 읽기 즐겁다.

—— 《타임스 리터러리 서플먼트》

쉽게 볼 수 없는 귀중한 책이다. 협력적 행동을 촉진 혹은 억제시키는 데 관심이 있는 사람들에게 매우 유용할 것이다.

—— 《저널 오브 폴리시 어낼리시스 앤드 매니지먼트》

이론적 분석과 실질적인 예의 훌륭한 조화, 뛰어난 형태의 실험적 연구가 합쳐진 비범한 결과물이다. (…) 액설로드는 죄수의 딜레마를 대기업 간의 공모에서 미국의 베트남 참전에 이르는 다양한 주제들에 적용하였다.

—— 《더 사이언시스》 제임스 L. 굴드, 캐럴 그랜트 굴드

차례

● 개정판 서문 —— 리처드 도킨스   005

● 추천사 —— 최재천   013

● 찬사의 글   021

● 서문   024

제1부   **서론**

제1장   협력, 무엇이 문제인가   031

제2부   **협력의 창발**

제2장   컴퓨터 대회에서 팃포탯이 거둔 성공   057

제3장   협력의 연대기   087

제3부   **우정이나 지능 없이도 가능한 협력**

제4장   1차 대전 참호전에 나타난 공존공영 시스템   105

제5장   생물계에서의 협력의 진화_윌리엄 D. 해밀턴과 함께 씀   123

제4부   죄수의 딜레마 참가자와 개혁가를 위한 조언

제6장   어떻게 효과적으로 선택할 수 있을까   145

제7장   어떻게 협력을 증진시킬 수 있을까   163

제5부   결론

제8장   협력의 사회적 구조   185

제9장   호혜주의의 강건함   212

● 부록

　A. 대회 결과   237

　B. 이론적 명제의 증명   252

● 주석   264

● 참고 문헌   285

● 옮긴이의 글   303

이 책은 단순한 의문에서 출발했다. 다른 사람과 앞으로 계속해서 영향을 주고받아야 하는 상황이라면 과연 언제 그와 협력을 하고, 또 언제 이기적으로 행동해야 할까? 은혜를 갚을 줄 모르는 친구에게는 계속해서 호의를 베풀어야 할까? 파산 직전인 거래처에 당장 편의를 제공해도 될까? 러시아의 적대적 행동에 미국은 얼마나 강력한 응징을 가해야 할까? 러시아로부터 협력을 가장 잘 이끌어내기 위해서 미국이 취할 수 있는 행동은 무엇일까?

이런 문제들이 일어나는 상황을 간단하게 나타내는 방법이 있다. 소위 반복적 '죄수의 딜레마'라는 게임을 활용하는 것이다. 이 게임에서 참가자들은 서로 협력하여 상호이익을 얻을 수도 있고, 한 사람이 다른 사람을 이용하거나 아니면 둘 다 협력하지 않을 수도 있다. 하지만 현실 상황에서 대부분 참가자들은 그렇게 상반된 이해관계에 있지 않다. 그런 상황에 맞는 전략을 찾아내기 위해 게임이론 전문가들에게 컴퓨터 체스 대회와 비슷한 '컴퓨터 죄수의 딜레마 대회Computer Prisoner's Dilemma Tournament'에 프로그램을 보내달라고 부탁했다. 각 프로그램은 지금까지 상대와의 게임 결과를 조회할 수 있고 그것을 활용하여 이번에 협력할 것인지 말 것인지 선택할 수 있게 했다. 프로그램을 제출하고 대회에 참가한 사람들은 경제학, 심리학, 사회학, 정치학, 수학 등 여러 분야의 게임이론 전문가들이었다. 열네 개의 프로그램과 무작위 규칙 프로그램 하나를 라운드로빈 방식(참가자들이 공정하게 서로 돌아가면서 한 차례씩 대전을 치르는 방식 - 옮긴이)으로 게임시킨 결과, 놀랍게도 모든 프로그램 가운데 팃포탯Tit For Tat이라는 가장 단순한 프로그램이 우승을 차지했다(사전적으로 '눈에는 눈, 이에는 이'라는 뜻으로 '맞대응 전략'이라고 할 수 있다 - 옮긴이). 팃포탯은 우선 협력으로 시작하고 그다음부터는 상대의 대응 방식에 따라 맞대응하는 단순한 전략이다.

이 경기 결과를 두루 알리고 두 번째 대회를 다시 열어 참가해 줄 것을 호소했다. 이번에는 6개 국가에서 62개의 프로그램이 왔다. 참가자들 대부분은 컴퓨터를 취미로 하는 사람들이었지만, 첫 번째 경기 때 참가했던 분야 외에 진화생물학, 물리학, 컴퓨터과학 분야의 교수들도 있었다. 1차 대회 때와 마찬가지로 상당히 복잡한 프로그램도 제출되었다. 팃포탯 자체를 향상시킨 시도도 몇 개 있었다. 물론 1차 대회의 승자인 토론토 대학교의 아나톨 라포포트Anatol Rapoport 교수도 다시 팃포탯을 출전시켰다. 팃포탯은 또 우승했다.

뭔가 매우 흥미로운 일이 일어나고 있었다. 팃포탯을 그렇게 성공적으로 만들어주는 그 특성은 '어떠한' 전략에 맞서서도 작동할 것이라는 생각이 들었다. 그렇다면 단지 상부상조를 기초로 한 협력이 일어날 수 있을 것 같았다. 하지만 나는 협력을 강화시켜 주는 정확한 조건을 알고 싶었다. 중앙 권위체central authority가 없는데도 이기주의자들 사이에서 어떻게 협력이 생겨날 수 있는지 진화적 관점에서 살펴보기 시작했다. 진화적 관점은 세 개의 분명한 질문을 제시했다. 첫째, 애초에 압도적으로 비협력적인 환경에서 잠재적으로 협력적인 전략이 어떻게 자리 잡을 수 있을까? 둘째, 온갖 세련된 전략들을 구사하는 개인들이 잡다하게 뒤섞여 있는 환경에서 살아남을 수 있는 전략은 어떤 것일까? 셋째, 그 전략이 한 집단에서 자리 잡은 후 덜 협조적인 전략의 공격을 견디게 해주는 조건은 무엇일까?

나는 두 대회의 결과를 분석한 내용을《저널 오브 컨플릭트 레절루션》에 발표했으며, 수정해서 이 책의 2장에 실었다. 협력의 초기 생존 능력과 강건함 그리고 안정성에 대한 이론적 분석결과는《아메리칸 폴리티컬 사이언스 리뷰》에 실었다. 이 새로운 발견은 이 책 3장의 기초가 되었다.

협력의 진화를 사회적 맥락에서 생각해 본 후 이들 발견이 진화생물학적으로도 의미가 있다는 것을 깨달았다. 그래서 생물학자 윌리엄 해밀턴William Hamilton과 공동 연구로 이들 전략 개념의 생물학적 의미를 수립하였다. 이 작업의 결과를 《사이언스》에 발표했고, 일부 수정한 내용을 5장에 실었다. 이 논문으로 우리는 미국과학진흥협회가 주는 뉴컴 클리블랜드 상을 받았다.

이런 격려에 힘을 얻어 이 개념을 생물학자와 수학에 밝은 사회과학자들뿐만 아니라 개인, 단체, 국가 사이의 협력 강화 조건에 흥미가 있는 더 많은 사람들이 쉽게 접근할 수 있는 형태로 소개하기로 마음먹었다. 그 과정에서 매우 다양한 구체 상황에서 이 개념이 응용될 수 있음을 알게 되었고, 개인의 행동과 공공정책에도 이 결과가 얼마나 유용하게 적용되는지 깨닫고 감탄했다.

이 자리에서 강조해 둘 점은, 나의 접근 방식은 사회생물학의 그것과 다르다는 사실이다. 사회생물학은 인간의 행동은 유전자가 지배한다고 전제한다(예를 들어 E.O. Wilson 1975). 그게 사실일지도 모른다. 하지만 이 책은 '유전적' 측면보다는 '전략적' 측면에서 접근하고 있다. 진화적 관점에서 본 이유는 현실에서 효과적인 전략들은 계속 선택되어 쓰이고 효과가 없는 전략들은 흔히 버려지고 도태되기 때문이다. 때로 선택 과정은 직접적이다. 예컨대, 다른 의원들과 상호작용을 제대로 못하는 국회의원은 의원 자리를 오래 유지하지 못하고 도태된다.

이 책을 준비하고 집필하고 완성하는 동안 여러 사람들로부터 도움을 받았다. 조너던 벤더, 로버트 보이드, 존 브렘, 존 체임벌린, 조엘 코헨, 루 에르스테, 존 페레존, 패티 프렌치, 버나드 그로프먼, 켄지 하야오, 더글러스 호프스태터, 주디 잭슨, 피터 카첸스타인, 윌리엄 키치, 마틴 케슬러, 제임스 마치, 도널드 마크햄, 리처드 매트랜드, 존 마이어, 로버트 누킨, 래리 모어, 링컨 모지스, 마이러 올트시크, 존 파제트, 제프 피노넨, 퍼넬러피 롬레인, 에이미 샐딩거, 라인하르트 젤텐, 존 데이비드 싱클레어, 존 T. 숄츠, 서지 테일러, 로버트 트리버스, 데이비드 슬론 윌슨. 이 분들에게 고마운 마음을 전한다. 마이클 코헨에게는 특별히 고마운 마음을 전하고 싶다. 그리고 대회에 참가한 모든 분들에게도 고마운 마음을 전한다. 이들의 이름은 부록에 따로 소개했다. 이 책이 출간될 수 있게 도움을 준 미시간 대학교 공공정책연구소, 행동과학연구센터 그리고 국립과학재단에도 고마운 마음을 전한다.

협력의 진화

제1부

서론

Introduction

제1장

협력,
무엇이 문제인가

중앙 권위체가 없는, 이기주의자들로 가득 찬 세상에서 도대체 어떤 조건일 때 협력이라는 행동이 나타날까? 이 문제는 오랜 세월 동안 사람들의 흥미를 끌어왔다. 그도 그럴 것이 사람들은 천사가 아니며 가능한 자기 이익부터 먼저 챙기는데도 인류 사회에 협력이라는 행위가 나타났으며 이 협력을 바탕으로 문명이 만들어졌기 때문이다. 개인이 이기적으로 행동하는 것이 유리한 상황에서 어떻게 협력 행위가 나타날 수 있었을까?

이에 대해 각자가 가진 대답은 사람들과의 사회적, 정치적, 경제적 관계에서 어떻게 생각하고 행동할지에 영향을 미치게 마련이다. 또한 서로 얼마나 협력할 준비가 되어 있는지에 큰 영향을 미친다.

삼백여 년 전에 토머스 홉스는 가장 유명한 대답을 했다. 매우 비관적이었다. 홉스는 국가가 존재하기 전, 삶은 "외롭고, 누추하고, 역겹고, 거칠고, 궁핍하다"[1]라는 냉혹한 표현으로 자연상태state of nature는 서로 경쟁하는 이기적인 개인들의 문제에 억눌려 있다고 주장했다. 중앙 권위체가 없는 한 협력은 절대로 나타날 수 없으며, 따라서 강력한 정부가 필요하다는 게 그의 관점이었다. 그 이후로 공권력의 적정 범위를 놓고 벌어진 논쟁은, 특정한 상황을 제어할 수 있는 권위체가 존재하지 않을 때 과연 협력이 나타나길 기대할 수 있느냐 없느냐는 문제에 흔히 초점이 맞추어졌다.

오늘날 여러 국가들은 중앙 권위체가 없는 상황에서 영향을 주고받고 있다. 따라서 협력이 창발되는 조건은 국제 정치의 수많은 주요 쟁점들과 관련이 있다. 가장 중요한 문제는 안보에 관한 딜레마다. 각 국가들이 자국의 안보를 구하는 수단은 흔히 다른 나라들에는 안보의 위협이 된다. 그래서 지역 갈등이 대두되고 군비경쟁이 가속화되기도 한다. 국제 관계와 관련해, 동맹국 사이의 경쟁, 관세 협상, 키프로스와 같은 지역들에서 나타나는 자치권 분쟁 등의 형태로 문제가 나타난다.[2]

1979년 구소련의 아프가니스탄 침공은 미국에게 전형적인 선택의 딜레마를 안겨주었다. 미국이 이전과 다름없이 아무 일도 없었다는 듯이 행동한다면, 구소련은 미국의 이런 태도에 고무되어 그 뒤로 더욱 비협조적으로 나올 게 분명했다. 나아가 미국 역시 협력을 축소하거나 포기한다면 양국 관계는 손상될 것이고 서로 보복이 이어지

협력의 진화

면서 적대적 관계가 형성될 게 분명했다. 외교 정책을 놓고 국내에서 벌어지는 논쟁의 많은 부분은 바로 이런 유형의 문제와 관련되어 있다. 사실 많은 논쟁을 할 수밖에 없다. 상대방의 손을 잡느냐 아니면 뿌리치느냐는 선택은 워낙 어려운 문제이기 때문이다.

일상생활에서는 다음과 같은 고민을 할 수 있다. 친구가 나의 초대에 대한 답례로 나를 한 번도 초대하지 않는다면 그를 계속 초대해야 할까? 기업에서 이사직에 있는 사람들은 서로 편익을 주고받는다. 기자는 정보원이 흘려준 기사를 크게 다루어준다. 다음에도 그 사람에게서 유용한 정보를 얻어낼 수 있으리라고 기대하기 때문이다. 어떤 산업 분야를 두 개의 거대 기업이 과점하고 있을 때, 이들은 적정 가격보다 높은 가격을 상품에 매긴다. 비록 소비자는 피해를 입을지 몰라도 두 기업 모두 상대 기업이 함께 높은 수익을 얻는 길을 선택할 것이라고 믿기 때문이다.

미국 상원에서도 전형적인 형태의 협력 행동을 찾아볼 수 있다. 모든 상원 의원은 지역구 유권자 눈에 유능한 인물로 비쳐야 할 동기가 있다. 이렇게 비치기 위해서 다른 상원 의원을 얼마든지 희생양으로 삼을 수 있다. 하지만 이런 상황이 서로의 이해가 완전히 상충하는 제로섬 게임의 상황인 경우는 거의 없다. 이 두 명의 상원 의원이 서로에게 도움이 되는 행동을 선택할 기회는 널려 있다. 이렇게 서로에게 도움이 될 수 있는 행동들 때문에 상원에서는 매우 정교한 규정이나 관습이 형성되었다. 이 가운데 가장 중요한 것이 바로 호혜주의reciprocity의 원칙으로, 의원들끼리 대가 형식으로 도움을 주고 받는 관습이다. 투표 교환(과반수 득표 미달로 법안 통과가 어려운 A와 B가 협력하여 이번에는 A가 B를, 다음에는 B가 A를 지지해 두 법안 다 통과시키는 행위 - 옮긴이)이 대표적이기는 하지만 서로 봐주는 행태가 너무도 일상적이고 광범위해서 "호혜주의가 상원에서 살아가는 방식이라고 해도 결코 과장이 아니다."[3]

워싱턴 정가가 늘 이랬던 것은 아니다. 초기에는 그들을 바라보는 시선이 매우 비판적이었다. 파렴치하고 믿을 수 없으며 '거짓, 사기, 배반'이 이들의 특징이라고 했다.[4] 그러다 1980년대에 호혜주의가 정착했다. 지난 20년 동안 상원은 탈중심적이고 개방적이며 권력 분산적인 방향으로 큰 변화가 있었으나 호혜주의 관습은 누그러지지 않았다.[5] 곧 보게 되겠지만, 호혜주의에 입각한 협력이 생겨나고 안착된 것은 의원들이 더 정직해지고, 더 관대해지고, 공공정신이 더 앙양되었기 때문이 아니다. 의원들은 각자의 이익을 추구하는 것뿐이었는데도 협력은 창발했다.

이 책에서는 우선 이익을 추구하는 개인들이 어떻게 행동하는지 조사한 다음, 그것이 전체 시스템에 어떤 영향을 미치는지 분석한다. 다시 말하자면, 개인의 동기에 대한 몇 가지 가정을 세우고 이것이 전체 시스템의 행동을 어떻게 이끄는지 추론한다.[6] 미국 상원은 아주 좋은 사례로 똑같은 추론 방식을 다른 체계나 조직, 사회에도 얼마든지 적용할 수 있다.

이런 분석과 적용을 하는 목적은 유용한 '협력이론'을 마련하는 데 있다. 협력을 가능하게 하는 조건들을 이해함으로써 특정 상황에서

협력의 진화

협력을 개발하고 강화하는 데 필요한 적절한 조치를 취할 수 있기 때문이다.

이 책에서 제시하는 협력이론은, 사회 구성원들에게 강제적으로 협력을 강요하는 중앙 권위체가 없는 상태에서 이익을 추구하는, 이기적 개인들에 대한 연구와 조사를 바탕으로 한다. 개인이 이기적이라고 가정하는 이유는, 다른 사람에 대한 배려나 집단 전체의 복지를 위해 협력하는 것이 아닌 난해한 협력 상황을 분석하기 위해서다. 하지만 이러한 가정은 사실 그렇게 제한적이지 않음을 분명히 짚어둘 필요가 있다. 예컨대 누나가 동생이 잘되기를 바란다면, 누나의 이기심은(다른 많은 것들과 함께) 동생이 잘되기를 바라는 마음까지 포함한다고 할 수 있다. 그러나 이것이 두 사람 사이에 잠재한 갈등의 소지를 다 없애는 것은 아니다. 마찬가지로 어떤 국가가 우방 국가들의 이익을 고려해 행동할 수 있지만, 그렇다고 우방 국가들이 서로의 이익을 위해서 언제나 협력한다는 의미는 아니다. 그러므로 이기심이라는 가정은 사실, 상대에 대한 배려를 가지고는 언제 협력하고 언제 협력하지 말아야 하는가 하는 문제를 완전히 해결할 수 없기 때문에 하는 하나의 가정일 뿐이다.

서로 상대방 국가로부터의 수입을 막으려고 무역 장벽을 세운 두 국가가, 이런 협력의 본질적인 문제를 살펴보는 데 좋은 사례가 될 수 있다. 자유무역이 갖는 장점 때문에 장벽 제거는 양국에 이득이 된다. 만약 한 국가가 일방적으로 장벽을 제거한다면 당장 자국 경제에 해가 되는 무역 규정에 맞닥뜨리게 될 것이다. 사실 모든 국가는 상대 국가가 어떻게 하든 장벽을 유지하는 게 이득이다. 따라서 문제는, 모든 국가들은 장벽을 유지할 이유가 있고, 이것이 국가들이 협력했을 때보다 더 나쁜 결과를 가져온다는 데 있다.

이것은 각자의 사리추구가 결국 모두에게 손해가 될 때 일어나는 근본적인 문제이다. 이런 온갖 유형의 특정 사례들을 분석해 들어가려면, 우선 각 경우에 특수한 세부사항들에 얽매이지 말고 이들 상황을 공통적으로 묘사할 수 있는 방법이 필요하다. 다행히도 그런 방법이 있다. 바로 그 유명한 '죄수의 딜레마' 게임이다.[7]

죄수의 딜레마 게임의 참가자는 두 명이다. 두 사람은 소위 협력 cooperate과 배반defect이라는 두 가지 행동을 선택할 수 있다. 하지만 서로 상대방이 어떤 선택을 하는지 모르는 상태에서 선택을 해야 한다. 그리고 상대방이 어떤 선택을 하든 상관없이 배반이 협력보다 더 많은 보수payoff를 받는다. 그런데 딜레마는, 두 사람 모두 배반을 하면 모두 협력을 할 때보다 적은 수를 받는다는 데 있다. 이 간단한 게임이 이 책에서 설명하는 모든 분석의 토대가 된다.

| 그림 1 | 죄수의 딜레마 |

		A 경기자	
		협력	배반
B 경기자	협력	$R=3, R=3$ 상호협력에 대한 보상	$S=0, T=5$ 머저리의 빈손, 배반의 유혹
	배반	$T=5, S=0$ 배반의 유혹, 머저리의 빈손	$P=1, P=1$ 상호배반에 대한 처벌

이 게임의 원리는 〈그림 1〉과 같다. A 경기자의 협력이나 배반은 가로 행에 쓴다. B 경기자의 선택은 세로 열에 표시한다. 두 사람의 선택에 따라서 나타날 수 있는 경우의 수는 네 가지다. 두 사람이 모두 협력을 선택하면 두 사람은 R이라는 '상호협력에 대한 보상reward for mutual cooperation'을 받는다. 이 표에 든 예에서 보상은 3점이다. 예를 들면 선택에 대한 보수로 3달러씩 받는다고 생각해도 된다. 한 경기자가 협력을 하고 다른 경기자가 배반을 하면, 배반을 한 경기자는 T라는 '배반의 유혹temptation to defect'으로 5점을 받고 협력을 한 경기자는 S라는 '머저리의 빈손sucker's payoff'으로 0점을 받는다. 두 사람 모두 배반을 하면 P라는 '상호배반에 대한 처벌punishment for mutual defection'로 둘 다 1점을 얻는다.

자, 당신이라면 이런 게임에서 어떤 선택을 하겠는가? A 경기자인 당신은 B 경기자가 협력을 선택할 것으로 생각한다고 가정하자. 이 경우 당신이 얻을 수 있는 결과는 행렬matrix의 윗부분 두 칸 가운데 하나다. 선택은 당신에게 달려 있다. 협력을 선택해서 상호협력에 대한 대가로 3점을 얻을 수도 있고 배반을 선택해서 5점을 얻을 수도 있다. 아무튼 상대가 협력할 것이라고 생각한다면 당신은 배반을 선택하는 게 낫다. 상대가 배반을 선택할 것으로 생각한다고 가정하자. 이 경우 당신이 얻을 수 있는 결과는 행렬 아랫부분 두 칸 가운데 하나, 즉 협력을 선택해서 0점을 얻거나 배반을 선택해서 상호배반에 대한 처벌로 1점을 얻는 것이다. 이 경우에도 당신은 배반을 선택하는 게 유리하다. 네 가지 경우의 수를 모두 살펴본 결과, 상대방이 협력을 선택할 것으로 생각되어도 당신은 배반을 선택히는 게 유리하고, 상대방이 배반할 것으로 보여도 당신은 배반을 선택하는 게 이득이다. 즉, 상대방이 어떤 선택을 하든 상관없이 배반을 선택하는 게 언제나 유리하다는 뜻이다.

여기까지는 좋다. 문제는 상대 경기자도 똑같은 논리에 따라 선택을 한다는데 있다. 당신이 어떤 선택을 하든 상관없이 상대 역시 배반을 선택한다. 이렇게 되면 당신과 상대방 모두 배반을 선택하게 되고, 이 경우 두 사람이 모두 협력을 선택할 때 얻을 수 있는 보수인 3점에 못 미치는 1점밖에 얻지 못한다. 개인적으로 합리적인 결론이, 두 사람 모두에게는 더 나쁜 결과를 가져오는 것이다. 이것이 딜레마다.

죄수의 딜레마는, 협력하면 둘 다 이득인데도 각자 자신에게 최선의 선택을 하다 보면 결국 상호배반이 일어나는, 매우 흔하고도 극히 흥미로운 여러 상황을 추상적으로 단순하게 모형화한 것이다. 죄수의 딜레마를 네 가지 가능한 경우들 간의 몇가지 관계로 정의해 보자. 첫 번째 관계는 네 가지 경우의 보수 순서에 관한 것이다. 내가 가장 높은 점수를 얻는 경우는 상대방이 협력을 선택할 때 내가 배반을 선택하는 것이다. 또 가장 낮은 점수를 얻는 경우는 상대방이 배반을 선택할 때 내가 협력을 선택하는 것이다. 그리고 상호협력에 대한 보상은 상호배반에 대한 처벌보다 더 낫다. 그러므로 이 선택에 대한 보수의 크기를 비교하자면 T(유혹) $> R$(보상) $> P$(처벌) $> S$(머저리)라는 관계가 성립한다.

죄수의 딜레마를 정의하는 두 번째 특징은, 서로 번갈아 상대를 이용해도 딜레마에서 벗어날 수가 없다는 점이다. 즉, 번갈아 가면서 서로 이용하고 이용당해도 상호협력만큼 좋지 않다는 말이다. 그러므로 T와 S의 평균이 R보다 낮다고 가정한다. 이것이 네 가지 경우의 보수 순서와 함께 죄수의 딜레마를 규정하는 두 번째 부분이다.

그러므로 이기적인 두 사람이 '딱 한 번' 게임을 한다면 둘 다 자신에게 유리한 배반을 선택할 것이고, 결국 서로 협력을 선택했을 때보다 낮은 점수를 얻을 것이다. 여러 번 게임을 하더라도 게임의 횟수가 미리 정해져 있고 이 사실을 참가자들이 알고 있다면, 경기자들은 역시 협력할 동기가 없어진다. 이런 상황은 특히 마지막 게임일 때 더욱 뚜렷하게 나타난다. 다음 게임이 없으므로 상대방 눈치를 보지 않고 마음대로 선택할 수가 있기 때문이다. 또한 마지막 바로 전 게임에서도, 마지막 게임에서는 양쪽 다 배반을 선택할 것이 뻔하기 때문에, 협력할 이유가 없다. 이런 식으로 계속 추론을 이어가면 두 사람 모두 첫 게임부터 배반을 선택하게 된다. 결국 횟수가 정해진 게임이라면 양쪽 모두 처음부터 배반을 선택한다는 말이다.[8] 이런 논리는 참가자들이 무한하게 경기를 치를 경우에는 적용되지 않는다. 그리고 실제 현실에서 대개 두 사람은 언제 둘 사이가 끝나게 될지 확실히 알 수 없다. 나중에도 살펴보겠지만, 이렇게 둘 사이 상호작용 횟수가 무한할 때는 협력이 정말 일어날 수 있다. 그렇다면 문제는 이제 협력이 가능하게 되는 정확한 필요충분조건을 찾아내는 일이다.

이 책에서는 한 번에 단 두 경기자만의 관계를 조사할 것이다. 한 경기자는 실제로 여러 사람과 상호작용을 하고 있더라도, 한번에 한 사람하고만 게임을 한다고 가정한다.[9] 또한 경기자들은 상대 경기자가 누군지 알 수 있고 그동안 그와의 상호작용이 어땠는지 기억한다고 가정한다. 따라서 경기자들은 두 사람 사이에 있었던 전력을 참조해서 전략을 선택할 수 있다.

그동안 죄수의 딜레마를 해결하기 위해서 다양한 방법이 개발되었다. 각 방법들은 몇몇 활동을 추가적으로 허용하여 전략을 변형시키고 문제의 본질을 근본적으로 바꾼다. 그러나 이러한 처방은 쓸 수 없는 경우가 많고 그럴 때 근본 문제는 그대로 남는다. 그러므로 변형이 가해지지 않은 기본 형태의 죄수의 딜레마의 문제를 살펴보도록 하겠다.

1. 게임에서 경기자들이 상대를 압박하거나 특정 전략에 전념하게 만드는 기제가 없다.[10] 경기자들이 어느 한 가지 전략을 밀고 나갈 수 없게 되어 있으므로, 각 경기자들은 상대가 쓸 가능한 모든 전략을 염두에 두어야 한다. 게다가 모든 경기자들은 가능한 어떤 전략이든지 다 쓸 수 있다.

2. 각 게임에서 상대가 어떻게 나올지 알 방법이 없다. 따라서 "상대가 지금 하려는 것과 똑같은 선택을 하라"와 같은 옵션을 주는 메타 게임 분석[11]이 불가능하다. 또한 상대 경기자가 제3의 경기자와 게임하는 것을 보고 이를 바탕으로 그의 신용도를 판단할 가능성도 배제되어 있다. 두 경기자가 서로에 대해 가지고 있는 정

보는 그동안 있었던 둘 사이 상호작용의 내력뿐이다.

　3. 게임 도중 상대 경기자를 제거하거나 그와의 상호작용에서 벗어날 방법이 없다. 따라서 경기자들은 반드시 각 게임에서 협력 아니면 배반을 해야 한다.

　4. 상대가 받을 보수를 바꿀 방법이 없다. 그 값에는 이미 상대의 이익과 관련하여 고려해야 할 것이 다 포함되어 있다.[12]

　이런 조건에서는 행동으로 뒷받침되지 않는 말은 아무 의미가 없다. 경기자들은 오로지 일련의 행동을 통해서만 서로 의사소통을 할 수 있다. 이것이 죄수의 딜레마 게임 기본형이 가지고 있는 문제다.

　협력의 창발을 가능하게 해주는 것은 두 경기자가 다시 만날 수도 있다는 사실이다. 이 가능성 때문에 오늘의 선택은 현재 게임의 결과를 결정할 뿐만 아니라 미래의 선택에도 영향을 미치게 된다. 따라서 미래는 현재에 그림자를 드리우고 현재의 전략적 상황에 영향을 미칠 수 있다.

　그러나 미래는 두 가지 이유로 현재보다 덜 중요하다. 우선, 경기자들은 보상 획득의 시점이 미래로 멀어질수록 그 가치를 적게 평가하는 경향이 있다. 둘째, 상대 경기자를 다시는 안 만날 확률이 언제나 존재한다. 두 사람 중 하나가 이사를 가거나, 직장을 옮기거나, 죽거나, 혹은 파산하여 현재 관계가 끝나버릴 수 있다.

　이 두 가지 이유로 다음 게임에서 얻을 보수는 항상 현재 게임의 보수보다 덜 중요하게 여겨진다. 이 점을 감안하는 합리적 방법은 다음 게임으로 갈수록 점점 현재 게임보다 보수를 감소시키는 것이다.[13] 현재 게임에 대한 다음 게임의 '가중치'(혹은 중요도)를 w라고 하자. 이것은 각 게임의 보수가 이전 게임에 비해 상대적으로 감소하는 정도를 나타내며 따라서 '할인계수'라고 한다.

할인계수를 이용하여 전체게임의 점수를 결정할 수 있다. 간단히 예를 들어보자. $w = ½$ 즉 각 게임은 전 게임보다 반만큼 중요하다고 가정한다. 그러면 대가가 1점인 상호배반이 연속으로 일어나면 첫 게임은 1점, 두 번째 게임은 ½점, 세 번째 게임은 ¼점 이런 식으로 진행될 것이다. 이런 수열의 합계는 $1 + ½ + ¼ + ⅛$ ⋯ 이 되어 정확하게 2점이다. 일반적으로 표시하자면 한 게임에서 1점을 얻는 경우 총점은 $1 + w + 1/w + 1/w^2 + 1/w^3$ ⋯ 이 된다. 여기서 아주 유용한 사실은, w가 0보다 크고 1보다 작을 경우 이 무한급수의 합은 간단히 $1/(1-w)$이 된다는 것이다. 조금 다른 경우를 예로 들어보자. 각 게임이 이전 게임의 90퍼센트의 가치가 있고 1점짜리 배반이 무한히 계속될 경우 총 점수는 $1/(1/w) = 1/(1-0.9) = 1/0.1 = 10$점이 된다. 마찬가지로 w가 역시 0.9이고 3점짜리 상호협력이 연속될 경우에는 총 점수는 이것의 3배, 즉 30점이 된다.

이제 두 경기자가 상호작용하는 예를 살펴보자. 한 경기자는 항상 배반의 원칙 올디(All D)를, 상대 경기자는 **팃포탯** 전략을 따른다고 가정해 보자. **팃포탯**은 첫 게임에는 협력하고 그다음부터는 항상 상대가 바로 전에 한 대로 하는 전략이다. 상대가 배반하면 나도 다음 게임에서 반드시 배반한다는 뜻이다. 항상 배반하는 경기자는 상대 경기자가 팃포탯 전략을 쓸 때 첫 게임에서는 T(유혹)를, 그다음부터는 연속적으로 P(처벌)를 얻을 것이다. 그러므로 올디 전략을 쓰는 경기자가 팃포탯 전략을 쓰는 경기자와 게임할 때 얻는 '값'(혹은 '점수')은 첫 게임의 T, 둘째 게임의 wP, 셋째 게임의 w^2P, … 이것들의 합이다.[14]

올디나 팃포탯이나 둘 다 하나의 전략이다. '전략'(혹은 '결정 규칙')이란 어떤 상황에서 어떻게 할지에 대한 특정 선택이다. 그 상황 자체는 그동안에 진행된 게임 내용에 따라서 결정된다. 따라서 몇 가지 유형의 상호작용이 있은 뒤에 협력을 전략으로 채택할 수도 있고 배반을 채택할 수도 있다. 뿐만 아니라 각 게임에서 협력이나 배반의 확률이 반반일 경우 확률에 따라 완전히 무작위 선택을 하는 전략을 채택할 수도 있다. 혹은 다음에 어떻게 할지 여태까지 게임의 내용을 되짚어 보고, 찾아낸 유형에 따라 다음 게임에서 상대가 어떻게 행동할지 예측하는 좀 더 정교한 전략을 마련할 수도 있다. 예를 들면 이런 것이다. 각 게임에서 마르코프과정(확률 과정의 일종으로, 미래 변수의 값은 현재 값에만 의존하며 과거 값의 수열과는 무관하다 - 옮긴이) 같은 복잡한 계산을 거쳐 상대방의 거동을 모형화한 후 베이지안 분석(과거에 이미 알려진 사실 또는 분석자의 주관을 넣어 데이터를 분석하는 통계적 방법론 - 옮긴이) 같은 고급 통계적 추론 방법으로 장기적으로 보아 최상인 선택을 하는 것이다. 혹은 여러 전략들을 복잡하게 조합한 전략을 마련할 수도 있다.

누구나 가장 궁금한 것은 "최상의 전략은 어떤 것인가?"일 것이다.

다시 말하자면 어떤 전략이 가장 높은 점수를 얻게 해주느냐는 것이다. 좋은 질문이지만 곧 보게 되듯이 상대 경기자의 전략과 상관없이 독립적으로 언제나 최상인 전략 같은 것은 없다. 이런 점에서 반복적 죄수의 딜레마 게임은 체스와 같은 게임과는 전혀 다르다. 체스 고수는 상대가 최강수를 둘 것이라고 가정해도 틀림이 없다. 체스 같은 게임에서는 경기자들의 이익이 완전히 상충하기 때문에 이런 가정을 바탕으로 전략을 짠다. 그러나 죄수의 게임에서 일어나는 상황은 좀 다르다. 두 경기자의 이해관계가 완전히 상반되지 않는다. 두 경기자는 서로 협력하여 보상 R을 받아 함께 좋을 수도 있고 서로 배반하여 벌 P를 받아 둘 다 낭패 볼 수도 있다. 상대는 언제나 내가 가장 두려워하는 수를 쓸 것이라고 가정하면 상대가 무슨 일이 있어도 협력하지 않을 것이라고 생각하게 되고, 따라서 배반을 하게 되어 끝없는 배반의 벌이 이어질 것이다. 따라서 체스에서와는 달리 죄수의 딜레마에서는 상대 경기자가 무조건 나를 꺾으려 한다고 가정하는 것은 바람직하지 않다.

사실 죄수의 딜레마 게임에서 최상의 전략은 상대 경기자가 어떤 전략을 쓰고 있는지, 특히 그 전략에 상호협력이 발전될 여지가 있는지에 전적으로 달려 있다. 이 원칙은 현재 게임에 비해 다음 게임의 중요도가 충분히 커서 미래가 중요해야 함을 의미한다. 다시 말하자면 할인계수 w가 충분히 커서 총 보수를 합산할 때 미래의 비중이 커야 한다. 물론 상대 경기자를 다시 만날 것 같지 않거나 혹은 미래 보수에 신경 쓰지 않는다면 지금 배반을 선택하고 앞날의 결과는 신경

쓰지 않아도 된다.

이로부터 첫번째 정식 명제가 나온다. 미래가 중요한 경우, 단독으로 최선인 전략은 없다는 슬픈 내용이다.

명제 1. 할인계수 w가 충분히 클 경우, 다른 경기자가 쓰는 전략과 독립적으로 최선인 전략은 존재하지 않는다.

이 명제를 증명하는 것은 어렵지 않다. 상대 경기자가 항상 배반하는 올디 전략을 쓴다고 가정해 보자. 상대가 절대로 협력을 안 한다면 내가 할 수 있는 최선의 선택은 역시 배신이다. 반대로 상대가 '영원한 보복' 전략을 쓴다고 해보자. 내가 배반하기 전까지는 협력하고 나의 배반 후에는 계속 배반을 하는 전략이다. 이런 경우 최선의 전략은 절대 배반하지 않는 것이다, 먼저 배신하여 얻은 배신의 유혹 T가 미래 수에서 보상 R이 아니라 벌 P만 계속 얻는 장기적 손해에 의해 상쇄되기 때문이다. 할인계수 w가 충분히 클 경우 항상 그렇다.[15] 따라서 하물며 첫 번째 수부터도 협력해야 할지 말아야 할지는 상대 경기자의 전략이 무엇인가에 달려 있다. 이런 이유로, w가 충분히 클 경우 단 하나의 가장 좋은 전략은 존재하지 않는 것이다.

미국 상원과 같은 입법부를 예로 들자면, 한 의원이 다른 의원과 '다시' 거래를 할 가능성이 충분히 크다면 상대의 전략에 상관없이 쓸 수 있는 최선의 전략은 존재하지 않음을 이 명제가 말해 준다. 장래에 이번 상호작용의 영향을 받지 않는 사람이 아니라, 이번 나의 호의를 미래에 호의로 되갚을 사람과 협력하는 것이 최선일 것이다.[16] 안정된 상호협력을 이룰 가능성은 w값으로 나타내는 상호작용의 지속 가망성에 달려 있다. 실제로 상원에서 2년마다 하는 공화당 물갈이 비율이 40년간 약 40퍼센트였다가 최근 20퍼센트 이하로 떨어지자, 두 의원들 사이의 관계가 지속될 가능성이 놀라울 정도로 증가했다.[17]

지속적 상호작용의 가능성은 협력이 일어나기 위해 필요하지만 협력이 일어날 충분조건은 아니다. 이제 단 하나의 가장 좋은 전략이 없음이 증명되었으니, 두 사람 간 지속적 상호작용의 확률이 충분히 클 경우 어떤 행동 양식이 창발될 수 있는지 궁금해진다.

창발될 수 있는 행동 양식을 조사하기 전, 죄수의 딜레마라는 구조가 현실의 어떤 점은 포괄하고 어떤 점은 포괄할 수 없는지 자세히 살펴보는 것이 좋겠다. 다행히도 그 구조가 단순하기 때문에 분석을 제한할 수 있는 수많은 가정들을 피할 수 있다.

1. 경기자들이 받는 보수의 종류가 비교 가능한 것일 필요는 없다. 예를 들면 기자는 관료로부터 더 많은 내부 정보를 제공받고, 관료는 그 대가로 자신이 주장하는 정책이 호의적으로 보도될 기회를 갖는 식이다.

2. 보수는 물론 대칭적일 필요도 없다. 상호작용을 두 경기자의 입장에서 정확하게 같다고 생각하는 것은 편의상 하는 것이지 꼭 그래야 하는 것은 아니다. 예를 들어 상호협력의 보상 R 이나 보수 변수 P, T, S 가 두 경기자에게 반드시 같은 가치를 가지지 않아도 된다. 뿐만 아니라 위에서 언급했듯이 그 보수가 비교 가능한 같은

종류일 필요도 없다. 단 한 가지 필요한 가정은, 각 경기자에게 4개 보수의 순서는 죄수의 딜레마 정의에 따라 정해진다는 것이다.

3. 경기자들이 받는 보수가 절대적인 척도로 매겨지지 않아도 된다. 서로 상대적인 값으로만 매겨지면 된다.[18]

4. 협력이 두 경기자 주변 세상의 관점에서 볼 때 반드시 바람직할 필요는 없다. 때로는 두 경기자 간 협력이 촉진되는 것보다 억제되는 게 좋을 수도 있다. 기업 담합은 해당 기업들에게는 좋지만 사회에는 좋지 않다. 사실 거의 모든 형태의 부정부패는 당사자들에게는 득이 되는 협력 사례이지만 그외 사람들에게는 환영받지 못할 일이다. 그래서 경우에 따라 협력이론은 협력의 증진이 아니라 협력 방지 대책 마련에 이용될 수 있다.

5. 경기자들이 이성적이라고 가정할 필요가 없다. 경기자들이 자신의 몫을 극대화시키기 위해 노력하는 것이 아니어도 된다. 경기자들이 쓰는 전략은 주먹구구식일 수도 있고, 경험, 직관, 습관을 따르는 것일 수도 있고 단순히 남을 따라하는 것이어도 상관없다.[19]

6. 심지어 경기자들의 행동이 의식적 선택에 의한 것이 아니어도 된다. 어떨 때는 호의를 보이고, 어떨 때는 안 보이는 것은 어떤 전략에 의해서가 아니라 생각 없이 하는 행동일 수도 있다. 선택이 반드시 신중할 필요는 없다.[20]

죄수의 딜레마 틀은 인간, 국가, 심지어 박테리아까지 아우를 수 있을 만큼 포괄적이다. 국가들은 관세의 인상이나 인하와 같은 조치를 취하는데, 이것을 죄수의 딜레마에서의 선택으로 해석할 수 있다. 국가의 이런 행동이 합리적이라거나 단일 목표를 향한 일관된 정책의 결과라고 생각할 필요는 없다. 오히려 그것은 복잡한 정보 처리와 변화무쌍한 정치적 제휴로 이루어지는 엄청나게 복잡한 관료 정책의 결과에 불과한 것일 수도 있다.●21

또 다른 극단적 경우로, 생물이 게임을 하기 위해 반드시 뇌가 있어야 하는 것도 아니다. 예를 들어 박테리아는 특정 화학적 환경에 고도로 민감하게 반응한다. 따라서 박테리아는 다른 생물들의 행동에 따라 다르게 반응할 수 있고, 이런 조건부 전략 행동은 다음 세대로 유전된다. 뿐만 아니라 박테리아의 행동은 주변 생물의 적합성 fitness(환경에 대해 생물이 가진 생존과 번식의 적합한 정도를 의미하는 진화론 용어 - 옮긴이)에 영향을 줄 수 있고 주변 생물의 행동은 박테리아의 적합성에 영향을 준다. 생물학적 응용에 대해서는 5장에서 자세히 살펴볼 것이다.

지금은 일단 사람과 조직에 초점을 맞추기로 한다. 다행히, 사람들이 얼마나 신중하고 통찰을 가지고 있는지에 대해 많은 것을 가정할 필요는 없다. 또한 사회생물학에서 이야기하듯 사람의 기본 행동이 유전자에 의해 결정된다는 가정 같은 것도 필요 없다. 여기서 다루는 것은 전략적인 것이지 유전적인 것이 아니다.

물론 협력의 문제를 죄수의 딜레마라는 추상적 형태로 모형화함으로써 실제 상호관계들의 고유한 수많은 핵심 특성들을 무시하게 된다. 이런 추상화에 의해 무시된 요인들의 예로 언어를 통한 의사소통의 가능성, 제3자의 직접적 영향력, 선택을 실행하는 과정에서 일어나는 문제들, 상대 경기자가 실제로 전 게임에서 어떻게 했는지 확신할 수 없다는 점 등이 있다. 이런 복잡한 요인들 중의 일부는 8장에서 기본 게임 모형에 추가하여 조사할 것이다. 영향을 줄 소지가 있는데 무시된 요인들의 목록은 분명 끝없이 길다. 똑똑한 사람이라면 물론 그런 복잡한 요인들을 고려하지 않은 채 중요한 선택을 하지는 않을 것이다. 그럼에도 그런 것을 무시한 분석이 가치 있는 이유는 상호작용의 미묘한 면을 명확히 보게 해주기 때문이다. 그런 미묘한 특성들은 실제 선택이 일어나는 특정 상황의 뒤엉킨 미로에서는 놓치기 쉽다. 추상적 상호작용 모형 분석이 이해에 훨씬 도움이 되는 것은 현실이 워낙 복잡다단하기 때문이다.

다음 장은 반복적 죄수의 딜레마 게임을 하는 상황에서 좋은 전략은 어떤 것인지 협력이 창발되는 과정을 살펴본다. 이 연구는 컴퓨터 대회라는 색다른 방법을 통해 이루어졌다. 게임이론 전문가들에게 선호하는 전략을 제출해 줄 것을 요청하고, 이들 전략을 돌아가며 둘씩 대전시켜 최종 승자를 뽑았다. 놀랍게도 승자는 제출된 것 중 가장 단순한 것으로 **팃포탯**이었다. 이것은 첫 게임에서 협력해 보고 다음부터는 상대가 하는 대로 따라하는 전략이다. 두 번째 대회에는 훨씬 더 많은 아마추어와 전문가들이 많은 프로그램을 제출했다. 이들은 모두 1차 대회의 결과를 잘 알고 있었다. 그런데 이번에도 **팃포탯**이 승리하였다! 이들 대회의 데이터 분석 결과 결정 규칙(협력이나 배반을 결정하는 판단 원칙 - 옮긴이)을 성공으로 이끄는 특성은 네 가지인 것으로 나타났다. 우선 상대가 협력하는 한 거기에 맞춰 협력하고 불필요한 갈등을 일으키지 말 것. 둘째, 상대의 예상치 않은 배반에 응징할 수 있을 것. 셋째, 상대의 도발을 응징한 후에는 용서할 것. 넷째, 상대가 나의 행동 패턴에 적응할 수 있도록 행동을 명확하게 할 것.

두 대회의 결과를 분석하자 적당한 조건에서는 중앙 권위체 없이도 이기주의자들의 세상에서 협력이 정말 창발됨이 증명되었다. 이런 결론들이 얼마나 폭넓게 적용될 수 있는지 3장에서 이론적으로 규명할 것이다. 일련의 명제들은 협력의 창발에 필요한 조건들을 보여줄 뿐 아니라 협력의 연대기까지 보여주는 것으로 드러났다. 간단히 요약하면 이렇다. 협력이 진화하려면 개인들이 다시 만날 확률이 충분히 커서 미래에 서로 이해관계로 얽힐 것이라고 믿어야 한다. 그렇기만 하면 협력은 세 단계에 걸쳐 진화한다.

1. 무조건적으로 배신만 하는 세계에서도 협력은 싹틀 수 있다는 데서 이야기는 시작된다. 사실상 서로 상호작용할 기회가 없는 개인들이 산발적으로 협력을 시도한다면 협력은 '일어날 수 없다'. 그러나 아주 작게나마 대가성 협력을 바탕으로 서로 상호작용하는 무리가 있다면 이들로부터 협력이 진화할 수 있다.

2. 이야기의 중반은, 호혜주의를 기초로 한 전략이 수많은 전략들이 난무하는 세상에서 살아남는다는 것이다.

3. 이야기의 결말은, 협력이 일단 호혜주의를 원칙으로 안착되면 덜 협력적인 전략들에 맞서 스스로를 지켜낼 수 있다는 것이다. 그러므로 사회 진화의 톱니바퀴는 역회전을 방지하고 앞으로만 돌아가게 하는 미늘ratchet이 있다.

4장과 5장은 이 결과들이 얼마나 폭넓게 적용될 수 있는지 보여주는 구체적 예들을 든다. 4장은 1차 세계대전 참호전 당시 나타난 "공존공영live-and-let-live" 시스템의 흥미로운 예를 자세히 다룬다. 이 참혹한 전쟁이 한창일 때 제1선의 병사들은 자주 사격을 자제했다. 그렇게 하면서 적군 역시 호의를 갚기를 바랐기 때문이다. 이런 상호자제가 가능했던 이유는 참호전의 정적인 특성 때문이었다. 참호전에서는 상당 기간 동안 동일한 소규모 전투 부대가 서로의 얼굴을 마주보며 대치하였다. 이들은 실제로 전술적 협력 관계를 유지하기 위해 상부의 명령과 교전수칙도 위반하였다. 이 사례를 자세히 뜯어보면 협력이 창발할 조건이 존재하기만 하면 협력은 싹터나고, 전혀 가능할 것 같지 않은 상황 속에서도 유지됨을 알 수 있다. 특히 협력이 일어나기 위해 우정이 필요하지는 않음을 잘 보여준다. 적절한 조건만 갖추어지면 적과 적 사이에서도 호혜주의에 입각한 협력이 발전될 수 있다.

5장은 진화생물학자 윌리엄 D. 해밀턴과 함께 쓴 것으로, 지능이 없어도 협력이 일어날 수 있음을 보여준다. 이를 위해 박테리아에서 새에 이르기까지 다양한 생물들의 행동 양식을 협력이론으로 설명하였다. 생물계에서는 당사자가 서로 연관이 없고, 심지어 자신들의 행동의 결과를 전혀 이해하지 못해도 협력이 일어난다. 이들 사이에서 협력이 일어나는 것은 유전학과 적자생존이라고 하는 진화 기제 때문이다. 상대로부터 이로운 반응을 이끌어낼 수 있는 개체는 자손을 남길 확률이 커지고, 그런 특성을 물려받은 자손은 계속해서 상대로부터 호의적 반응을 이끌어내는 행동을 할 것이다. 따라서 생물계에서도 적당한 조건만 갖추어지면 호혜주의를 기반으로 하는 협력이 안정적으로 유지될 수 있다. 텃세권, 짝짓기, 질병의 특정 측면도 협력이론으로 다루어진다. 다윈은 집단이 아닌 개체의 이익을 강조하였는데, 이것이 실은 같은 종이나 심지어 다른 종에 속한 개체들 사이의 협력까지도 설명해 준다는 것이 5장의 결론이다. 적당한 조건만 되면 협력은 일어나고 안정적으로 자리를 잡는다.

협력의 진화에 지능이 꼭 필요하지는 않지만 있으면 도움이 된다. 그래서 6장과 7장은 각각 게임 참가자와 개혁자들을 위한 조언을 담았다. 6장은 죄수의 딜레마에 빠져 있는 사람들을 위해 협력이론의 의미를 조목조목 설명한다. 당사자들 관점에서 보자면 상대방이 얼마나 잘 되는가와 상관없이 내가 최고로 잘 되는 것이 목표이다. 대회 결과와 여러 정식 명제들을 바탕으로 개인의 선택에 도움되는 제안을 네 가지 할 수 있다. 첫째, 남의 성공을 질투하지 말 것. 둘째, 먼저 배신하지 말 것. 셋째, 협력이든 배반이든 그대로 되갚을 것. 넷째, 너무 영악하게 굴지 말 것.

경기자의 개인적 관점을 이해하면 이기주의자들 사이에서 협력을 보다 쉽게 이끌어내기 위해 어떻게 해야 하는지 알 수 있다. 7장은 협력의 창발을 촉진하기 위해 상호작용의 조건을 바꾸어보려는 개혁가의 원대한 관점에서 이야기한다. 다양한 방법을 생각해 볼 수 있는데, 경기자 간의 상호작용을 좀 더 빈번하고 든든하게 한다거나 경기자들에게 서로 배려하도록 교육시킨다거나 호혜주의의 가치를 이해시키는 것 등이 그것이다. 이런 개혁가의 관점에서 볼 때 관료의 권력에서 집시의 곤경에 이르기까지, **팃포탯**의 도덕성에서 협정서 작성 기술에 이르는 다양한 주제에 대한 통찰을 얻을 수 있다.

8장은 협력이론의 의미를 새로운 영역으로 확장한다. 우선 다양한 종류의 사회구조가 협력이 발전하는 방식에 얼마나 큰 영향을 미치는지 설명한다. 예를 들어 사람들은 흔히 성, 나이, 피부색, 옷 입는 스타일과 같은 눈에 보이는 특징들로 다른 사람을 자신과 연관 짓는다. 이런 단서들은 편견과 신분 질서를 기반으로 하는 사회구조를 형성할 수 있다. 사회구조의 영향의 또 다른 예로 평판에 대해서도 살펴본다. 자신의 평판을 쌓고 유지하려는 노력은 격렬한 갈등들의 주요 특성이 될 수 있다. 예를 들면, 1965년 미국 정부의 베트남전 확대의 주요 원인은 세계 무대에서 최강국으로서의 명성을 지킴으로써 아무도 감히 미국의 국익에 반한 도전을 못하게 하려는 미국의 욕구에 있었다. 이 장에서는 자국민들 사이에서 명성을 지키려는 정부의 입장도 살펴본다. 정부가 효율적이려면 정부가 선택한 규범을 강요해서는 안 되고 국민 대다수로부터 동의를 얻어내야 한다. 그러려면 대다수 국민이 규칙을 지키는 게 대체로 이득이 된다고 여길 수 있

도록 규칙을 조정해야 한다. 이런 식의 접근은 권위체 운영에 기본이
되며, 산업 오염 규제와 이혼 합의 조정의 예에서 잘 나타난다.

마지막 장에 이르면, 중앙 권위체가 없이 이기주의자들 사이에서
어떻게 협력이 창발되는가로 시작된 연구가 사람들이 실제로 서로
'배려'를 하는 경우에 어떻게 되는지, 또 중앙 권위체가 있을 경우에
는 어떻게 되는지의 분석으로 발전한다. 그러나 접근 방법은 언제나
같다. 즉 개인들이 자신의 이익을 위해 어떻게 행동하는지 봄으로써
전체 집단에 어떤 일이 일어날지 알게 되는 것이다. 이런 식으로 접근
할 때 단순히 한 경기자의 관점을 이해하는 것 이상을 알 수 있다. 주
어진 여건에서 상호협력을 공고히 하려면 어떻게 해야 하는지도 알
게 된다. 가장 희망적인 발견은, 참가자들이 지능이 있어 협력이론의
내용을 이해하면 협력의 진화가 더욱 빠르게 가속된다는 사실이다.

제2부

협력의 창발

The emergence of cooperation

제2장

컴퓨터 대회에서
팃포탯이 거둔 성공

죄수의 딜레마는 개인 관계에서 국제 관계에 이르기까지 모든 경우에서 흔히 일어나기 때문에 이런 상황에서 최선책이 무엇인지 아는 것은 유용하다. 그러나 1장의 명제는, 언제나 최고인 단 하나의 전략은 없음을 보여준다. 최선의 전략은 어느 정도 상대가 어떻게 하느냐에 따라 달라진다. 그리고 상대가 어떻게 할지는 또 '내'가 어떻게 할지에 대한 상대의 예상에 따라 달라진다.

이 미궁에서 빠져나오기 위해서는 죄수의 딜레마에 관한 그동안의 연구들을 훑어보는 것이 도움이 된다. 다행히도 이 분야에 대해 상당한 양의 연구가 이루어졌다.

실험을 통해 심리학자들은 반복적 죄수의 딜레마 게임에서 가능한 협력의 정도는 (그리고 협력이 창발되는 패턴은) 각 참가자들의 속성, 참가자들 간의 관계, 게임의 맥락 등과 관련된 다양한 인자들의 영향을 받는다는 것을 발견했다. 게임에서의 행동이 참가자의 수많은 측면을 반영하기 때문에, 죄수의 딜레마는 중앙아프리카에서 나타난 서구화의 영향[1], 성공 지향적 여성이 드러내는(혹은 드러내지 않는) 적극성[2], 추상적 사고 방식과 구체적 사고 방식이 빚어내는 결과의 차이[3] 등 사회심리학적 문제들을 연구하는 표준 방법이 되었다. 최근 15년간 『심리학 초록Psychological Abstracts』에 인용된 죄수의 딜레마에 대한 논문만 해도 수백 편에 달한다. 말하자면 죄수의 딜레마는 사회심리학 연구의 대장균이 되었다(대장균은 생물학에서 가장 애용되는 실험 모형의 하나다 - 옮긴이).

죄수의 딜레마는 실험의 시험대로 이용될 뿐 아니라 주요 사회적 과정들을 모형화하는 개념적 기초로 이용된다. 리처드슨의 군비 확장 경쟁 모형은 본질적으로 죄수의 딜레마를 바탕으로 하고 있다. 경쟁 국가 사이에서 매년 예산을 편성하는 과정에서 협력과 배반의 선택과 비슷한 상황이 일어나기 때문이다.[4] 과점 경쟁도 죄수의 딜레마로 풀 수 있다.[5] 집단의 복지를 위한 집단의 행동 문제도 많은 경기자가 참여하는 죄수의 딜레마로 분석할 수 있다.[6] 투표 교환조차도 죄수의 딜레마로 모형화되었다.[7] 사실 중요한 정치, 사회, 경제 과정들을 가장 훌륭하게 분석한 모형들은 대부분 죄수의 딜레마를 토대로 하고 있다.

죄수의 딜레마에 관한 또 다른 종류의 문헌들도 있다. 이들은 실험실이나 현실에서의 실험적 연구를 뛰어넘어 죄수의 딜레마라는 추상적 게임을 이용하여 합리성의 의미라든지[8] 선택이 다른 사람에 미치는 영향[9], 강제력이 동원되지 않은 협력[10] 등 전략적 쟁점들을 분석한다.

아쉽게도 죄수의 딜레마에 관한 이들 세 종류 문헌들 모두 어떻게 하면 게임을 잘할 수 있는가를 알려주지는 않는다. 첫 번째 실험적 문헌들은 대부분 정식 게임을 생전 처음 해보는 경기자들이 내린 선택을 분석한 것이기 때문에 별로 도움이 안 된다. 이런 경기자들이 전략의 미묘함을 잘 알기는 아직 어렵다. 일상생활에서 일어나는 죄수의 딜레마를 아무리 많이 경험했더라도 그 경험을 막상 정식 게임에 대입하기란 그렇게 쉽지 않다. 두 번째 죄수의 딜레마 응용 문헌들은 현실에서 노련한 경제 정치 엘리트들이 한 선택을 연구한 것인데, 최고위 수준의 상호작용은 상대적으로 워낙 속도가 느리고 변하는 상황에 대한 통제가 어렵기 때문에 역시 별 도움이 안 된다. 전부해서 이삼십 사례가 식별되고 분석되었다. 세 번째 전략적 상호작용에 대한 추상적 문헌들은 주로 상호의존적 선택 허용하기[11], 배반에 세금 부과하기[12]와 같은 변화를 주어 딜레마 자체를 근본적으로 제거시킨, 반복적 죄수의 딜레마 게임의 변형판을 연구했다.

반복적 죄수의 딜레마에서 어떻게 효과적으로 선택할 것인가를 조사하기 위해서는 다른 접근법이 필요하다. 참가자들의 이해가 부분적으로 일치도 하고 상반도 되는 비제로섬non-zero-sum 상황에 내재된 전략적 가능성에 대해 상세하게 이해하고 있는 사람들을 연구 대상으로 삼는 것이다. 이때 비제로섬 구조의 두 가지 중요한 특징을 고려해야 한다. 첫째, 1장의 명제가 증명하듯 어떤 전략이 효과적인가 하는 것은 그 전략의 성격뿐 아니라 그 전략이 상호작용해야 하는 상대 전략의 특성에도 의존한다는 것이다. 두 번째 특징은 첫 번째에서 바로 도출되는데, 효과적 전략은 현재까지 전개된 상호작용의 내력을 고려할 수 있어야 한다는 것이다.

반복적 죄수의 딜레마에서 효과적 선택을 조사하기 위한 컴퓨터 대회는 이 두 조건을 만족시킨다. 컴퓨터 대회의 참가자들은 각 게임마다 협력이나 비협력을 선택하는 결정 규칙으로 된 프로그램을 짠다. 프로그램은 그동안 자신과 상대가 선택한 결정의 내력을 기억하고 다음 선택에서 이 내력을 참고할 수 있다. 만약 참가자들이 죄수의 딜레마에 친숙한 사람들 중에서 뽑혔다면 이들은 자신의 결정 규칙이 또 다른 경험자의 규칙과 맞대결한다는 사실을 잘 알 것이다. 이런 경기자 선발은 분명히 예술 수준의 대회를 보여줄 터였다.

이럴 경우 어떻게 될지 알아내기 위해 게임이론 전문가들에게 바로 그런 컴퓨터 대회에 프로그램을 출품해 달라고 초청했다. 대회는 각 참가자가 둘씩 짝을 짓는 라운드로빈 방식으로 짰다. 대회의 규칙에 공지한 대로 각 참가자는 자신과 똑같은 쌍둥이 프로그램과도 겨루고, 반반의 확률로 협력이나 배반을 하는 프로그램 랜덤Random과도 겨루었다. 각 전체게임은 정확하게 200게임으로 이루어졌다.[13] 각 게임의 보수 행렬은 1장에서 설명한 것과 비슷하게 했다. 즉, 상호협력에는 양 경기자에게 3점씩, 상호배반에는 1점씩 주었다. 한 경기자가 협력하는데 다른 경기자가 배반하면 배반한 경기자는 5점, 협력한 경기자는 0점을 얻게 했다.

정해진 시간을 초과하여 실격된 프로그램은 없었다. 각 대전 쌍이 얻는 점수를 더 정확하게 확보하기 위해 라운드로빈 대회 전체를 5회 반복했다. 종합적으로 12만 번의 수, 즉 24만 번의 선택이 이루어졌다.

총 14개의 프로그램이 심리학, 경제학, 정치학, 수학, 사회학 다섯 분야에서 출품되었다. 〈부록 A〉에 출품한 참가자들의 이름과 소속, 그리고 이들이 얻은 점수와 전체 순위 목록을 실었다.

이 대회의 뛰어난 점의 하나는 서로 다른 분야의 사람들이 공통 형식과 언어로 상호작용하게 해주었다는 것이다. 선발된 참가자들 대부분은 게임이론 일반, 혹은 바로 죄수의 딜레마에 관련된 논문을 발표한 적이 있는 사람들이었다.

대회의 우승자는 토론토 대학교의 아나톨 라포포트 교수가 제출한 **팃포탯**이었다. 이것은 제출된 것 중 가장 단순하면서 가장 훌륭한 전략임이 판명되었다!

팃포탯은 맨 처음에는 물론 협력으로 시작하고 그 뒤부터는 상대가 전 수에서 선택한 대로 선택한다. 이 결정 규칙은 죄수의 딜레마 게임에서 가장 많이 알려져 있고 가장 많이 논의되는 것이다. 이것은 이해하기도 쉽고 프로그램 짜기도 쉽다. **팃포탯**은 인간과 경기를 할 때도 상당한 정도의 협력을 끌어내는 것으로 알려져 있다.[14] 쉽게 착취당하지 않고 자기와 쌍둥이 프로그램과 대전해도 좋은 성적을 내는 등 컴퓨터 대회 참가자로서 바람직한 특성들을 가지고 있다. 단점이라면 랜덤에게 너무 관대하다는 것인데, 이 사실은 대회 참가자들이 사전에 모두 알고 있었다.

그리고 팃포탯이 막강한 경쟁력을 가졌다는 것도 미리 알려져 있었다. 팃포탯은 예비 대회에서 2위를 했고 예비 대회를 다양하게 변형시킨 대회들에서 1등을 했다. 컴퓨터 죄수의 딜레마 대회를 위한 프로그램을 짠 사람들은 이런 사실들을 사전에 대부분 잘 알고 있었다. 예비 대회의 결과를 복사하여 모두에게 보내주었기 때문이다. 예상대로 대부분의 참가자들이 팃포탯의 원칙을 사용했으며 그것을 더욱 발전시키려 고심하였다. 놀랍게도 더 복잡한 프로그램 '어떤 것'도 단순한 원조 팃포탯을 능가하지 못했다.

이 결과는 반드시 복잡할 필요가 있는 컴퓨터 체스 대회와는 사뭇 다르다. 예를 들면 '제2회 세계 컴퓨터 체스 대회'의 꼴찌는 가장 덜 복잡한 프로그램이었다.●[15] 그 프로그램을 제출한 사람은 스위스 취리히 연방공과대학교의 요한 요스Johann Joss였는데 그는 컴퓨터 죄수의 딜레마 대회에도 출전하였다. 그의 프로그램은 팃포탯을 살짝 변형시킨 것이었다. 그러나 그런 변형은 역시 다른 변형들과 마찬가지로 성적을 더 떨어뜨릴 뿐이었다.

대회 분석 결과, 프로그램을 제출한 참가자의 전공 분야나 프로그램의 간결함(혹은 '길이'), 그 어느 것도 프로그램의 성공에 별로 중요하지 않았다. 그렇다면 프로그램의 성적을 결정하는 요소는 무엇일까?

이 질문에 대답하기 전, 숫자로 표시된 점수를 해석하는 방법을 설명하는 게 순서일 것이다. 200번의 게임을 하는 전체게임에서 아주 잘한 점수의 기준은 600점이다. 이는 항상 서로 협력했을 때 얻는 점수에 해당한다(두 경기자가 200회 상호협력하므로 매회 3점 × 200 = 600점 - 옮긴이). 이에 비해 가장 나쁜 점수의 기준점은 쌍방이 절대로 협력하지 않을 때 얻는 200점(상호배신의 1점 × 200 = 200점 - 옮긴이)이다. 이론적으로 0점에서 1,000점까지 가능하지만 대부분의 점수는 200점에서 600점 사이에 분포한다. 승자 **팃포탯**의 한 게임당 평균 점수는 504점이었다.

뜻밖에도 비교적 높은 점수의 프로그램 집단과 낮은 점수의 프로그램 집단을 구분하는 특징은 단 한 가지였다. 그것은 결코 먼저 배신하지 않는 '신사적nice' 특성이다. (분석의 편의상 신사적 규칙은 마지막 몇 수 이전, 예를 들면 198번째 게임까지는 먼저 배신하지 않는 것이라고 느슨하게 정의한다.)

상위 여덟 개 규칙은 신사적이다. 그외 것들은 모두 비신사적이다. 신사적인 프로그램과 아닌 것 사이에는 상당한 점수 차이도 있다. 신사적인 규칙은 평균 472점에서 504점 사이를 기록했고 비신사적인 것들 중 가장 높은 점수를 얻은 것은 401점에 불과했다. 그러므로 게임의 거의 마지막까지 먼저 배신하지 않는 것 자체가 컴퓨터 죄수의 딜레마 대회에서 성공적인 규칙과 아닌 것을 구분하는 특성이었다.

각 신사적 규칙들은 다른 일곱 개의 신사적 규칙들과 자신의 쌍둥이 프로그램과 대적하여 함께 약 600점을 얻었다. 신사적 규칙 둘이 대전을 하면 게임을 시작해서 끝날 때까지 서로 확실하게 협력하기 때문이다. 사실 게임 막판 전술은 프로그램마다 약간의 차이가 있더라도 점수에 별 영향을 주지 않았다.

신사적 규칙들은 모두 상대 신사적 규칙과 함께 600점 전후의 점수를 올렸기 때문에, 신사적 규칙들 사이의 순위는 비신사적 규칙과 벌인 게임에서 얻은 점수에 의해 결정되었다. 여기까지는 당연하게 들린다. 당연하지 않은 사실은, 여덟 개 상위 프로그램의 상대적 순위는 나머지 일곱 개 규칙 중 단지 두 개에 의해 주로 결정되었다는 사실이다. 이 두 프로그램은 소위 '킹메이커'인 셈인데, 자신의 점수는 썩 좋지 못하지만 최고수들의 최종 순위를 결정하기 때문이다.

가장 중요한 킹메이커는 '성과 극대화'의 원칙을 따랐다. 다우닝 Downing이라는 이름의 이 규칙은 원래 죄수의 딜레마 실험에서 인간 피험자 역할을 하도록 개발된 것이다.[16] 다우닝 규칙은 그 자체로 매우 흥미로운 규칙이다. 상당히 정교한 사고를 기초로 하는 결정 규칙의 한 예로서 살펴볼 만한 가치가 있다. 다른 프로그램들과는 달리 다우닝의 로직은 팃포탯의 단순한 변형이 아니다. 다우닝은 상대를 이해한 다음 이를 바탕으로 장기적으로 최고의 점수를 올릴 선택을 하는 등 신중한 행동을 한다. 만약 상대 경기자가 다우닝의 협력을 갚는 반응을 하지 않을 것 같으면 배반을 하여 가능한 최대 이득을 얻으려 한다. 반대로 상대가 협력의 반응을 보이면 협력한다. 다우닝은 상대의 반응을 판단하기 위해 상대가 자신의 협력 뒤에 협력하는 확률과, 배반 뒤에 협력하는 확률을 계산한다. 매 게임마다 이 두 조건부 확률을 새로 계산한 후, 상대방을 정확하게 모형화하였다는 가정 아래 장기 보상값을 극대화시킬 수 있는 행동을 선택한다. 두 확률이 거의 같다면, 상대가 다우닝이 협력하든 안 하든 같은 선택을 한다는 뜻이 므로 다우닝은 배반이 더 낫다고 결론 내린다. 반대로 상대가 협력에 만 협력하는 경향을 보인다면 다우닝에게 반응하는 것이므로, 다우닝 은 이런 경기자와는 협력하는 게 이롭다는 계산을 할 것이다. 상황에 따라서 다우닝은 협력과 배반을 번갈아 하는 게 최상의 전략이라는 결정까지 내릴 수도 있다.

  게임 시작 시 다우닝은 상대에 대한 이러한 조건부 확률값을 알 수 없다. 그래서 상대가 나의 배반에 협력할 확률과 내 협력에 협력할 확률이 둘 다 0.5라고 가정하지만 게임이 진행되고 실제 정보를 얻으 면서 이 값은 의미가 적어진다.

  다우닝은 상당히 정교한 결정 규칙이지만 그 실행에서 한 가지 약 점이 있다. 게임을 시작하면서 상대가 자신의 협력에 반응하지 않을 거라고 가정함으로써 다우닝은 처음 두 게임에서 배반을 할 수밖에 없다는 점이다. 처음 두 게임의 배반은 많은 상대 프로그램들로 하여 금 다우닝에게 보복하게 만들어 경기의 시작이 대체로 좋지 않았다. 그런데 이것이 바로 다우닝이 훌륭한 킹메이커 역할을 한 이유이기 도 했다. 1등 팃포탯과 2등 티드먼과 치에루치Tideman And Chieruzzi는 둘 다 다우닝이 협력은 이롭지만 배반은 이롭지 않음을 배우도록 적 절히 반응했다. 이외 다른 신사적 규칙들은 모두 다우닝과 함께 내리 막을 걸었다.

신사적 규칙들이 대회에서 성적이 좋았던 이유는 주로 서로 잘했기 때문이지만 또한 서로 평균 점수를 크게 올려줄 만큼 게임이 충분히 많았기 때문이기도 하다. 상대가 배반하지 않는 한 신사적 규칙들은 모두 게임 끝까지 계속 확실하게 협력했다. 배반이 일어날 경우에는 어떻게 되었을까? 프로그램마다 각기 다르게 반응했는데 그 반응에 따라서 대회 순위가 결정되었다. 이런 맥락에서 핵심 개념은 '용서forgiveness'라고 하는 결정 규칙이다. 용서는 약식으로 표현하자면 상대가 배신한 다음 게임에서도 협력하는 관용성이다.[•17]

신사적 규칙들 중에서 가장 낮은 점수를 딴 것은 가장 용서할 줄 모르는 규칙이었다. 프리드먼Friedman은 끝까지 복수만 하는, 용서라고는 모르는 프로그램이다. 결코 먼저 배반을 하지는 않지만 상대가 일단 배반을 하면 그때부터 자기도 배반을 한다. 반면에 승자 팃포탯은 배반을 딱 한 번의 배반으로만 대응하고, 그다음 수부터는 완전히 용서한 상태에서 응수한다. 즉 한 번의 응징으로 과거는 과거로 잊어버린다.

비신사적 규칙들이 대회에서 성적이 부진했던 주요 이유 중 하나는 대부분 용서할 줄 모르기 때문이었다. 이해를 돕기 위해 구체적 예를 들어보겠다. 가끔 배반을 해서 득을 보는 얌체 요스Joss의 경우를 살펴보자. 이 규칙은 팃포탯의 변형이다. 팃포탯처럼 상대의 배반에는 바로 다음 게임에서 즉각 배반으로 응징한다. 그러나 상대의 협력에는 항상 협력하지 않고 열 번에 한 번, 10퍼센트 정도의 확률로 배반을 한다. 그러니까 상대를 가끔가다 슬쩍 이용해 먹는 것이다.

요스는 팃포탯을 약간 변형한 것처럼 보이지만 사실 전체 획득 점수는 훨씬 나쁜데, 그 이유가 매우 흥미롭다. 〈표 1〉은 요스와 팃포탯의 대전 기록으로 매 게임의 내력을 보여준다. 처음에는 양 경기자가 협력하지만 여섯 번째 게임에서 요스가 내재된 10퍼센트 확률에 해당하는 배반을 선택했다. 그다음 게임에서는 다시 협력을 했지만 팃포탯은 요스의 이전 배반에 배반으로 대응했다. 그러자 요스가 그다음 게임에서 팃포탯의 배반에 배반으로 대응했다. 그 결과 요스의 여섯 번째 게임의 단 한 번의 배반이 요스와 팃포탯 사이에서 왔다갔다 하는 배반의 메아리를 낳았다. 이 메아리 효과로 요스는 이후 짝수의 게임에서 전부 배반하고 팃포탯은 홀수의 게임에서 전부 배반하는 결과가 나왔다.

| 표 1 | 팃포탯과 요스의 대전 내용 |

게임	1-20	11111	23232	32323	23232
게임	21-40	32324	44444	44444	44444
게임	41-60	44444	44444	44444	44444
게임	61-80	44444	44444	44444	44444
게임	81-100	44444	44444	44444	44444
게임	101-120	44444	44444	44444	44444
게임	121-140	44444	44444	44444	44444
게임	141-160	44444	44444	44444	44444
게임	161-180	44444	44444	44444	44444
게임	181-200	44444	44444	44444	44444

• 전체 게임에서의 점수: 팃포탯: 236, 요스: 241
• 범례: 1. 양쪽 모두 협력 / 2. 팃포탯만 협력 / 3. 요스만 협력 / 4. 양쪽 모두 비협력

25번째 게임에서 요스가 또 한 차례 내재된 10퍼센트 확률의 배반을 선택했다. 물론 팃포탯은 다음 게임에서 즉시 배반했고 메아리가 또다시 시작되었다. 이번의 메아리는 요스가 홀수 게임에서 배반하게 만들었다. 그 결과 양 경기자가 25번째 게임 이후로는 매 게임마다 배반하게 되었다. 상호배반의 연속은 둘 다 이후 게임에서 매번 오직 1점만 얻는다는 의미다. 이 전체게임의 최종 점수는 팃포탯이 236점, 요스가 241점이었다. 요스가 약간 더 잘했으나 둘 다 형편없는 점수다.[18]

문제는 상대의 협력에 대해 가끔씩 하는 요스의 배반, 양쪽 다 단기적으로 용서 없이 응징하는 것, 이 두 가지가 조합된 데 있었다. 이것이 주는 교훈은, 요스와 팃포탯이 한 것처럼 양쪽이 모두 보복을 하는 전략일 경우 요스와 같이 욕심을 부리는 것은 소득이 없다는 것이다.

이 대회에서 얻는 가장 큰 교훈은, 상호세력이 맞서는 환경에서는 메아리 효과를 최소화하는 것이 중요하다는 것이다. 단 한 번의 배반으로 복수와 재복수가 끝없이 이어지게 되면 양쪽 다 손해를 본다. 따라서 선택에 대해 상세히 분석하려면 메아리 효과를 고려하기 위해 적어도 3단계까지 깊이 들어가야 한다. 첫째 단계는 선택의 직접적 효과를 분석하는 것이다. 이것은 배신 점수가 항상 협력 점수보다 높으므로 쉽다. 두 번째는 간접적 효과 분석으로, 상대가 나의 배신에 응징을 할 수도 안 할 수도 있다는 점까지 고려해서 간접적인 영향을 분석하는 것이다. 여기까지는 참가자들 대부분이 잘 알고 있다. 그러나 세 번째 단계는 더 깊이 들어가, 상대의 배신에 대응할 때 혹시 이전에 자신이 상대를 이용해 이득을 봤던 선택을 반복 혹은 확대하는 게 아닌지 고려하는 것이다. 따라서 한 번의 배신은 그것의 직접적 효과, 혹은 2차 효과까지 분석했을 때 성공적일 수 있다. 그러나 한 경기자의 단 한 차례의 배신이 끝없는 보복의 순환에 빠져버릴 때 진짜 치러야 할 대가는 3단계까지 가야 분석된다. 대부분의 프로그램들이 이를 깨닫지 못해 자기 자신을 응징하는 결과를 맞게 되었다. 몇 게임만큼 자기 응징을 지연시켜 주는 역할을 하는 상대가 있을 때는 많은 결정 규칙들이 이런 식의 자기 응징에 빠져들지 않았다.

좀 더 세련된 결정 규칙을 만들기 위한 시도들 중에 팃포탯을 향상시킨 것은 없었지만, 컴퓨터 대회 환경에서 팃포탯보다 훨씬 더 나은 성적을 낼 수 있었을 규칙을 몇 개 찾아내기는 어렵지 않았다. 이런 규칙들이 존재한다는 사실은 눈에는 눈, 이에는 이 전략이 최선이라는 섣부른 결론에 경종을 울린다. 대회에 참가했더라면 우승을 했을 규칙이 적어도 세 개는 된다.

사실 어떤 식으로 제출해야 하는지 알려주기 위해 참가 예정자들에게 보낸 샘플 프로그램을 누군가 그대로 베껴서 출전했더라면 대회에서 우승했을 것이다! 그러나 아무도 그렇게 하지 않았다. 샘플 프로그램은 상대가 이전 두 게임에서 연속 배신을 할 때만 배반을 하는 전략이었다. 딱 한 번 하는 배반은 응징하지 않는다는 점에서 팃포탯의 보다 관대한 버전이다. 이 팃포투탯Tit For Two Tats 규칙이 올린 뛰어난 성적은 참가자들의 공통된 오류를 분명하게 보여준다. 즉 관대할수록 더 많은 점수를 얻을 수 있는데 대부분의 참가자들이 팃포탯보다 덜 관대해야 더 많은 점수를 얻을 수 있다고 생각한 것이다. 이 발견이 시사하는 바는 충격적이다. 전략 전문가들조차도 용서의 가치에 그다지 무게를 두지 않았음을 의미하기 때문이다.

대회에서 우승했을 뻔한 또 하나 규칙은 역시 참가자들 대부분이 다 아는 것이었다. 이 규칙은 예비 대회에서 우승한 것으로, 대회 참가자를 모집하는 데 그 복사본을 샘플로 사용했었다. 룩어헤드Look Ahead라는 이름의 규칙으로 체스 게임용 인공지능 프로그램의 기법에서 아이디어를 따온 규칙이다. 인공지능 기법이 게임이론가들이 특별히 죄수의 딜레마를 위해 고안한 어떤 규칙보다 더 나은 규칙을 만들어 낼 수 있었다는 사실은 흥미롭다.

우승했을 뻔한 세 번째 규칙은 다우닝을 약간 변형한 개정판이다. 다우닝은 게임 시작 시 상대가 비협조적이 아니라 협조적이라고 가정하였더라면 큰 점수 차로 우승하였을 것이다. 그래서 킹메이커가 아니라 킹이 될 수도 있었다. 다우닝의 상대에 대한 초기 가정은 비관적이었다. 개정판은 상대가 협조적일 것이라고 가정했는데, 이러한 낙관주의는 더 정확할 뿐 아니라 더 큰 성공으로 이끌 수 있음이 판명되었다. 다우닝은 10등이 아니라 1등을 차지할 수도 있었다.●19

이들 세 개 규칙들에 대한 검토는 대회 참가 규칙들 자체에 대한 분석에서 나온 내용 즉, 참가 규칙들이 자기 이득을 위해 너무 경쟁적이었다는 사실을 재확인시켜 준다. 우선, 많은 규칙들이 게임 초반에 상대의 도발이 없는데도 배반을 하였는데, 이에 따라 장기적으로 막대한 대가를 치르게 되었다. 두 번째로, 용서의 적정 수준이 어떤

협력의 진화

참가자들(아마도 다우닝을 제외한)이 보인 것보다 훨씬 컸다. 세 번째로, 다른 규칙들과 가장 차이가 나는 규칙인 다우닝은 초기에 상대의 협조성을 의심하는 잘못된 비관주의로 고전하였다.

대회 분석 결과는 상호세력이 맞서는 환경에서의 협력에 대해 연구할 것이 아주 많음을 시사한다. 정치학, 경제학, 사회학, 심리학, 수학 분야의 전략 전문가들조차도 관용을 충분히 베풀지 않고, 상대의 협조 가능성에 대해 너무 비관적으로 생각하며, 자기 이익을 위해 지나치게 경쟁적이 되는 체계적 오류를 범했다.

한 전략의 효율성은 자체의 특성뿐 아니라 상호작용해야 하는 다른 전략들의 속성에도 좌우된다. 그러므로 단 한 번의 대회에서 얻은 결과는 신빙성이 적다. 그래서 2차 대회를 다시 열었다.

2차 대회 결과는 죄수의 딜레마에서 효과적인 전략의 속성을 이해하는 데 훨씬 도움이 되었다. 2차 대회 참석자들 전원이 1차 대회 환경에서 우승할 뻔했던 3개 추가 규칙들에 대한 논의를 포함해 1차 대회에 대한 상세한 분석 자료를 제공받았기 때문이다. 따라서 참가자들은 1차 대회의 결과뿐 아니라 성공을 분석하는 데 사용된 개념, 생각치 못했던 전략적 약점들까지 잘 알게 되었다. 뿐만 아니라 상대 경기자도 이것을 알고 있다는 사실도 알고 있었다. 따라서 2차 대회는 대체로 1차 때보다 훨씬 세련된 수준에서 시작되었다고 할 수 있고 그 결과는 죄수의 딜레마에서 효과적인 선택을 찾는 데 훨씬 소중하리라 예상되었다.

2차 대회는 규모에서도 1차 대회보다 크게 신장되었다. 사람들의 반응이 기대 이상이었다. 6개 국가에서 총 62개의 프로그램이 참가하였다. 참가자들은 주로 개인용 컴퓨터 사용자들이 보는 전문지에 낸 공지를 통해 모집되었다. 1차 대회에 참가했던 게임이론가들도 다시 초대되었다. 참가자는 취미로 컴퓨터를 하는 열 살짜리 아이에서 컴퓨터 과학, 물리학, 경제학, 심리학, 수학, 사회학, 정치학, 진화생물학 교수에 이르기까지 다양했다. 이들의 국적은 미국, 캐나다, 영국, 노르웨이, 스위스, 뉴질랜드였다.

2차 대회는 1차 대회 분석에서 나온 논제들의 타당성을 시험해 볼 수 있는 기회이자 성공과 실패의 원인 설명에 필요한 개념을 개발할 수 있는 기회이기도 했다. 참가자들 역시 1차 대회에서 각자 나름대로 교훈을 얻어 갔다. 사람들마다 배운 바는 다 달랐다. 2차 대회에서 특히 매력적인 사실은 참가자들이 각자 다르게 학습한 것을 바탕으로 서로 대결했다는 것이다.

팃포탯은 1차 대회에 출전한 가장 단순한 프로그램이며, 1차 대회의 승자였다. 그런데 2차 대회에서도 팃포탯은 가장 단순한 결정 규칙이면서 역시 승자였다. 참가자들은 모두 팃포탯이 1차 대회에서 우승한 것을 알고 있었지만, 아무도 그보다 더 나은 것을 고안해 내지 못했던 것이다.

팃포탯 결정 규칙이 2차 대회 참가자 전원에게 알려진 것은 현재까지 가장 성공적인 프로그램은 팃포탯임을 보여주는 1차 대회 보고서를 돌렸기 때문이었다. 참가자들은 팃포탯이 어떻게 인간과의 게임에서 상당한 협력을 이끌어냈는지, 어떻게 해서 쉽게 착취당하지 않는지, 예비 대회에서 얼마나 잘했는지, 그리고 어떻게 1차 대회에서 우승했는지에 대한 설명을 다 읽어 보았다. 1차 대회 보고서는 특히 팃포탯의 성공 요인이 결코 먼저 배신하지 않는 특성('신사적')과 상대의 배신 후 협력하는 경향(단 한 차례의 응징 후 '용서')이라고 강조하였다.

대회 규정은 누구든지, 어떤 프로그램이든지, 남이 만든 것이라도 상관없이, 제출해도 됨을 명확히 하였지만 팃포탯을 출전시킨 사람은 단 한 사람밖에 없었다. 1차에서 팃포탯을 제출했던 아나톨 라포포트 혼자였다.

2차 대회는 막판 효과(마지막 경기에서는 더는 미래가 중요하지 않으므로 배반이 최선이 되는 것 - 옮긴이)를 제거하기 위한 소소한 변경 외에는 1차에서와 동일한 형식으로 진행하였다. 경기 규칙에서 공지되었듯 전체게임의 길이를 각 게임이 전체게임의 끝이 될 확률을 0.00345로 잡고 확률적으로 결정되도록 하였다.[20] 이 값은 할인계수 $w = 0.99654$에 해당한다. 이렇게 하면 아무도 언제가 마지막 게임이 될지 정확히 모르기 때문에 막판 효과가 효과적으로 제거된 셈이다.

이번에도 참가자들의 인적 사항은 프로그램이 거둔 성적과 별 상관이 없었다. 교수라고 해서 특별히 잘하지도 않았고 미국인이라고 더 잘하지도 않았다. 포트란FORTRAN을 사용했다는 것은 초보용이 아닌 상위 기종 컴퓨터를 다룬다는 뜻이지만, 베이직BASIC보다 포트란으로 짠 것이 특별히 더 좋은 성적을 내지 않았다(둘 다 프로그램 언어로 포트란이 베이직보다 다루기 어렵다 - 옮긴이). 참가자들의 명단을 대회에서 올린 성적 순으로 〈부록 A〉에 실었다. 그들의 인적 사항과 제출한 프로그램에 대한 정보도 함께 수록했다.

틧포탯이 우승했지만, 그렇다고 평균적으로 짧은 프로그램이 긴 것보다 특히 더 나은 것은 아니었다. 그렇다고 긴(따라서 복잡한) 프로그램이 짧은 프로그램보다 더 낫지도 않았다.

2차 대회에서 우승을 결정짓는 요인이 무엇이었는지 판단하기는 쉽지 않았다. 라운드로빈 대회에서 63개 프로그램(랜덤 포함)이 이룬 대전 쌍이 3,969가지나 되었기 때문이다. 이 엄청나게 큰 대회 대전 점수표가 〈부록 A〉에 참가자와 프로그램에 대한 정보와 함께 실려 있다. 2차 대회의 게임 수는 모두 합해 백만이 넘었다.

첫째 대회에서와 마찬가지로 신사적이면 보상을 받았다. 먼저 배반하면 항상 상당한 대가를 치렀다. 참가 규칙의 반 이상은 신사적이었는데, 먼저 배반을 하면 좋을 게 없다는 첫 대회의 교훈을 대부분의 참가자들이 얻은 게 분명했다.

2차 대회에서도 역시 프로그램이 신사적인가의 여부와 거둔 성적 사이에 확실한 상관관계가 있었다. 최상위 15등에 들어간 프로그램 중 하나만 빼고(이 프로그램은 8등을 했다) 모두 신사적이었다. 최하위 15개 규칙은 하나만 빼고 모두 비신사적이었다. 규칙의 신사적 특성과 대회 점수 사이 전체적 상관계수는 0.58로, 상당히 컸다.

신사적 프로그램들 사이에서 우열을 가려준 한 가지 특성은 상대 경기자의 도발에 얼마나 즉각적으로, 또 얼마나 일관되게 대응하는가

　　　　　　　　　　　　　　　　　　　　협력의 진화

였다. 상대의 "예상치 않은" 배반에 곧바로 배반하는 규칙은 '보복적'이라고 할 수 있다. "예상치 않은"의 의미를 정확하게 정의하기는 어렵다. 그러나 요지는, 상대 경기자의 도전에 즉각 반응을 일으키지 않는 느긋한 경기자는 더욱 빈번하게 상대에게 이용당한다는 점이다.

2차 대회에는 고의로 적절한 횟수의 배반을 해가면서 그러면 어떤 이득을 얻을 수 있는지 살피는 프로그램들이 있었다. 신사적 프로그램들의 실제 순위는 대체로 이런 프로그램들의 도전에 얼마나 잘 적응하는가에 의해 결정되었다. 이런 맥락에서 특히 중요한 도전자가 둘 있었는데 임의로 테스터Tester와 트랜퀼라이저Tranquilizer라고 부르기로 한다.

테스터는 데이비드 글래드스타인이 제출한 것으로 대회에서 46등을 하였다. 이것은 호락호락한 상대를 찾아내도록 설계되었으나, 상대가 착취당하지 않겠다는 모습을 보일 때는 언제든 뒤로 물러서게 되어 있었다. 이 규칙은 상대의 반응을 보기 위해 첫 게임에서 일단 배반을 해본다는 점에서 특이하다. 이런 도전에 혹시 상대가 배반으로 나오면 사과의 뜻으로 협력하고 나머지 게임은 줄곧 팃포탯으로 진행해 나간다. 그렇지 않으면 두 번째와 세 번째 게임에서 협력하고 그다음부터는 한 게임 건너 한 번씩 배반한다. 테스터는 1차 대회에서 꽤 선전했을 법한 몇 개의 추가 경기자들을 솜씨 있게 이용해 좋은 성적을 올렸다. 예를 들어 팃포투탯은 상대가 앞의 두 게임에서 연속 배신할 때만 배신한다. 그러나 테스터는 결코 연달아 두 번 배반하는 적이 없다. 따라서 팃포투탯은 테스터를 만나면 항상 협력하고, 너

ㄱ러움 때문에 크게 이용당한다. 주목할 것은 테스티 자체는 대회에서 특별히 좋은 성적을 거두지 못했다는 사실이다. 그러나 테스터는 느긋한(배반에 즉각 대응하지 않는 - 옮긴이) 상대 프로그램들이 낮은 점수를 받게 만들었다.

테스터가 어떻게 1차 대회에서 선전한 몇몇 프로그램들을 2차 대회에서 곤경에 빠뜨렸는지, 레슬리 다우닝의 성과 극대화 원칙을 쓰는 변형판 세 편을 예로 살펴보기로 한다. 다우닝을 기초로 한 다우닝 개정판 두 편은 1차 대회에서 아주 유망했다. 하나는 스탠리 F. 퀘일이, 다른 하나는 레슬리 다우닝 자신이 만든 것이다. 나머지 하나 살짝 변형된 것은 11세의 혈기 있는 경쟁자 스티브 뉴먼이 출전시켰다. 그러나 세 편 모두 테스터에게 착취당했다. 이들이 자신들의 협력에 반 약간 넘는 확률로 협력해 오는 프로그램과 대적하는 최선의 방법은 계속 협력이라고 계산했기 때문이다. 이들이 팃포탯과 다른 최고수 프로그램들처럼 테스터의 첫 게임의 배반에 대응하여 두 번째 게임에서 곧장 배반을 했더라면 더 좋은 성과를 거두었을 것이다. 그렇게 했다면 테스터의 사과를 받아내고 이후 게임이 더 잘 풀렸을 것이다.

트랜퀼라이저는 좀 더 은근한 방법으로 많은 상대를 이용해 이득을 취하고 따라서 도전방법도 미묘하다. 이 프로그램은 우선 상대방과 상호이득 관계를 잘 다지고, 그 후에야 뭔가 몰래 취할 구석이 있는지 조심스레 탐색한다. 트랜퀼라이저는 크레이그 페더가 출전시킨 것으로 대회 성적은 27위였다. 이 규칙은 보통은 협력하지만 상대가 너무 자주 배반을 하면 언제든 같이 배반할 수 있다. 따라서 상대가 협력하고 있으면 처음 열 번 혹은 스무 번까지는 계속 협력한다. 그러다가 느닷없이 배반을 한다. 상호협력의 패턴이 다져질 때까지 기다렸다 하는 배반이라, 상대가 이렇게 가끔 하는 배신을 용서해 주도록 달랠 수 있다고 기대하는 것이다. 상대가 그래도 계속 협력으로 나오면 배신은 차츰 빈번해진다. 그러나 트랜퀼라이저는 매 게임의 평균 점수가 적어도 2.25점이 되는 한 연속 두 번 배신하지 않으며, 배신이 전체게임의 1/4이 넘지 않도록 조심한다. 운을 너무 시험하지는 않는 것이다.

테스터와 트랜퀼라이저와 같은 도전적 규칙들과 잘 대적하는 방법은 상대의 "예상치 못한" 배반을 당할 때 즉각 보복할 준비를 갖추는 것이다. 그러니까 신사적이면 보상을 받고, 보복적이어도 역시 보상을 받는다. 팃포탯은 이 두 바람직한 특성이 합쳐진 것이다. 팃포탯은 신사적이고, 관대하고, 보복적이다. 결코 먼저 배반하지 않고, 한 차례의 배반은 즉각 응징한 후 용서하고 잊는다. 그러나 그동안의 관계가 아무리 좋았어도 배반은 절대 눈감아 주지 않는다.

1차 대회의 교훈은 2차 대회의 환경에 영향을 미쳤다. 참가자들이 1차의 결과를 잘 알고 있었기 때문이다. 컴퓨터 죄수의 딜레마 1차 대회 보고서[21]는 신사적인 규칙뿐 아니라 관대한 규칙도 보상을 받는다는 결론을 내렸다. 2차 대회의 경쟁자들은 팃포투탯과 다우닝 개정판과 같이 관대한 규칙들이 1차 대회와 같은 환경에서는 팃포탯보다 더 우수했으리라는 점도 잘 알고 있었다.

2차 대회에서 많은 참가자들은 1차 대회에서 나온 결론이 아직 유효하기를 바랐던 게 분명하다. 62편 참가 규칙 중 39편이 신사적이었고, 모든 규칙이 적어도 어느 정도는 관대했다. 팃포투탯은 영국의 진화생물학자 존 메이너드 스미스가 제출한 것이었다. 그러나 이것은 24위에 그쳤다. 앞서 언급했듯이 다우닝 개정판은 1차와 2차 두 번 다 제출되었다. 그런데 이것 역시 2차 대회에서는 하위 50퍼센트에 머물렀다.

이는 1차 대회에서 각기 다른 교훈 두 가지를 배운 두 사람이 상호작용했기 때문인 듯하다. 교훈 1이란, "신사적이고 관대하라"이고, 교훈 2는 좀 더 착취적으로 "상대가 신사적이고 관대하면 그 점을 이용하는 게 유리하다"이다. 교훈 1을 새긴 사람은 2차 대회에서 교훈 2를 고수한 사람에게 당했다. 예를 들어 트랜퀼라이저와 테스터 같은 규칙은 아주 느긋한 규칙들을 효과적으로 착취해서 득을 보았다. 그러나 교훈 2를 배운 규칙들 자신들도 좋은 점수를 얻지는 못했다. 그 이유는 상대를 착취하는 과정에서 종종 궁극적으로 응징을 당해 전체게임에서 순수하게 상호협력을 했을 때보다도 '양쪽 모두' 보수가 줄었기 때문이다. 예를 들어 트랜퀼라이저와 테스터의 순위는 각기 27등과 46등에 그쳤다. 둘 다 전체의 1/3도 안 되는 프로그램들과의 대결에서만 팃포탯의 점수를 능가하였다. 교훈 2의 착취적 결론을 적용한 다른 규칙들 가운데 상위권에 근접한 것은 하나도 없었다.

교훈 2의 이용은 교훈 1을 무가치하게 만들지만, 어떤 대회 참가 규칙도 느긋한 규칙을 착취했을 때 얻는 것이 잃는 것보다 더 많지는 않았다. 가장 성공적인 규칙은 팃포탯을 비교적 조금 변형한 것들인데, 랜덤이나 대단히 비협조적으로 보이는 규칙을 만나면 포기해 버리도록(즉 배반하도록 - 옮긴이) 고안되었다. 그러나 이런 변형이 팃포탯 원형보다 더 나은 성적을 내지는 않았다. 결과적으로, 거의 모든 규칙과 잘 어울린 팃포탯이 1차 대회에서의 우승에 이어 2차 대회에서도 우승을 하였다.

참가 규칙들의 유형 분포가 크게 달랐다면 2차 대회의 결과는 훨씬 달라졌을까? 달리 표현하자면, 팃포탯은 다양한 종류의 환경에서 항상 우수할까? 즉 팃포탯은 '강건한가'?

이를 조사하는 좋은 방법은 일련의 가상 대회를 구성하는 것이다. 각 대회는 참가하는 규칙들의 유형 분포를 전혀 다르게 한다. 이런 크게 변형된 대회를 구성하는 방법은 〈부록 A〉에 설명되어 있다. 가상 대회 결과 팃포탯이 6회의 대회 중 5회에서 우승하였고 한 대회에서만 2등을 하였다. 이것은 팃포탯의 성공이 얼마나 강건한지 보여주는 확고한 실험 결과다.

팃포탯의 강건함을 검사하는 또 다른 방법은 온갖 다양한 미래 가상 대회들을 구축해 보는 것이다. 너무 못하는 규칙들은 다음 대회에서는 다시 시도되지 못하고 충분히 잘하는 것들은 이후 대회에 계속 살아남을 것이다. 이런 이유에서 덜 성공적인 규칙을 만날 확률은 점차 줄어들고 더 성공적인 규칙이 대회 환경에서 점점 더 큰 비율을 차지하게 된다면 일련의 대회에서 어떤 일이 벌어질지 분석해 볼 필요가 있다. 이런 분석은 어떤 규칙의 능력에 대한 확고한 검사 방법이 될 수 있다. 지속적으로 성공하려면 나른 성공적인 규칙들과 대결해 잘해야 하기 때문이다.

진화생물학은 이런 역동적 문제에 대해 생각하는 유용한 방법을 제공한다.[22] 서로 자주 상호작용을 하는 같은 종의 동물이 많이 있다고 상상해 보자. 이들 사이 상호작용은 죄수의 딜레마 형태라고 가정한다. 즉, 두 동물이 만나면 서로 협력할 수도 있고, 협력하지 않을 수도 있고, 한 동물이 다른 동물을 이용할 수도 있다. 나아가서, 동물들은 이전에 같이 상호작용했던 개체들을 알아보고, 그때 상대가 협력적이었는지 아닌지 따위의 중요한 사실을 모두 기억할 수 있다고 하자. 한 차례의 대회는 이런 동물들 단일 세대에 대한 모의실험이라고 볼 수 있다. 각 결정 규칙은 많은 게임의 개체들에 의해 이용되는 것으로 생각할 수 있다. 이런 식으로 한 동물은 자기와 같은 결정 규칙을 따르는 개체와 상호작용할 수도 있고 다른 규칙을 따르는 다른 개체와 맞닥뜨릴 수도 있다.

이런 비유의 가치는 대회를 구성하는 미래 세대를 모의실험하게 해준다는 데 있다. 여기서 핵심 개념은, 성공적인 규칙일수록 다음 대회에 들어갈 확률이 크고 덜 성공적인 것일수록 다시 출전하기 어렵다는 점이다. 정확히 표현하면, 한 출전 규칙의 복사본(혹은 자손)의 숫자는 그것이 이전 대회에서 올린 성적에 비례한다. 따라서 우리는 한 개체가 받은 평균 점수와 그 개체에 기대되는 자손의 수가 비례하는 것으로 해석하기만 하면 된다.[23] 예를 들면 어떤 규칙이 전 대회에서 다른 규칙의 두 배 점수를 얻었다면 그 규칙은 다음 대회에서 두 배만큼 비중이 커질 것이라고 생각할 수 있다. 예를 들면 랜덤은 다음 세대에서는 덜 중요해지는 반면 **팃포탯**과 최고수 규칙들은 점점 더 비중이 커진다.

일상적인 말로 표현하자면, 성적이 부진한 규칙들은 몇 가지 이유로 점차 보기 힘들게 될 것이다. 한 가지 이유는, 경기자들이 이 전략 저 전략 시도해 보다가 제일 잘 되는 전략으로 안착한다는 것이다. 또, 한 전략을 쓰던 경기자가 다른 전략들이 더 성공적인 것을 보면 그중 하나를 자기 전략으로 삼을 수 있다. 또 다른 이유로는, 상원의원이나 기업 임원과 같은 핵심 역할을 하는 경기자의 경우 그간 고수하던 전략이 신통치 않아 핵심 위치에서 밀려날 수 있다. 따라서 학습, 모방, 선택은 모두 인간사에서도 작동하여 상대적으로 덜 성공적인 전략이 점차 도태되는 과정을 진행시킨다.

죄수의 딜레마 대회에서 이 과정을 모의실험하는 것은 사실 무척 간단하다. 대회 대전표에서 각 전략들이 서로 겨뤄 얻은 점수를 찾아낸다. 이로부터 어떤 주어진 회차의 대회에서 각 전략이 차지하는 비율을 계산하고 이어서 다음 회차에서 각 유형이 차지하는 비율을 계산하기만 하면 각각의 전략이 얼마나 성공적인지 알 수 있다.[24] 좋은 전략일수록 그 비중은 점점 더 커질 것이다.

실험 결과는 흥미롭다. 맨 처음 일어나는 현상은 하위 11개 전략이 다섯 세대가 지나면 그 비율이 반으로 떨어지는 것이다. 반면에 중위권 전략들은 제 크기를 유지하고, 상위권 전략들은 서서히 커져간다. 50번째 세대에 이르면 하위권 1/3에 속하는 것들은 명실공히 사라지고, 중위권 대부분의 것들은 죽소되며 상위권 1/3은 계속 싱장하고 있을 것이다(〈그림 2〉참고).

| 그림 2 | 결정 규칙의 생태학적 성공 모의실험 |

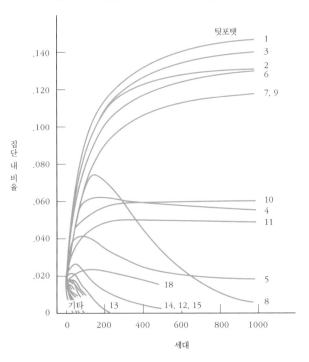

이것은 적자생존 과정에 다름 아니다. 현재 집단 내 규칙 분포에서 평균적으로 성공하고 있는 규칙은, 다른 규칙 분포로 이루어진 다음 세대 환경에서 그 비율이 더 커진다. 성공적인 규칙은 초기에는 온갖 전략들 속에서 번성하지만 이후에는 덜 성공적인 규칙들이 사라지면서 살아남은 다른 성공적인 규칙들과 겨뤄 잘 해내야 한다.

협력의 진화

이 모의실험이 제공하는 관점은 생태학적인 것이다. 새로운 행동 규칙이 도입되지 않았기 때문이다. 돌연변이를 허용하여 환경에 새 전략을 도입하는 진화적 관점과는 다르다. 생태학적 모의실험에서 덜 성공적인 전략은 덜 흔해지고, 더 성공적인 전략은 더 번성한다. 세대가 지나면서 구성 전략 유형의 통계적 분포가 변하고 이것은 다시 각 구성 전략들이 상호작용해야 하는 환경을 변화시킨다.

처음에는 열등한 프로그램과 좋은 프로그램이 같은 비율로 존재한다. 그러나 시간이 지나면서 열등한 것들은 떨어져 나가고 좋은 것들은 살아남는다. 다른 성공한 전략들과의 상호작용에서 성공한다면, 성공은 더 많은 성공을 낳는다. 그러나 그 성공이 다른 전략을 착취하는 능력에서 비롯된 것이라면 착취당한 전략이 도태되면서 착취자의 지지 발판도 허물어지고 착취자 역시 비슷한 운명을 맞게 될 것이다.

생태학적 멸종의 좋은 예가 2차 대회의 상위 15개 전략 중 유일하게 비신사적이었던 규칙 해링턴Harrinton이다. 생태학적 대회의 처음 200여 세대에서는, 팃포탯과 다른 성공적인 신사적 프로그램들이 집단 내 비율을 늘려가는 동안 해링턴 역시 세를 증가시키고 있었다. 그 이유는 해링턴이 착취적 전략이기 때문이었다. 그러나 200여 번째 세대에 다다르자 판도가 바뀌기 시작했다. 덜 성공적인 프로그램들이 멸종되기 시작했다. 이것은 해링턴이 이용할 먹잇감이 점점 적어짐을 의미했다. 해링턴은 곧 성공적인 신사적 규칙들의 성적을 따라잡기 어렵게 되었고 1,000번째 세대에 이르자 자신의 먹잇감이었던 착취적 규칙과 함께 멸종의 운명을 맞았다.

생태학적 분석을 통해, 자체적으로 성공적이지 못한 규칙들을 상대로 성공한 규칙은 궁극적으로 자멸의 길로 들어섬을 알 수 있다. 비신사적인 것이 처음에는 유망해 보이지만 장기적으로 그것은 자신의 성공에 필요한 환경 자체를 스스로 파괴하는 게 된다.

실험 결과 팃포탯은 또 하나의 승리를 거두었다. 팃포탯은 원조 대회에서 근소한 차로 우승했고 모의실험한 세대에서도 결코 선두 자리를 내주지 않았다. 1,000번째 세대에 이르자 팃포탯은 명실공히 가장 성공적인 규칙이었고 어떤 규칙보다 빠른 속도로 성장하고 있었다.

팃포탯의 전체적 성적은 대단히 인상적이다. 개괄해 보면, 2차 대회에서 팃포탯은 대회의 62개 참가 규칙들 중 가장 높은 평균 점수를 기록했다. 2차 대회 참가 규칙들의 특징을 강화하는 방식으로 구성된 여섯 번의 가상 대회 중 다섯 대회에서도 최고 점수를 냈다. 여섯 번째 가상 대회에서만 2위를 하였다. 마지막으로, 팃포탯은 미래 세대 모의실험 대회에서도 1등을 차지했다. 1차 대회에서의 승리에 더해 인간 피험자와 실험실에서 벌인 실험 경기에서도 상당히 선전하였다. 이것으로 보아 팃포탯은 성공을 보장하는 최고의 전략임이 분명하다.

명제 1은 환경과 독립적으로 절대 최선인 전략은 없음을 말한다. 팃포탯이 모의실험에서 거둔 성공에 대해 할 수 있는 말은 그것이 대단히 강건한 전략이라는 것이다. 팃포탯은 매우 광범위한 환경에서 두루 잘해나간다. 그 성공의 원인은 부분적으로, 다른 규칙들이 팃포탯의 존재를 염두에 두고 그와 잘 겨루도록 설계되었기 때문이기도

하다. 팃포탯을 상대로 좋은 성적을 내려면 그와 협력할 필요가 있고 이것이 다시 팃포탯을 돕는다. 상대를 이용할 기회를 노리도록 설계된 테스터와 같은 규칙조차도 팃포탯에게는 즉시 사과한다. 팃포탯을 이용하려 드는 규칙은 무엇이든 간에 자기자신에게 해를 입힐 뿐이다. 팃포탯이 상대를 착취하지 않는 특성으로 득을 보는 이유는 아래 세 가지 조건이 충족되기 때문이다.

1. 팃포탯을 만날 가능성이 크다.
2. 일단 만나면, 팃포탯은 쉽게 알아볼 수 있다.
3. 일단 팃포탯을 알아보면, 그의 비착취적 성질을 쉽게 알 수 있다.

그러므로 팃포탯은 자신의 '명료성' 덕을 보는 것이다.

다른 한편으로, 팃포탯은 다른 규칙들을 착취해 득을 보려 하지 않는다. 착취는 성과를 거둘 때도 있지만 광범위한 환경에서 상대를 착취하려는 것은 여러 가지 문제를 야기한다. 우선 어떤 득을 볼 수 있나 보려고 배반하면 즉시 응징하는 규칙들의 보복을 당할 위험이 있다. 둘째, 상호보복이 고착되면 빠져나오기 어렵다. 마지막으로, 반응하지 않는 규칙(랜덤이나 지나치게 비협조적인 것들)을 골라내 협력을 포기하는 시도는 종종 팃포탯처럼 참을성 있는 규칙에 의해 구조될 수 있는 규칙들을 포기하는 실수로 이어질 수 있다. 별 대가를 치르지 않고도, 쉽게 착취당하는 규칙들을 착취해 득 볼 수 있는 능력은 2차 대회에 참가한 어떤 프로그램도 성취하지 못한 숙제다.

팃포탯의 강건한 성공은 신사적이고, 보복적이고, 관대하고, 명료한 특성들이 조합된 결과다. 신사적이라 쓸데없는 문제에 휘말리지 않고, 보복적이라 상대가 배반을 시도할 때마다 더 이상 지속하지 못하게 억제한다. 관대함은 상호협력을 회복하는 데 도움이 되며, 명료성은 상대로 하여금 이해하기 쉽게 해서 장기적 협력을 이끌어낸다.

제3장

협력의
연대기

 2장에서 대회 접근법으로 어떤 사람이 다양한 전략을 쓰는 수많은 사람들과 상호작용할 때 어떻게 되는지 조사해 보았다. 그 결과는 팃포탯의 명백한 성공이었다. 뿐만 아니라 미래 대회를 모의실험한 생태학적 분석은 **팃포탯** 전략이 계속 성장하여 결국 모두에게 채택될 것이라고 예측했다.

 그다음에는 어떻게 될까? 모든 사람이 동일한 전략을 쓰게 되었다고 해보자. 누군가 다른 전략을 채택할 이유는 없을까? 혹은 다수가 사용하는 전략은 끝까지 다수의 선택으로 남을까?

 이런 의문점에 대한 매우 유용한 접근법이 진화생물학자 존 메이너드 스미스에 의해 개발되었다.[1] 이 접근법은 다 같이 동일한 전략을 구사하는 개체들로 이루어진 집단에 혼자 다른 전략을 따르는 돌연변이가 나타났다고 상정한다. 그 돌연변이가 집단의 일반 구성원들이 얻는 것보다 높은 보수를 얻는다면 돌연변이 전략이 집단을 침범했다고 말한다. 혹은 전체가 하나의 전략을 쓰고 있는 집단에 새로운 전략을 가진 개체가 들어왔다고 봐도 된다. 이 신참은 기존 전략을 쓰는 개인들하고만 상호작용하게 될 것이다. 또한 신참 하나는 집단 전체로 봐서 무시할 만하므로 기존 전략은 거의 틀림없이 계속해서 다른 기존 전략들과 상호작용할 것이다. 그래서 신참이 기존 전략과 겨뤄서 얻는 점수가, 기존 전략이 다른 기존 전략과 겨뤄 얻는 점수보다 더 높을 때 신참이 기존 전략을 침범했다고 말한다. 집단 전체가 사실상 기존 전략이므로 신참의 침범이라는 개념은 집단의 평균보다 더 잘할 수 있는 돌연변이 개체가 나타난 것에 해당된다. 여기서 바로 진화적 접근의 핵심 개념으로 연결된다. 어떤 전략에 의한 침범도 이겨낼 때, 그 전략은 '총체적으로 안정하다'.●2

이런 생물학적 접근에서는 기본적으로 보수를 적합성(생존과 자손의 수)으로 해석한다. 무슨 돌연변이든지 일어날 수 있고, 어떤 돌연변이든 한 집단을 침범할 수 있으면, 돌연변이는 그럴 기회를 거의 틀림없이 잡게 될 것이다. 이런 이유에서 총체적으로 안정한 전략만이 모두에 의해 사용되는 전략으로서 장기적 평형을 유지할 수 있다. 생물학적 적용에 대해서는 5장에서 논의할 것이다. 여기서 요점은 총체적으로 안정한 전략이 중요하다는 것이다. 그런 전략만이 어떤 돌연변이의 출현 속에서도 집단 전체의 전략으로서 장기적으로 유지되

협력의 진화

기 때문이다.

이러한 총체적 안정성을 인간의 행동 분석에 적용하는 이유는 대안 전략이 출현할 가능성 속에서 한 집단에 유지될 수 있는 전략은 어떤 것인지 발견하고 싶어서이다. 성공적인 대안 전략이라는 것이 존재하기만 하면 "돌연변이" 개체는 시행착오나 의식적 노력을 통해, 혹은 단지 운 좋게 그것을 발견할 것이다. 즉 모든 사람들이 한 전략을 따르고 있는데 이와 다른 어떤 전략이 현재 집단의 환경에서 더 잘할 수 있다면, 머지않아 결국 누군가 이 전략을 찾아내게 된다. 그러므로 절대 침범당하지 않는 전략만이 모두가 사용하는 집단의 전략으로 굳세게 유지될 수 있다.

총체적으로 안정한 전략을 이렇게 정의하는 데는 주의가 필요하다. 이 정의는 새로운 전략을 시도하는 사람들끼리는 별로 상호작용하지 않는다고 전제한다.[*3] 앞으로 보게 되겠지만, 이들이 무리지어 상호작용하게 되면 새롭고, 아주 중요한 발전이 일어날 수 있다.

총체적 안정성 개념을 반복적 죄수의 딜레마에 적용할 때 문제는, 어떤 전략이 총체적으로 안정성이 있는지, 그렇지 않은지 결정하는 것이 실제로는 매우 까다롭다는 것이다. 연구자들은 이런 문제 때문에 특별히 단순한 전략에 분석을 국한하거나 임의로 범위를 제한한 전략들만 다루었다.[*4] 그러나 이제 이 문제는 반복적 죄수의 딜레마 게임에서 총체적으로 안정된 '모든' 전략의 특성을 기술할 수 있게 되면서 해결되었다. 〈부록 B〉에 특성들이 나열되어 있다.

현재로서는 논의가 그렇게 일반적일 필요는 없다. 아무 전략이나 선택하여 그것이 어떤 조건에서 다른 전략의 침범을 이겨낼 수 있는 지만 알아보면 된다. 이런 조사에 적당한 전략은 팃포탯이다. 팃포탯은 첫 수에서 협력하고 이후부터 상대 경기자가 바로 전에 둔 수대로 두는 전략이다. 그러므로 팃포탯을 쓰는 경기자들의 집단은 서로 협력하고 각자 각 게임에서 보수 R을 얻는다. 어떤 전략이 이 집단을 침범하려면 팃포탯보다 높은 득점을 해야 한다. 팃포탯을 쓰는 경기자와 게임할 때 어떤 종류의 전략이 더 좋은 성적을 낼 수 있을까?

첫 번째로 말할 수 있는 것은, 그 전략은 어느 시점에선가는 배반을 선택해야 한다는 것이다. 그렇지 않으면 다른 경기자들처럼 각 게임에서 R을 얻고 끝날 것이기 때문이다. 먼저 배반을 하면 가장 높은 점수, 즉 유혹의 대가 T를 얻는다. 하지만 그러면 팃포탯이 당장 보복을 해올 것이다. 그렇기 때문에 보복으로 배반의 유혹을 좌절시켜 버릴 수 있을 만큼 게임이 충분히 오래 지속되기만 하면 팃포탯은 그런 전략의 침범을 피할 수 있다. 사실 할인계수 w가 충분히 클 경우 팃포탯을 침범할 수 있는 전략은 하나도 없다.

이를 증명하는 방법은 팃포탯이 단 한 게임만 기억할 수 있다는 사실을 이용하는 것이다. 효과적인 도전자는 협력과 배반을 어떤 순서로 하든 가장 좋은 방법을 찾아 반복함으로써 팃포탯을 이용할 수 있다. 팃포탯의 기억은 단기적이라 반복할 수열은 두 게임보다 길어서는 안 된다. 그러므로 가장 효과적인 도전은 DC 혹은 DD(바로 올디)의 반복이다.(D는 배반, C는 협력을 의미한다 – 옮긴이) 이 두 가지가 팃포탯을 침범하지 못한다면 다른 어떤 전략도 할 수 없고 팃포탯은 총체적으로 안정한 것이 된다.

DC와 DD 두 도전자는 첫 게임에서 R보다 높은 점수를 얻고 두 번째 게임에서는 R보다 못한 점수를 얻는다. 그러므로 이들은 현재에 비해 미래가 그렇게 중요하지 않은 상황에서는 이익을 취할 수 있다. 그러나 w가 충분히 크다면 DD의 반복도 DC의 반복도 팃포탯을 침범할 수 없다. 이들 두 전략이 팃포탯을 침범하지 못한다면 다른 어떤 전략도 할 수 없다. 여기에서 두 번째 명제가 나온다. 그에 대한 증명은 〈부록 B〉에 있다.

명제 2. w가 충분히 큰 경우에 한해 팃포탯은 총체적으로 안정하다. w의 임계값은 네 보수 변수 T, R, P, S의 함수다.●5

이 명제의 의미는, 한 집단 내 모든 사람이 **팃포탯** 전략을 쓰고, 따라서 서로 협력할 때는, 미래의 그림자가 현재에 충분히 '길게 드리우는 한' 아무도 다른 전략을 써서 더 잘할 수 없다는 것이다. 다시 말하자면, 네 개의 보수 변수에 의해 결정되는 w가 침범에 필요한 값에 비해 상대적으로 클 때는 **팃포탯**을 침범하는 것은 불가능하다. 예를 들어 〈그림 1〉의 행렬에서처럼 $T = 5, R = 3, P = 1, S = 0$이라고 하자. 그러면 **팃포탯**은 다음 게임이 현재 게임보다 적어도 2/3만큼 중요할 경우 총체적으로 안정하다. 이런 조건에서 모든 사람이 **팃포탯**을 따르고 있다면 남들처럼 남과 협력하는 것보다 더 나은 전략은 없다. 반대로 w가 이 임계값 이하로 떨어지고 모두 **팃포탯**을 하고 있다면 두 게임에 한 번씩 배반하는 게 이득이다. w가 1/2보다 작다면 시종일관 배반하는 것이 이득이다.

이것이 뚜렷하게 힘축하는 바는, 상대 경기자가 명백한 약점으로 오래 견디지 못할 것으로 보이면 w값의 평가는 떨어지고 **팃포탯**의 호혜주의는 더는 안정적이지 않다는 사실이다. 카이사르는 폼페이의 동맹군이 폼페이와의 협력을 중단한 이유를 이렇게 설명했다. "그들은 폼페이의 미래에 희망이 없다고 보았고, 역경에 처하면 친구가 적이 된다는 일반 상식에 따라 행동했을 뿐이다."[6]

또 다른 예로 파산 직전의 한 회사가 미수금 계정을 제3채무자에게 매각하는 경우를 들 수 있다. 이런 매각은 엄청나게 할인된 수준에서 이루어진다. 그 이유는 다음과 같다.

제조업체가 일단 기울기 시작하면 그전까지 최고의 단골 고객이었다 하더라도 제품 불량, 사양 충족 미달, 납기 지연 등을 구실 삼아 물품 대금 지불을 미루기 시작한다. 기업 간 상도의를 강화시키는 것은 지속적 관계, 그리고 이 고객 혹은 납품업자와 앞으로도 계속 거래를 할 것이라는 믿음이다. 몰락해 가는 회사가 이런 자동 강제력을 잃게 되면 아무리 강압적 채무자라도 이것을 대체할 수 없다.[7]

마찬가지로 어떤 의원이 다음 선거에서 떨어질 게 분명해 보이면 예전처럼 신뢰와 신용을 바탕으로 한 동료 의원들과의 입법상 거래를 하기가 어려워진다.[8]

협력이 안정되는 데 장기적 상호작용이 얼마나 중요한지 보여주는 예는 얼마든지 있다. 안정되어 있는 작은 마을이나 소수민족 사회에서는 호혜주의의 규범 유지가 비교적 쉽다. 그와는 반대로, 방문교수는 그 대학 교수들이 동료 교수에게 대하는 것에 비해 푸대접을 받을 확률이 크다.

지속적인 관계에서 협력이 창발된 사례 중 가장 매혹적인 예는 1차 세계대전 때의 참호전이다. 전쟁의 피비린내가 한창일 때 서로 대면하고 있는 사병들 사이에서 후에 '공존공영 시스템'이라고 불리게 된 상황이 나타났다. 병사들은 명령을 받으면 서로 공격해야 하는데도, 큰 전투 사이 사이에는 양 진영 모두 고의로 상대에 대한 공격을 자제했다. 물론 상대가 호의를 호의로 갚는 한 그랬다. 이 전략은 꼭 팃포탯은 아니었다. 종종 두 배로 갚는 일도 있었다. 프랑스로부터 새 전투지를 인계받은 영국 장교는 회고록에 이렇게 적었다.

조용한 전투지에서는 "자는 개는 건드리지 말아라"가 프랑스의 방침이었고 (…) 적이 도발할 때만 강력하게 보복하여 이 점을 확실히 해둔다. 한 전투지를 인계받을 때 프랑스군은 적군도 잘 이해하고 있는 조례나 다름없는 것이 있다고 말해 주었다. 즉 양편 모두 상대가 한 발 쏘면 두 발로 응사한다. 하지만 결코 먼저 발사하지는 않는다.[9]

이런 무언의 협력은 사실 불법이었다. 그러나 고질적으로 지속되었다. 전쟁이 그렇게 격렬하고 장군들이 정기적 소모전을 지시하는 등 온갖 노력을 기울여도 수년에 길쳐 공존공영 시스템이 자체적으로 정교하게 발전되었다. 이 주제는 세부적으로 설명할 것이 매우 풍부하기 때문에 다음 장 전체를 여기에 할애할 것이다.

참호전에 대한 더 자세한 이야기를 하지 않더라도, 두 배로 보복하기 전략이 발생한다는 사실은 **팃포탯** 전략 원형에만 초점을 맞춰 결론을 내리는 것은 위험하다는 것을 보여준다. 그렇다면 미래의 관계가 충분히 중요하기만 하면 총체적으로 안정하다는 **팃포탯**에 관한 명제는 얼마나 폭넓게 적용될 수 있을까? 다음 명제는 이것이 사실 대단히 일반적이며 먼저 협력할 수 있는 전략이면 어떤 전략에도 적용된다고 말한다.

명제 3. 먼저 협력할 수 있는 임의의 전략은 오직 w가 충분히 클 때에만 총체적으로 안정할 수 있다.

그 이유는 한 전략이 총체적으로 안정하려면, 항상 배반하는 전략은 물론 어떤 도전 전략의 침범으로부터도 자신을 지켜야 하기 때문이다. 기존 전략이 협력하기만 하면 올디는 그 게임에서 T를 얻을 것이다. 반면에 그 집단의 기존 전략들의 평균 점수는 매 게임당 R을 넘을 수 없다. 따라서 집단의 평균이 도전자 올디의 점수보다 작지 않으려면, 유혹의 이득이 미래 게임 점수에 의해 상쇄될 만큼 관계가 오래 지속되어야 한다. 이것이 문제의 핵심인데, 수학적 증명은 〈부록 B〉에 실려 있다.

팃포탯과 두 배로 보복하기 전략은 결코 먼저 배신하지 않는다는 점에서 둘 다 '신사적' 결정 규칙이다. 신사적 규칙이 신참 전략의 침범을 견디는 데 있어서 가진 장점은, 구성원이 모두 단일한 전략을 쓰고 있는 집단에서 가능한 가장 높은 점수를 얻는다는 데 있다. 최고 점수를 얻을 수 있는 이유는 상대 경기자와 같은 전략을 써서 매 게임마다 상호협력에 대한 보상을 얻기 때문이다.

팃포탯과 두 배로 보복하기 전략은 또 다른 공통점도 있다. 둘 다 상대의 배반에 보복을 한다. 상대와 기꺼이 협력하려는 총체적으로 안정된 전략은 어떻게 해서든지 도발자가 자신을 이용해 이득을 보지 못하게 해야 하므로 여기서 일반 원칙이 하나 나온다. 신사적 규칙은 상대의 최초 배반을 '응징'해야 한다는 점이다. 이것은 이후에 상대의 배반에 배반으로 응수할 유한한 횟수의 기회가 남아 있어야 함을 의미한다.[10]

명제 4. 신사적 전략이 총체적으로 안정하려면 상대의 최초 배반을 응징해야 한다.

이유는 지극히 단순하다. 신사적 전략이 n번째 게임의 배반을 응징하지 않으면 오직 n번째 게임에서만 배반하는 규칙에 의해 침범당하기 때문에 총체적으로 안정하지 않다.

명제 3과 명제 4는 신사적 규칙은 미래의 그림자가 충분히 길고 배반을 응징할 수 있다면 총체적으로 안정될 수 있음을 보여준다. 그러나 할인계수 w나 보수 변수 T, R, P, S 값과 상관없이 '항상' 총체적으로 안정한 전략이 하나 있다. 바로 무슨 일이 있어도 늘 배반하는 올디다.

명제 5. 올디는 항상 총체적으로 안정하다.

상대가 배반할 게 확실하다면 굳이 계속 협력할 이유가 없다. 올디를 쓰는 경기자들의 집단은 각자 매 게임에서 P를 받을 것이다. 어떤 누구도 협력하지 않는다면 올디 경기자들이 이보다 더 나은 점수를 받을 수 있는 방법은 없다. 그리고 어떤 협력적 선택도 머저리의 빈손 S를 받을 테고 미래에 이것을 벌충할 기회도 없다.

이 명제는 협력의 진화와 관련하여 매우 중요한 의미를 암시한다. 협력하게 만들 수 없는 개인들로 이루어진 시스템을 상상해 보자. 올디의 총체적 안정성이 뜻하는 바는 이 집단의 누구든 함께 비협력적으로 나가는 것보다 더 잘할 수는 없다는 것이다. "비열한meanie"들의 세상은 어떤 다른 전략을 쓰는 사람의 침범도 견뎌낼 수 있다. 단, 이 신참들이 한 번에 하나씩만 나온다면 그렇다. 그 이유는 물론 비열한들의 세상에 존재하는 한 명의 신참은 서로 협력을 주고받을 상대가 하나도 없기 때문이다. 그러나 신참들이 작은 무리로 나타난다면 그들 사이에 협력이 시작될 수 있다.

이런 과정이 어떻게 일어날 수 있는지 1장의 〈표 1〉 행렬에 예로 든 간단한 숫자들을 보자. 이 예에서 배반의 유혹 T는 5점, 상호협력의 대가 R은 3점, 상호배반에 대한 처벌 P는 1점, 그리고 머저리의 빈손 S는 0점으로 설정했다. 두 경기자가 다시 만날 확률 w는 0.9라고 해보자. 그러면 모두 올디 전략을 쓰는 비열한들의 집단은 자기들끼리 겨뤄 각자 한 경기마다 보수 P를 받아 누적 합계 10점을 얻을 것이다.

그런데 이제 몇 경기자가 **팃포탯** 전략을 쓴다고 해보자. **팃포탯**이 올디와 만나면 팃포탯은 첫 게임부터 이용당하고 비열한과 다시는 협력을 안 할 것이다. 이로서 첫 게임에서 0점, 그 후부터 계속 1점을 받아 누적 합계 9점이 된다.[11] 이 점수는 비열한끼리 서로 경기해 얻는 10점보다는 좀 적다. 그러나 팃포탯이 다른 팃포탯과 겨루면 처음부터 서로 협력해 각 수마다 3점을 받아 총 30점이 된다. 이 점수는 비열한끼리 싸워 얻는 10점보다 훨씬 높다.

만약 신참 팃포탯이 전체 집단에서 무시할 만큼 작은 부분을 차지한다면 비열한들은 거의 틀림없이 다른 비열한과 경기를 하게 되고 10점만 따게 된다. 팃포탯 경기자들은 서로 겨룰 수만 있다면 10점보다 높은 점수를 딸 수 있다. 즉 호의를 되갚을 줄 아는 협력적인 상대와 게임할 기회가 충분히 있으면 30점을 올리고 그렇지 못한 상대와는 9점밖에 못 올린다. 팃포탯이 얼마나 많이 있어야 할까? 팃포탯의 전체 상호작용 중 다른 팃포탯과 함께 게임하는 비율이 p라면 비열한과 게임하는 비율은 $1-p$이다. 그러므로 팃포탯의 평균 점수는 $30p + 9(1-p)$가 된다. 이 점수가 10점보다 높다면 대다수들처럼 비열한 전략을 쓰는 것보다 팃포탯 전략을 쓰는 게 낫다. 팃포탯과 대전할 비율이 5퍼센트밖에 안 될 때에도, 이것은 사실이 된다.[12] 이렇게 팃포탯 경기자 무리가 작더라도 침범해 들어간 비열한들의 집단의 평균보다 높은 점수를 얻을 수 있다. 팃포탯끼리 만났을 때 성적이 워낙 월등히 높기 때문에 이 전략을 우월한 전략으로 만들기 위해 그렇게 자주 만나야 할 필요도 없다.

이렇게 해서 비열한들의 세상은 팃포탯 무리에 의해 침범당한다.

그것도 별로 어렵지 않게. 이런 상황을 그려보자. 한 경영학 수업 교수가 학생들에게 회사에 입사하면 협력적으로 행동하고 협력을 되갚아 주라고 가르친다고 해보자. 학생들이 정말 그렇게 한다면, 그리고 이들이 너무 흩어져 있지 않다면(그래야 이 수업을 들은 다른 졸업생을 만나 협력하는 비율이 충분히 커진다) 자신들이 배운 것이 이득임을 발견할 것이다. 위의 숫자 계산을 예로 들어 보면, 팃포탯으로 전략을 바꾼 회사는 팃포탯을 하는 회사와의 관계가 전체 다른 회사들과의 관계의 5퍼센트만 되어도 협력 전략을 시도해 본 것에 감사할 것이다.

상호작용이 장기간 지속될 경우, 즉 시간 할인계수가 그다지 크지 않을 경우에는 이보다 더 작은 무리로도 가능하다. w가 다시 만날 확률을 반영하는 것으로 해석하여 전체게임 길이의 중앙값median을 200게임이라고 가정해 보자(w = 0.99654에 해당). 이 경우 1,000번의 상호작용 중 단 한 번만 팃포탯을 따르는 같은 종류의 친구와 상호작용을 해도 팃포탯 전략은 올디 세계를 침범할 수 있다. 전체게임의 길이의 중앙값이 두 게임만 되어도(w = 0.5), 팃포탯이 같은 유형의 전략과 상호작용하는 비율이 전체 상호작용의 1/5 이상만 되면 충분히 침범은 성공하고 협력이 창발한다.

작은 무리에 의한 침범 가능성 개념은 어떤 전략에도 정확하게 정의되고 적용될 수 있다. 집단 전체가 사실상 한 전략을 쓰고 있는데 새로운 전략을 쓰는 작은 무리가 도착하여 자기들끼리 그리고 기존 전략들과 상호작용을 한다고 상상해 보자. 새로운 전략을 쓰는 개인이 역시 새로운 전략을 쓰는 개인과 하는 상호작용의 비율을 전체 상호작용의 p라고 놓자. 신참의 수가 기존 전략의 수에 비해 소수라고 가정하면, 기존 전략은 거의 다른 기존 전략과 관계를 맺는다. 그러면 신참의 평균 성적은 다른 신참과 게임해서 얻는 성적과 기존 전략과 게임해서 얻는 성적의 가중평균(중요도 비례로 산출한 평균값 – 옮긴이)이다. 여기서 가중치는 이 두 사건의 빈도, 즉 p와 $(1-p)$이다. 반대로 기존 전략의 평균 성적은, 신참의 수가 워낙 적어 기존 전략들끼리 얻는 점수와 사실상 같다. 이런 논리로 정리하자면, 신참이 다른 신참과 함께 높은 점수를 올리고 신참들끼리 충분히 자주 만날 수 있다면 신참 무리는 집단의 기존 전략을 침범할 수 있다.[13]

여기서 상호작용하는 두 개체의 만남이 무작위적이지 않다고 가정한다는 데에 주목하자. 만약 만남이 무작위적라면 신참은 다른 신참과 거의 만나기 힘들 것이다. 따라서 무리짓기 개념은 신참이 기존 전략 환경 속에서는 미미한 부분을 차지하지만 신참 자신들의 환경에서는 결코 미미하지 않은 경우를 다룬다.

다음 명제는 올디 전략만 존재하는 집단에 최소 크기의 무리로 가장 효과적으로 침범할 수 있는 전략은 어떤 것인가를 보여준다. 그런 전략은 자신과 올디를 가장 잘 판별할 줄 아는 전략이다. 아직 한 번도 협력하지 않은 상대하고도 궁극적으로 협력할 수 있고, 일단 협력하면 자기와 같은 전략을 쓰는 상대와는 항상 협력하고 올디와는 절대 다시 협력하지 않는 '최대 판별력'이 있는 전략이다.

명제 6. 최소의 p값을 가지고 무리지어 올디를 침범할 수 있는 전략은 **팃포탯**처럼 최대 판별력을 가진 전략이다.

틱포탯이 최대 판별력을 가진 전략이라는 것은 쉽게 알 수 있다. 첫 게임부터 협력을 하지만 올디와는 한 번 협력하고 나면 다시는 협력하지 않는다. 반면에 다른 틱포탯 상대와는 한 번도 빠지지 않고 협력으로 일관한다. 따라서 틱포탯은 자기 쌍둥이와 올디를 아주 잘 구분하며, 이 특성으로 최소 크기의 무리로도 비열한의 세계를 침범할 수 있는 것이다.

무리짓기 개념은 비열한의 세계에서 협력이 시작될 수 있는 기제를 제공해 준다. 그런데 여기서 한 가지 의문이 생긴다. 틱포탯 같은 전략이 기존 전략으로 자리를 잡고 있을 때도 그 역이 성립하는가 하는 점이다. 사실 놀랍고도 매우 유쾌한 비대칭이 여기 있다. 그것을 보기 위해 우선 결코 먼저 배반하지 않는 틱포탯과 같은 신사적 전략의 정의를 상기하자. 신사적 전략끼리 게임을 하면 당연히 둘 다 각 게임에서 R 점수를 받고, 이것은 같은 전략을 사용하는 개인들끼리 게임할 때 얻을 수 있는 최고 평균값이다. 이로부터 다음 명제가 나온다.

명제 7. 신사적 전략이 한 개체에 의해 침범당할 수 없다면 개체들이 모인 어떤 무리에 의해서도 침범당하지 않는다.

무리지어 들어온 전략이 얻는 점수는, 같은 종류의 신참 상대와 게임해서 얻는 점수와 선점하고 있는 기존 전략과의 점수, 이 두 값의 가중평균이다. 이들 두 값은 선점하고 있는 신사적 전략이 얻는 점수와 같거나 작다. 따라서 선점하는 신사적 전략이 한 개체에 의해 침범당하지 않는다면 그들 무리에 의해서도 침범당하지 않는다.

협력의 진화

이 결론의 의미는 신사적 규칙들에는 올디가 보이는 구조적 결함이 없다는 것이다. 올디는 다른 전략을 가진 신참이 한 번에 하나씩 나타나는 한 그 전략의 침범을 이겨낼 수 있다. 그러나 그것들이 한꺼번에 무리지어 오면(무리가 상당히 작더라도) 침범당한다. 신사적 규칙의 경우 상황이 다르다. 신사적 규칙은 하나씩 나타나는 다른 신사적 규칙을 이겨낼 수 있다면 그것들이 무리로 와도, 그 무리가 아무리 커도 이겨낼 수 있다. 따라서 신사적 규칙은 비열한 규칙이 도저히 할 수 없는 방식으로 스스로를 지켜낸다.

이런 결과들을 종합하여 협력의 진화 연대기의 그림을 그릴 수 있다. 상원의원 이야기의 예에서 명제 5는 새로운 전략을 가진 신참자(혹은 다른 상응하는 기제)가 무리지어 진입하지 않는 한 원래 자리 잡고 있던 상호 '배신'의 양상은 절대 극복될 수 없음을 보여주었다. 초창기의 이런 결정적 무리는 제퍼슨 시대에 새 수도에 있던 하숙집에 함께 살던 의원들의 작은 집단을 바탕으로 형성된 것일 수도 있다.[14] 아니면 각 주 대의원단과 연방 정당 대의원단 집단이 더 결정적인 역할을 했는지도 모르겠다.[15] 명제 7은 호혜주의를 바탕으로 하는 협력은 일단 자리 잡으면 신참자 무리가 상원의 관습을 잘 따르지 않는다 해도 안정적으로 유지될 수 있음을 보여준다. 호혜주의의 패턴이 일단 정착되고 나면, 명제 2와 명제 3이 밝히듯이, 2년마다 한 번씩 부분적으로 물갈이되는 의석수가 너무 크지 않으면 총체적으로 안정적일 수 있다.

따라서 무조건적인 배반의 세상에서도 협력은 일어날 수 있다. 상호작용할 기회가 없이 널리 흩어져 있는 개인들의 시도로부터는 협력이 생길 수 없다. 식별력 있는 개인들이 모인 작은 무리로부터, 이들이 작은 규모나마 상호작용하기만 하면, 협력은 창발된다. 뿐만 아니라 신사적 전략(결코 먼저 배반하지 않는 전략)이 마침내 모두에 의해 채택되면 이들은 서로 관대하게 대해도 괜찮은 여유가 생긴다. 서로 그렇게 함으로써 신사적 규칙의 집단은 다른 전략을 쓰는 한 개체로부터 자신들을 보호할 수 있듯이 다른 전략을 쓰는 무리들로부터도 자신들을 보호할 수 있게 된다. 그러나 신사적 전략이 총체적 의미에서 안정되려면 상대의 배반을 눈감아 주지 말고 반드시 응징해야 한다. 상호협력은 호혜주의를 기반으로 하는 개인들이 모인 무리에서 시작되어 중앙 통제 없이도 이기주의자들의 세상에서 창발될 수 있다.

이 이론이 얼마나 광범위하게 적용될 수 있는지 보기 위해 다음 두 장은 실제 협력이 진화한 예를 살펴본다. 첫 번째 예는 전쟁 중 경기자 간에 극렬한 대립이 있는데도 협력이 진화한 경우이다. 두 번째는 자신이 선택한 결과를 이해하지 못하는 생물계의 경우다. 이 두 경우는, 조건만 맞으면 우정이나 지능 없이도 협력이 진화할 수 있음을 증명한다.

협력의 진화

제3부

우정이나 지능 없이도 가능한 협력

Cooperation without friendship or foresight

제4장

1차 대전 참호전에 나타난
공존공영 시스템

때로 협력은 전혀 예상치 않은 곳에서 나타나기도 한다. 1차 세계 대전 당시 서부전선에서는 몇 치의 영토를 놓고 치열한 전투가 벌어졌다. 그러나 잠시 전투가 중단된 동안은 물론 전투를 하는 동안에도 프랑스와 벨기에 영토의 800킬로미터에 걸친 여러 전선에서는 적군끼리 서로 상당히 자제를 하는 일이 허다했다. 이들 참호를 둘러본 한 영국군 참모 장교는 이렇게 기록했다.

나는 독일 병사들이 그들 방어선 안의 아군 소총 사정거리 내에서 태연하게 걸어 다니는 모습을 보고 깜짝 놀랐다. 아군 병사들도 그것을 보고도 신경을 쓰지 않는 것 같았다. 나는 나중에 우리

가 이 지구를 맡게 되면 이런 것부터 뜯어고쳐야겠나고 마음먹었
다. 그건 있을 수 없는 일이었다. 병사들은 현재 전쟁을 하고 있다
는 사실을 까맣게 잊은 듯했다. 양측 모두 "공존공영" 정책을 철석
같이 믿고 있는 게 분명했다.[1]

이런 일은 이 참호에서만 일어난 것이 아니었다. 공존공영 시스템
은 참호전에서 고질적인 것이었다. 상급 지휘자들이 아무리 중지시
키려 해도, 전투가 아무리 치열해도, 죽이지 않으면 죽는다는 군사 논
리 앞에서도, 그리고 상부 명령으로 국지적 휴전 시도가 쉽게 억제될
수 있는데도 공존공영 시스템은 활개를 쳤다.

이것은 극한의 적대 관계에 있음에도, 경기자들 사이에서 협력이
창발될 수 있음을 증명하는 생생한 예이다. 이런 사례는 앞 세 장에
서 전개된 개념과 이론들을 적용해 볼 수 있는 좋은 기회가 된다. 특
히 협력이론을 이용해 다음 사항들을 설명하는 것이 첫 번째 목표다.

1. 어떻게 공존공영 시스템이 시작될 수 있었을까?
2. 이것이 어떻게 유지되었을까?
3. 왜 전쟁이 끝날 무렵 이 전략이 무너졌을까?
4. 이 시스템은 왜 수많은 전쟁 중 유독 1차 세계대전의 참호전에
   서 나타났을까?

두 번째 목표는 죄수의 딜레마 게임 원래의 개념과 이론들이 어떻

게 더 정교하게 다듬어질 수 있는지 역사적 사건들을 이용해서 보이는 것이다.

다행히도 최근에 공존공영 시스템에 대해 자세히 연구한 책이 나왔다. 영국의 사회학자 토니 애시워스가 펴낸 뛰어난 책[2]인데, 당시 참호전 장병들의 일기, 편지, 회고록 등을 토대로 하고 있다. 이 책은 전 57개의 영국 사단에서 관련 자료들을 확보하여, 한 개 사단에서 평균 세 개 이상의 사례를 제시한다. 이보다는 적지만 프랑스군과 독일군의 관련 자료도 다룬다. 이렇게 확보한 풍부한 자료들은 1차 세계대전 당시 서부전선 참호전의 특징을 상세히 보여주었다. 이번 장의 인용문과 역사 해석은 주로 애시워스의 훌륭한 작업에서 빌려온 것이다.

애시워스는 이런 식으로 표현하지 않았지만, 서부전선의 조용한 접전지에서 일어난 상황은 반복적 죄수의 딜레마와 동일한 상황이었다. 어떤 지역에서 서로 대치 중인 소부대는 두 경기자에 해당된다. 어떤 시점에서 선택은 사살을 위한 사격이나 위협을 위한 사격이 된다. 양측 모두에게 상대방의 전력을 약화시키는 일은 중요한 가치가 있다. 나중에 전면전 명령이 떨어졌을 때 생존 확률이 그만큼 높아지기 때문이다. 따라서 단기적으로 보면 적이 반격을 하거나 말거나 뒷일을 생각할 필요 없이 상대에게 타격을 입히는 쪽이 더 유리하다. 따라서 상호배반이 일방적으로 자제하는 것보다 더 낫고($P > S$), 상대의 일방적 자제는 상호협력보다 더 낫다($T > R$). 또 참호전 부대는 서로 자제하는 것이 상호배반보다 더 낫다($R > P$). 서로 배반할 때 양측 다 얻는 게 상대적으로 거의 없기 때문이다. 종합해 보면 기본적으로 선택의 가치는 $T > R > P > S$가 된다. 또 상호자제하는 것은 번갈아 심각한 적의를 나타내는 것보다 서로에게 유리하며 $R > (T + S)/2$가 된다. 이렇게 해서 이동할 수 없는 전투 지구에서 대치하는 작은 부대 사이에 죄수의 딜레마 요건이 갖추어진다.

100~400미터밖에 되지 않는 완충지를 사이에 두고 대치한 두 소부대는 목숨을 건 죄수의 딜레마 게임을 하는 경기자들이었다. 당시 전형적인 최소 전투 단위는 대략 1,000명 규모의 대대였는데, 이중 반은 항상 전선에 배치되어 있었다. 대대는 보병의 생활에서 중요한 역할을 했다. 대대는 전투 참여 인원을 조직할 뿐만 아니라 보병들을 먹이고, 입히고, 월급 주고, 퇴역시키는 일을 하였다. 대대의 모든 장교와 사병들은 서로 얼굴을 아는 사이였다. 이 대대를 전형적인 죄수의 게임의 경기자로 볼 수 있게 하는 요인은 두 가지다. 하나는 대대가 전선의 일정 부분을 책임지며 필요한 경우 공세를 취할 수 있을 만큼 충분히 크다는 점이다. 다른 하나는 그것이 공식적, 비공식적 방법들을 동원해서 구성원들의 행동을 통제할 수 있을 만큼 작다는 점이다.

한쪽 진영의 1개 대대가 상대 진영의 3개 대대의 일부들과 대치할 때도 있었다. 따라서 각 경기자는 동시에 여러 상호작용을 할 수도 있었다. 당시 서부전선에서 이런 대치 상황은 수백 건에 이르렀다.

일부 전선이 조용했던 진짜 이유는 양측 모두 거기서 진격할 의도가 전혀 없었기 때문이다. (…) 영국군이 발포하면 독일군이 발포하고, 양측은 똑같이 피해를 입었다. 독일군이 폭격을 가해서 다섯 명을 죽이면, 영국군이 집중 사격으로 독일군 다섯 명을 죽였다. [3]

지휘 본부에서는 병사들의 공격적 사기를 높이는 일이 중요했다. 특히 연합군은 소모전 전략을 펼쳤는데 소모전에서 희생자 수가 양측이 같으면 연합군에게 유리하다는 계산이었다. 독일군 병력이 조만간 먼저 바닥날 것이기 때문이었다. 국가적 차원에서 보면 1차 세계대전은 한 측의 손해가 다른 측의 이익이 되는 제로섬 게임이었다. 하지만 전선의 국지적 차원에서 보면 상호자제가 상호보복보다 훨씬 선호되었다.

각 참호에서 국지적으로 딜레마는 지속되었다. 상대가 자기를 노리고 총을 쏘았든 아니든 상대를 노리고 총을 쏘려면 매 순간 신중해야 했다. 참호전이 다른 전투와 근본적으로 달랐던 점은, 한 전투지구에 머물면서 장기간 대치한다는 점이었다. 이로써 상황은 배반이 최선의 선택인 단 한 번 하는 죄수의 딜레마에서, 조건에 따라 전략이 달라지는 반복적 죄수의 게임으로 옮겨갔다. 그 결과는 이 이론이 예측하는 대로였다. 즉 지속적 관계에서는 호혜주의를 기반으로하는 상호협력이 안정적으로 자리 잡을 수 있었다. 그리고 양측 모두결코 먼저 배반하지 않고, 혹시 상대가 배반하면 가차없이 응징하는 전략을 따랐다.

이 협력의 안정성을 살펴보기 전에, 어떻게 협력이 처음에 생겨날 수 있었는지 보는 것은 흥미롭다. 1914년 8월에 발발한 1차 세계대전의 초기에는 병력의 이동이 잦았고 사상자도 많이 나왔다. 그러나 전선이 고착되면서, 전선의 여러 곳에서 양측의 비공격성이 자연적으로 나타나기 시작했다. 최초의 사건은 식사와 관련되었을 것이다. 완충지의 양쪽에서 같은 시각에 식사가 제공되었다. 이미 1914년 11월에 참호에 온 지 며칠 안 되는 한 비위탁 장교가 다음과 같은 상황을 목격했다.

매일 저녁 어둠이 깔린 뒤 (…) 보급 장교가 전투 식량을 가지고 왔다. 완충지에 그것들이 뿌려지면 병사들이 전선 밖으로 나가서 가져오곤 했다. 아마 적들도 그렇게 하고 있었을 것이다. 그래서 며칠 밤 동안 그 시각이면 모든 것이 조용해졌다. 그러다 보니 전투 식량을 나르는 병사들은 두려움이 없어졌고 나중에는 웃고 떠들면서 참호로 돌아왔다.●4

크리스마스가 되자 양측 사이에 우의가 꽃을 피웠다. 물론 지휘 본부에서는 눈살을 찌푸렸다. 그 뒤로 몇 달 동안 소리치거나 신호를 통해 종종 즉석 휴전도 이루어졌다. 한 목격자는 이렇게 증언했다.

어떤 전투 지구에서는 오전 8시에서 9시까지 한 시간 동안은 "개인적인 용무"를 보는 시간으로 정했고, 깃발로 표시한 어떤 지

역들은 양측 저격수로부터 안전하였다.[*5]

하지만 즉석 휴전은 쉽게 억제되었다. "적과 싸우려고 프랑스에 왔지 친목하려고 온 게 아니다"라는 훈령이 장병들에게 하달되곤 했다.[*6] 또 일부 병사들이 군사재판에 회부되기도 했고, 대대 전체가 처벌을 받기도 했다. 구두 협정은 상부 명령에 의해 쉽게 금지된다는 사실이 곧 분명해지면서 점차 드물어졌다.

상호공격 자제가 처음 조성된 또 다른 상황은 불쾌한 날씨와 관련이 있었다. 비가 억수같이 쏟아질 때는 전면 공격을 하기가 거의 불가능했다. 날씨로 인한 휴전으로 서로 상대방에게 총을 쏘지 않는 일이 자주 일어났다. 그런데 날씨가 좋아진 뒤에도 종종 그런 상호자제 패턴이 그대로 지속되었다.

전쟁 초기에는 구두 협정으로 협력이 효과적으로 시작되었으나, 이런 직접적 협정은 쉽게 금지당했다. 장기적으로 더 효과적인 방법은 말로 하지 않고 양측이 서로에게 자신들의 행동을 조정해 나가는 여러 가지 방법들이었다. 핵심은 한쪽이 모종의 자제를 하면 상대도 여기에 호응해 자제를 할 수도 있다는 깨달음이었다. 기본 욕구와 활동이 서로 비슷했기 때문에 병사들은 상대가 무조건적 배반을 선택하지는 않을 것이라고 생각했다. 예를 들어서 1915년 여름, 한 병사는 적군이 신선한 보급 물자를 바라는 마음이 자기들과 다르지 않으므로 협력에 보답할 것임을 깨달았다.

적군의 참호 뒤에 나 있는 도로에 포탄을 퍼부어 대는 것은 애들 장난밖에 안 된다. 식량과 물을 실은 차량과 수레로 북적거리는 그곳을 피로 물들이는 짓이기 때문이다. (…) 그래서인지 대체로 조용하다. 하긴 적이 전투 식량을 가져가지 못하게 하면, 적의 대응은 뻔하다. 적도 우리가 전투 식량을 가져가지 못하게 할 것이다.[7]

호혜주의에 입각한 전략은 일단 시작되고 나자 여러 가지 방식으로 확산되었다. 처음에는 몇 시간 동안 지속되던 사격 자제 시간이 점차 길게 연장되었다. 한 형태의 자제가 또 다른 형태의 자제 시도로 이어졌다. 그리고 무엇보다 중요한 것은, 한 전투 지구에서 개발된 자제의 형태가 이웃 지구들에서 모방되었다는 것이다.

협력이 시작되는 것만큼 협력이 유지되는 조건들도 중요했다. 상호협력을 유지할 수 있는 전략은 도발이 있을 때 이를 응징할 수 있는 것이었다. 상호자제 기간 동안 양측은 필요하면 분명히 보복할 것임을 상대에게 보여주기 위해 애를 썼다. 예를 들어, 독일 저격병은 오두막 벽에 있는 한 점에 조준하여 연속 사격으로 커다란 구멍을 뚫음으로써 영국에 실력을 과시하곤 했다.[8] 마찬가지로 포병들도 목표물에 정확한 조준 사격을 가함으로써 맘만 먹으면 더 많은 타격을 입힐 수 있음을 과시했다. 이런 보복 능력의 과시는 공격을 자제하는 이유가 약해서이기 때문이 아니며, 배반은 자멸에 이른다는 사실을 각인시켜 공존공영 시스템을 지켰다.

그러다가 배반이 일어나면 여기에 대한 응징은 보통 팃포탯에서

협력의 진화

하는 보복보다 더 가혹했다. 용납되는 수준 이상의 도를 넘는 행동에 대한 대응은 일반적으로 두 배 혹은 세 배로 갚아주기였다.

> 우리는 밤에 참호 바깥으로 나간다. (…) 독일군도 역시 밖에 나와 있다. 이럴 때 총을 쏘는 것은 서로 예의에 어긋나는 행위로 여긴다. 정말 골치 아픈 것은 소이탄이다. (…) 소이탄이 참호 안에 떨어질 경우 적어도 여덟 명이나 아홉 명은 죽는다. (…) 하지만 우리는 독일군이 특별히 시끄럽게 굴지 않는 한 소이탄을 절대 쏘지 않는다. 독일군이 우리의 한 발에 세 발로 보복해 오는 체제인 걸 알기 때문이다. [9]

이 공존공영 시스템에는 걷잡을 수 없는 상호보복의 메아리가 이어지지 않도록 방지하는 어떤 견제 장치가 내재되어 있었을 것이다. 문제의 행동을 부추긴 측은 반응이 고조되는 것을 보고 그것을 다시 두 배, 세 배로 만들지 않도록 노력했을 것이다. 더 이상의 상승이 없어지면 보복의 메아리는 가라앉았을 것이다. 또 본격적으로 발사된 모든 총탄과 포탄, 수류탄이 다 상대를 맞추는 것은 아니므로 보복의 상승을 억제하는 경향이 내재되어 있는 셈이었다.

협력의 안정성을 유지하기 위해 극복해야 할 또 하나의 문제는 부대의 이동 배치였다. 대대는 대략 8일에 한 번씩 후방에서 대기하던 대대와 교대했다. 교대하기까지의 기간이 길면 그만큼 더 큰 부대 단위로 교체되었다. 이런 상황에서도 적군과의 협력이 유지된 것은 이

동해 가는 부대가 새로 온 부대를 협력 체제에 익숙해지도록 해주었기 때문이다. 적과의 무언의 이해관계에 필요한 구체적 내용들이 고스란히 전수되었다. 때로는 "저 친구들은 나쁜 친구들이 아니야. 우리가 건드리지 않으면 쟤들도 우리를 건드리지 않아"라는 말 한마디면 충분했다.[10] 이런 장치가 있었기 때문에 후임자는 전임자의 게임을 바로 이어받아 할 수 있었다.

협력의 안정성을 유지하는 데 문제가 하나 더 있었는데, 포병은 보병보다 적의 보복에 비교적 안전하다는 사실이었다. 포병은 공존공영 시스템에 목매지 않아도 되었다. 그 결과 보병은 포병 관측장교를 늘 염두에 둘 수밖에 없었다. 독일의 한 포병은 보병에 대해서 이렇게 말했다. "저들은 맛있는 것만 생기면 우리에게 선물하지 못해 안달이다. 전적으로는 아니라도 우리가 자기들을 보호해 준다고 느끼기 때문이다."[11] 보병의 목표는 잠자는 개는 깨우지 말자는 그들의 바람을 포병도 존중하게 만드는 것이었다. 그래서 포병 관측장교가 새로 파견되면 보병은 그를 맞이하며 "문제를 일으키지 않기 바랍니다"라고 주문했다. 이때 최고의 대답은 "'자네'들이 원하지 않는다면, 그렇게 하지"였다.[12] 이것은 적군과의 상호자제를 유지하는 데 포병이 담당했던 이중 역할을 보여준다. 즉, 도발이 없을 때는 수동적이고 적이 평화를 깰 때는 즉각 보복을 해주는 것이다.

영국과 프랑스, 독일의 고위급 지휘관들은 모두 이런 묵시적 협정을 중지시키고 싶어 했다. 이들은 모두 이런 무언의 협정이 부대의 사기를 떨어뜨릴 것을 염려했으며, 끊임없는 공세를 취하는 전략만

이 승리의 지름길이라고 믿었다. 지휘 본부에서는 예외 없이 어떤 명령이든 강제할 수 있고 또 명령 이행 여부를 직접 감시할 수 있었다. 따라서 병사들에게 박차고 나가서 목숨을 걸고 적진으로 돌진하라고 명령하여 대규모 전투를 일으킬 수 있었다. 하지만 이런 대규모 전투와 전투 사이에는 지휘 본부의 명령이 지켜지도록 감시할 수 없었다.•13 결국 상급 장교는 누가 실제로 적의 목숨을 노리고 방아쇠를 당기고, 누가 보복을 피하기 위해 허공을 향해서 쏘는지 알기 어려웠다. 병사들은 상급 장교의 감시 체제를 피하고 속이는 데 달인이 되었다. 완충지 정찰을 수행했다는 증거 제시를 요구받을 때마다 적진의 가시 철망을 보관하고 있다가 이것을 조금씩 잘라 본부에 보내는 식이었다.

그런데 이런 공존공영 시스템이 결국 무너진 것은 지휘 본부가 명령이 제대로 집행되었는지 '확인할 수 있는' 방법을 찾아냈기 때문이다. 다름 아니라 10명에서 200명이 세밀하게 작전을 짜서 적의 참호를 기습하는 것이었다. 기습 시에는 기습한 참호에 있던 적을 사로잡거나 사살하라고 명령하였다. 기습이 성공하면 포로를 잡아 올 것이고, 실패하면 사상자가 실제 기습했다는 증거가 된다. 적의 참호를 기습하지 않고 기습한 척할 수 있는 효과적인 방법은 없었다. 기습에서 적과 협력할 수 있는 방법도 없었다. 산 포로나 죽은 시체를 호의로 갚아줄 수는 없는 노릇이었다.

수백 건에 이르는 소규모 기습 작전에 의해 공존공영 시스템은 붕괴되었다. 한 차례 기습 작전이 지나가고 나면 양측 모두 다음에 어떻게 될지 알지 못했다. 기습 공격을 감행한 측에서는 보복을 예상했지만 보복이 언제 어디서 어떤 방식으로 전개될지 예측할 수 없었다. 기습을 당한 측도 이 기습이 그저 한 번 지나가는 것인지 앞으로도 계속 이어지는 공격의 시작인지 짐작할 수 없어 불안했다. 게다가 지휘 본부에서는 이 기습 공격을 명령하고 확인할 수 있었기 때문에, 보복의 규모를 조절하여 공격이 무뎌지는 것도 방지할 수 있었다. 대대들은 어쩔 수 없이 적을 향해서 진짜로 공격을 해야 했고 보복의 강도는 약해지지 않았다. 결국 보복의 메아리가 통제를 벗어나게 되었다.

역설적이게도 영국의 최고사령부에서 기습 공격 전략을 채택할 때 애초의 목적은 공존공영 시스템을 끝장내려 한 것은 아니었다. 원래 목적은 정치적인 것으로, 영국이 적을 침탈하는 임무를 충실하게 수행하고 있음을 동맹국인 프랑스에 확신시켜 주려는 것이었다. 기습 공격의 직접적인 효과로 영국의 최고사령부가 생각했던 것은, 전투 정신을 회복함으로써 부대의 사기를 높이고 희생되는 아군 병사들보다 더 많은 수의 적군 사상자를 내어 소모전의 효과를 충실하게 활용하는 것이었다. 하지만 사기 앙양이나 아군과 적군의 사상자 비율 효과가 달성되었는지는 지금까지도 의견이 분분하다. 돌아보건대 분명한 것은, 이 기습 작전의 간접 효과로 서부전선에서 광범위하게 작동되던, 암묵적인 공격 자제를 유지하는 데 필요한 조건들이 붕괴되었다는 것이다. 최고사령부는 의도치 않게 대대들이 호혜주의에 입각한 협력 전략을 실행하지 못하게 함으로써 공존공영 시스템에 종지

부를 찍었던 것이다.

기습 작전의 도입으로 공존공영 시스템의 진화는 종결되었다. 협력은 국지적 수준에서 여러 가지 탐색적 행동들을 통해서 발판을 마련했고, 양측이 장기간에 걸쳐서 서로 얼굴을 마주 보며 대치한다는 조건 때문에 안정적으로 유지되었으나, 소부대가 행동의 자유를 잃어버리면서 마침내 무너졌다. 대대와 같은 작은 부대는 적과 대적할 때 나름대로 독자적인 전략을 구사했다. 처음에 이들 부대 사이에서 협력은 다양한 맥락에서 자연적으로 발생하였다. 예를 들면, 적이 식량을 보급 받을 때는 공격을 자제하였고 참호에서 보내는 첫 번째 크리스마스 때는 일시적으로 휴전했으며 악천후로 불가능했던 전투를 재개할 때는 늑장을 부렸다. 이런 자제 행위는 쌍방이 서로 이해하는 명백한 행동 양식으로 빠르게 진화했다. 협력을 깨는 용납할 수 없는 행위에 대해서는 두세 배로 보복하는 것이 한 예다. 이런 전략은 시행착오와 이웃 부대의 모방이라는 기제를 통해 진화했음이 분명하다.

이 진화 기제에는 우연한 돌연변이나 적자생존은 포함되지 않는다(무작위적으로 발생하는 돌연변이 중에서 최적자가 선택되어 진화가 일어난다 - 옮긴이). 우연한 돌연변이와는 달리 병사들은 자기들이 처한 상황을 정확하게 이해하고 그 상황에서 최선의 결과를 얻기 위해 최선을 다했다. 그들은 자신들의 행동의 간접적인 영향을 잘 알았다. 이 영향은 내가 메아리 원칙이라고 부르는 것으로, "상대방을 불편하게 만드는 것은 나에게 돌아와 나를 불편하게 만들 뿐이다"라는 내용이다.[14] 이 전략들은 경험뿐만 아니라 사고를 바탕으로 한다. 병사들은 대치하는 적과 상호자제를 유지하기 위해서는 보복할 능력과 의사가 있음을 상대방에게 보여 주어야 한다는 것을 배웠다. 또 협력이 호혜주의에 입각해야 한다는 것도 배웠다. 즉, 이런 전략은 맹목적인 적응이 아니라 의도에 따라 진화되었다. 또한 이 진화에는 적자생존은 개입되지 않았다. 전략이 효과적이지 않으면 사상자가 많이 나고, 전략이 효과적이면 부대는 살아남을 뿐이었다.

공존공영 시스템의 발생과 유지, 붕괴는 모두 협력의 진화 이론에 잘 부합된다. 아울러 공존공영 시스템에 매우 흥미로운 두 가지 요소가 더 있다. 협력이론에서 새로운 것이라 할 수 있는데, 바로 윤리와 의례의 창발이다.

윤리의 경우, 당시 영국군 장교로 복무한 사람이 독일군의 작센 부대와 대치할 때의 경험을 회상한 내용에서 엿볼 수 있다.

A중대와 함께 차를 마시고 있는데 갑자기 바깥에서 시끄럽게 고함치는 소리가 들려서 무슨 일인가 나가보았다. 우리 병사들과 독일군이 각기 자기들 진지 위에 올라가 있었다. 그런데 갑자기 일제 사격이 가해졌다. 하지만 다친 사람은 아무도 없었다. 양측 모두 내려왔고 우리 병사들이 독일군에게 욕을 해대기 시작했다. 그때 갑자기 용감한 독일군 한 명이 진지 위로 뛰어 올라가더니 이렇게 외쳤다. "이 일에 대해서 우리는 정말 미안하게 생각한다. 아무도 다치지 않기를 바란다. 그건 우리 잘못이 아니었다. 빌어먹을 프러시

아 포병놈들 때문이다."[15]

이 작센 병사의 사과는 단지 보복을 막으려는 수단 이상의 의미를 지닌다. 신뢰를 깨뜨린 사실에 대한 도덕적 후회와 혹시 누가 다치지 않았을까 하는 걱정까지 반영되어 있다.

상호자제를 협력적으로 교환하는 것은 상호작용의 성격 자체를 바꾸었다. 협력적 교환이 양측 모두 서로의 복지를 염려하게 만든 것이다. 이런 변화는 죄수의 딜레마 개념으로 해석할 수 있다. 지속적인 상호협력의 경험 자체가 경기자들이 누리는 보상을 변화시켰고, 그 결과 상호협력의 가치는 이전보다 더욱 커졌다.

반대도 마찬가지였다. 불가피한 기습으로 상호협력 양식이 무너졌을 때, 강력한 보복의 윤리가 나타났다. 이것은 호혜주의에 입각한 전략을 수순대로 따르느냐 마느냐 문제가 아니었다. 죽은 전우에 대한 의무를 다하기 위해서 도덕적이고 적절한 행위를 하느냐 마느냐의 문제였다. 그런데 보복은 보복을 불렀다. 그러므로 협력이나 배반은 둘 다 자기강화적self-reinforcing이었다(협력을 할수록 더욱 협력하게 되고 배반을 할수록 더욱 많이 배반하게 되는 양의 피드백시스템을 의미 – 옮긴이). 서로의 행동 양식을 강화시키는 이러한 양상은 경기자들의 전략에서뿐 아니라 경기자들이 상호작용의 결과가 의미하는 바를 인식하는 방법에서도 드러났다. 추상적인 용어를 쓰자면, 선택이 행동과 결과에 영향을 미치고 행동과 결과는 다시 선택에 영향을 미쳤다는 것이 요점이다.

참호전 사례가 협력이본에 추가한 또 하나의 요소는 형식적 의례이다. 이것은 소규모 화기를 시늉만 내면서 쏘거나 포탄을 엉뚱한 곳에다 쏘는 식으로 나타났다. 예를 들면, 어떤 전투 지구에서 독일군은 "강력한 공세를 취하기도 했는데, 이때 연속 발사와 엉터리 사격을 교묘히 섞어 넣었다. 이 공세는 프러시아를 만족시키면서 토머스 앳킨스(1차 대전 당시 독일군 등이 영국군 사병을 부르던 이름 - 옮긴이)에게는 별 해를 끼치지 않았다."[16]

더 놀라운 점은, 공격을 상대가 예측 가능하게 했다는 사실이다. 이런 일은 수많은 전투 지구에서 일어났다.

독일군의 목표물 선택, 사격과 포격 시각, 발사 횟수는 너무나 규칙적이었다. 존스 대령은 전선에서 하루 이틀 지내자 독일군의 체계를 훤히 알게 되었다. 심지어 다음 포탄이 언제 떨어질지 1분 오차로 맞추었다. 그의 계산은 매우 정확해서, 신참 참모 장교들 눈에는 엄청나게 위험을 무릅쓰는 것처럼 보였지만 사실 그는 포탄이 쏟아지는 지점으로 달려가면서도 자기가 그 지점에 도착할 즈음에는 포탄이 멈출 것을 뻔히 알고 있었다.[17]

독일군 진영에서도 마찬가지였다. 한 독일군 병사는 영국군의 "저녁 포격"에 대해서 다음과 같이 기록했다.

7시면 시작되었다. 얼마나 규칙적인지 그걸 보고 시계를 맞출 수도 있었다. (…) 목표물은 늘 동일했다. 포격의 범위도 늘 일정했다. 그 범위를 넘거나 미치지 못하는 경우는 한 번도 없었다. (…) 심지어 호기심 많은 병사들은 7시 직전에 포탄 터지는 것을 구경하려고 참호 밖으로 기어 나오기도 했다.[18]

이런 형식적이고 판에 박힌 공격은 두 가지 메시지를 담고 있었다. 상부에는 자신들이 열심히 싸우고 있음을 알리는 한편, 적에게는 평화를 원한다는 것을 알리는 것이다. 전투 의지를 불태우는 것 같았지만, 사실은 그런 시늉만 하고 있었다. 애시워스는 이런 정형화된 행위들은 보복을 피하는 수단 이상의 의미를 담고 있다고 설명했다.

참호전에서 정형화된 공격의 구조는 양측이 함께 참가해서 정기적으로 총을 쏘고 포탄을 날리는 하나의 의식이었다. 이런 행위는 적군 역시 고통을 받고 있다는 믿음과 서로에 대한 동료 의식을 상징적으로 드러내고 또한 강화했다.[19]

그래서 이러한 의례들은 공존공영 시스템이 진화할 수 있는 토대를 강화시켜주는 도덕적 강제력에 힘을 실어주었다.

1차 세계대전 당시 참호전의 고단함 속에서 나타난 공존공영 시스템은 호혜주의에 바탕을 둔 협력이 나타나는 데 우정은 필요 없음을 입증한다. 적절한 조건만 갖추어진다면 적대적 관계에서도 얼마든지 협력이 발전할 수 있다.

참호전 병사들은 협력의 유지에 호혜주의가 중요하다는 것을 확실히 이해하고 있었다. 그러나 다음 장에서는 협력이 나타나고 또 안정적으로 유지되는 데 경기자들의 이런 이해가 반드시 필요하지 않다는 사실을 생물학적 사례들을 통해 증명하려 한다.

제5장

생명계에서의 협력의 진화

윌리엄 D. 해밀턴과 함께 씀

4장까지는 사람들 사이의 협력의 창발을 분석하기 위해 진화생물학에서 몇 가지 개념을 빌려왔다. 이 장에서는 그 호의를 갚으려 한다. 사람들을 이해하기 위해 개발된 이론과 발견을 거꾸로 생물의 진화에서 일어나는 협력을 분석하는 데 적용하는 것이다. 이 연구에서 나온 핵심 결론부터 말하자면, 지능은 협력의 진화에 필요하지 않다.

생물학적 진화 이론은 생존경쟁과 적자생존을 바탕으로 한다. 그러나 한 종에 속하는 개체들 사이 그리고 다른 종의 개체들 사이에서도 경쟁뿐 아니라 협력은 흔히 관찰된다. 그러나 1960년대 이전까지는 진화 과정을 설명할 때 생물들이 협력하는 현상은 특별히 눈여겨보지 않았다. 자연선택이 집단이나 종 수준에서 일어난다고 이론을 잘못 이해했기 때문이었다. 그런 오해의 결과, 협력을 적응의 결과라고만(집단에 이롭다고만 - 옮긴이) 생각했다. 그러나 진화 과정에 대한 최근 연구들은 집단에 이로운 특성을 바탕으로 자연선택이 이루어진다는 견해를 뒷받침하는 근거를 별로 발견하지 못하였다. 오히려 그 반대이다. 한 종이나 집단 수준에서 일어나는 자연선택은 미약하고, 다윈이 원래 강조하였듯이 개체 수준에서 자연선택이 일어난다는 주장이 더 타당하다.[1]

자연에 흔히 존재하는 협력과, 이타주의와 경쟁억제와 같은 집단과 관련된 행동들을 설명하기 위해 진화 이론에는 최근에 두 종류의 개념이 추가로 확장되었다. 크게, 유전자공유 친족이론kinship theory(혈연선택이라고도 한다 - 옮긴이)과 호혜주의이론reciprocity theory이 그것이다. 최근의 연구는 현지 조사와 이론 개발에서 친족이론의 손을 들어주었다. 친족이론의 접근 방법은 다양하지만 자연선택을 유전자 관점에서 보는 경향이 더욱더 커지고 있다.[2] 유전자는 사실 언젠가 죽을 한 개체에만 들어 있는 게 아니고 그 개체의 친족들에도 들어 있는 불멸의 복사본(유전자 혹은 DNA를 의미 - 옮긴이)이다. 죄수의 딜레마 게임을 하는 두 경기자가 충분히 가까운 혈연관계라면 이타주의는 그것을 행하는 개체에게는 손실이라도 그 개체가 가진 유전자의 입장에서는 번식에 이득이 된다. 이 이론이 예측하듯, 대부분의 확실한 이타주의 사례, 그리고 관찰된 대부분의 협력은(인류 종에서는 좀 다르게 나타나지만) 주로 직계 가족과 같은 높은 혈연관계라는 맥락에서 일어난다. 일벌이 진화시킨 자살적 침은(일벌은 침입자

에게 침을 쏠 때 꽁무니가 파손되어 죽는다 - 옮긴이) 이런 류의 이론들에서 드는 전형적인 예다.[3]

그러나 혈연 혹은 친족관계가 거의 없거나 적은데도 협력이 일어나는 명백한 예들도(궁극적인 자기 희생은 결코 아니지만) 있다. 서로에게 이득이 되는 공생이 그 놀라운 경우인데, 많은 예가 있다. 균류와 조류alga는 공생으로 지의류를 형성하고, 개미와 개미아까시나무를 보면 나무가 개미에게 집과 식량을 제공하고 개미는 그 보답으로 나무를 보호해 준다.[4] 무화과 말벌과 무화과나무도 그렇다. 무화과 말벌은 무화과꽃의 기생자인 동시에 이 나무가 수정되고 씨를 맺게 해주는 유일한 매개의 역할도 한다.[5] 공생에서 협력은 무난하게 진행되나 가끔 상대가 자연적으로 혹은 특정 취급에 자극받아 적대적으로 돌변하기도 한다.[6] 공생은 친족이론으로 볼 수도 있으나, 뒤에 다루겠지만, 진화 이론의 최근 확장인 호혜주의이론으로 주로 설명된다.

협력 자체는 트리버스의 선구적 연구[7]가 나온 후에도 생물학자들의 관심을 별로 끌지 못했다. 그러나 협력과 관련된 문제로 갈등 상황에서의 자제에 관한 이론적 연구는 있었다. 이와 연관하여 진화적으로 안정된 전략이라는 새로운 개념이 정식으로 등장하였다.[8] 좀 더 일반적 의미로서의 협력에 대한 연구는 몇 가지 어려움 때문에 혼미한 상태였다. 특히 기존의 비사회적 상황에서 어떻게 협력이 처음 진화하고[9], 일단 협력이 수립된 후에는 어떻게 그것이 안정적으로 유지될 수 있는지의 문제들을 풀기가 어려웠다. 협력에 관한 정식 이론의 필요성이 절박했다. 다시 조명받기 시작한 개체 중심의 이론은 개체들이 얼마나 쉽게 빈번히 상대를 속일 수 있는지에 초점을 맞추었다. 이 때문에 상호이익적 공생마저, 종의 이익을 위해 적응이 일어난다는 기존 관점에서 볼 때보다 더 안정성을 의심받게 되었다. 동시에 한때 친족이론의 영역에서 확고해 보였던 공생의 사례들까지도 문제가 있는 것으로 드러나기 시작하였다. 공생 참여자들이 실제로는 혈연을 바탕으로 하는 이타주의에서 기대되는 것만큼 가깝게 연관되어 있지 않았다. 조류의 공동 새끼 양육●[10]과 유인원 집단의 협력 행동●[11]이 이런 예다. 협력으로 보이는 행동들은 겉으로만 그렇거나(일부는 친족 이타주의이고 일부는 속임수로 하는 것이다), 안정된 호혜주의로 웬만큼 설명된다. 그러나 이전의 호혜주의적 설명들은 호혜주의의 조건의 까다로움을 과소평가하였다.●[12]

이 장이 생물학에 기여하는 바는 세 가지 면에서 새롭다.

1. 생물학적 맥락에서 볼 때 협력이론 모형은 두 개체가 다시 상호작용할 가능성을 확률적으로 다룬다는 점에서 획기적이다. 이렇게 함으로써 노화와 텃세 같은 특정 생물학적 과정들도 조명이 가능해진다.

2. 협력의 진화에 대한 분석은, 주어진 전략의 최종 안정성뿐만 아니라 비협조적 개체들이 우점하고 있는 환경에서 그 전략이 초기에 어떻게 뿌리내릴 수 있는가 그 생존력까지 고려한다. 물론 온갖 세련된 전략들을 쓰는 개체들이 섞여 있는 환경에서 그 전

협력의 진화

략이 얼마나 잘 견뎌낼지도 조사한다. 이런 접근방법은 협력의 진화 과정에 대한 완벽한 연대기를 여태까지 가능했던 것보다 상세하게 그리게 해준다.

3. 미생물 수준에서의 상호작용 행동에도 협력이론이 적용될 수 있다. 다운증후군과 같은 선천성 유전결함, 많은 질병들에 급성과 만성 단계가 모두 있는 사실들까지도 설명이 가능하다.

생명체들이 추구하는 이득은 협력하고 있는 집단의 모두에게 균등하게 돌아가지 않는다. "이득"이나 "추구"와 같은 용어가 정의하기에 따라 의미가 다르기는 하지만, 어쨌든 이 사실은 진리이며 모든 사회 생활의 밑바탕에 깔려 있다. 문제는, 한 개인은 상대와 상호협력하면 이득이지만, 상대의 협조적 노력을 악용하면 더 이득이 된다는 사실이다. 그 개인들은 일정 기간 동안 다시 만나 상호작용할 수 있고, 이로써 상호작용 전략의 양상은 복잡해진다. 앞 장들에서 보았듯이 죄수의 딜레마는 그런 상황들에 내재된 가능한 전략을 모형화할 수 있게 해준다.●[13]

단 한 차례만 만날 때는 게임이론에서뿐 아니라 생물학적 진화에서도 배반이 정답이다.●[14] 배반은 돌연변이와 자연선택이라는 진화 과정을 통해 불가피하게 일어날 수밖에 없다. 보수를 적합성으로 보고 두 개체 간 만남이 무작위적으로 일어나고 '반복되지 않는다'고 가정하면, 다음 세대로 유전 가능한 다양한 전략들이 섞인 집단은 결국 전 집단이 배반자가 되는 상태로 진화한다. 뿐만 아니라 한 집단 전체가 배반 전략을 쓰고 있다면 어떤 다른 돌연변이 전략도 더 잘할 수 없다. 경기자들이 두 번 다시 서로 거래하지 않는 경우에는 배반 전략만이 유일하게 안정된 전략이다.

생물학적 상황에서는 대개 두 개체가 한 번 이상 서로 만나 거래하게 된다. 한 개체가 상대를 알아보고 이전 만남의 결과의 특정 면을 기억한다면, 원형 죄수의 딜레마 게임보다 전략적 가능성이 훨씬 풍부한 반복적 죄수의 딜레마 게임이 된다. 반복적 죄수의 딜레마에서는 현재 게임에서 협력이나 배반할 가능성을 결정하기 위해 여태까지 상호작용의 내력을 참조할 수 있다. 그러나 앞서 강조했듯이, 두 개체 사이 상호작용의 회수가 '정해져 있다면' 내리 배반이 역시 진화적으로 안정하며 동시에 유일한 전략이다. 그 이유는 최종 상호작용에서 배반은 양측 모두에게 최적의 선택이며, 마지막 바로 전에도 그렇고, 또 그 바로 전에도 그렇고, 이런 식으로 최초의 상호작용까지 거슬러 올라가서 결국 처음 만남부터 최선의 선책은 배반이다.

1장에서 개발된 모형은 상호작용의 회수가 미리 정해져 있지 않다는 좀 더 현실적 가정을 바탕으로 한다. 그리고 현재의 상호작용 후 두 개체가 다시 만날 확률 w를 상정한다.●[15] 다시 만날 확률에 영향을 주는 생물학적 요인으로는 평균 수명, 상대적 이동성, 개체의 건강 등이 포함된다. 어떤 w값에서도 무조건 배신하는 전략(올디)은 언제나 안정하다. 모든 개체가 이 전략을 쓰고 있다면 어떤 돌연변이 전략도 이 집단에 침범해 들어올 수 없다.

공식 정의를 내리자면, 어떤 한 전략을 따르는 개체들의 집단이 가

협력의 진화

끔 나타나는 다른 돌연변이 전략에 의해 침범당하지 않으면 그 전략
은 진화적으로 안정하다.[16] 진화적으로 안정된 전략은 많이 있을 수
있다. 사실 1장의 명제 1에 의하면 w가 충분히 클 때 그 집단 내 다른
개체의 행동과 상관없이 단독으로 최선인 전략은 없다. 그러나 단 하
나의 최상의 전략이 없다고 해서 분석도 할 수 없는 것은 아니다. 그
반대로 2장과 3장은, 한 전략의 안정성과 함께 그것의 강건함과 초기
생존력에 대한 분석까지도 가능함을 보여주었다.

　놀랍게도 게임이론으로 접근할 수 있는 생물학적 사실들은 상당히
광범위하다. 우선 개체는 전략을 구사하는 데 뇌가 없어도 된다. 예를
들어 박테리아는 게임을 할 수 있는 기본 능력을 가지고 있다. 그 이
유로 (1) 박테리아는 환경의 특정한 면, 특히 화학적 환경에 민감하
며 (2) 따라서 박테리아는 주변 다른 개체들이 어떻게 하느냐에 따라
다르게 반응할 수 있고 (3) 그런 조건부 전략conditional strategy 행동은
물론 유전되며 (4) 박테리아는 주변 개체들의 적합성에 영향을 주고
다른 개체들 역시 그 박테리아의 적합성에 영향을 줄 수 있기 때문이
다. 최근에는 하물며 바이러스도 조건부 전략을 쓸 수 있다는 증거가
발표되었다.[17]

　전략들은 환경에 일어난 최근의 변화 혹은 그동안 누적된 평균적
변화에 맞게 차별적 반응을 보일 수도 있지만, 반응 범위가 제한되
어 있기도 하다. 박테리아는 복잡한 과거의 변화 과정을 "기억"이나
"해석"할 수 없고 해가 되거나 이득이 되는 변화의 서로 다른 근원
을 구분할 줄도 모른다. 예를 들어 어떤 박테리아는 스스로 박테리오

신bacteriocin이라는 항생물질을 생산한다. 항생물질은 이것을 생산하는 균주에게는 물론 무해하고 다른 균주에게만 치명적이다. 박테리아는 환경의 유해 물질을 감지하면 고유의 박테리오신을 곧 생산하지만, 성가신 공격자를 겨냥해서 독을 생산해 내지는 못한다.

생물의 신경계가 진화의 사다리를(아리스토텔레스는 세상 만물의 진화 과정을 사다리를 오르는 것으로 설명하며, 맨 밑에는 물질을 두고 위로 올라갈수록 복잡한 형태의 생물을 배치했다 - 옮긴이) 올라갈수록 점점 복잡해지며 게임 행동 역시 풍성해졌다. 인간을 포함한 영장류에서 지능이 향상되면서 기억용량이 더욱 커지고, 지금까지의 상호작용을 바탕으로 다음 행동을 결정하는 등 정보처리 과정이 더욱 복잡해졌다. 또 같은 상대와 미래 다시 만날 확률을 더욱 정확하게 계산하고, 각각의 개체들을 더욱 잘 식별하게 되었다. 다른 개체들을 식별하는 능력은 특히 중요한데, 그래야 수많은 상대와 상호작용하면서 그들을 다 똑같이 대하지 않고, 협력한 상대에게는 보상을 주고 배반한 상대에게는 보복으로 대응할 수 있기 때문이다.

반복적 죄수의 딜레마 모형은 보기보다 훨씬 덜 제한적이다. 이 모형은 두 박테리아 사이의 상호작용뿐 아니라, 박테리아 군집colony과 그것의 영장류 숙주와의 상호작용에까지도 적용할 수 있다. 여기서 양 경기자가 협력에서 얻는 보수가 서로 비교 가능한 것이어야 한다는 전제 같은 것은 없다. 양측이 얻는 보수가 1장에서 보인 죄수의 딜레마를 정의하는 보수들의 조건에 부합하기만 하면 그 결과를 죄수의 딜레마 게임으로 분석할 수 있다.

죄수의 딜레마 모형이 전제하는 것은 양측의 선택이 동시에 일어나고, 게임들은 일정 시차를 두고 일어난다는 것이다. 분석 목적상 이것은 상호작용이 연속적으로 일어나는 것과 같으며, 게임과 게임 사이의 시간은 한쪽이 행동 변화를 일으키고 상대가 그에 반응하는 최소 시간에 해당한다. 이 모형은 선택을 동시에 일어나는 것으로 다루지만 순차적인 것으로 다루어도 별 차이는 없다.[18]

이론의 개발에 대한 이야기로 논의를 바꾸자면, 협력의 진화는 세 개의 질문으로부터 개념화시킬 수 있다.

1. '강건함'. 온갖 정교한 전략들이 섞여 있는 환경에서 어떤 유형의 전략이 살아남을 수 있을까?
2. '안정성'. 그런 전략이 일단 자리를 잡은 뒤 돌연변이 전략의 침범을 견뎌내려면 어떤 조건이 필요할까?
3. '초기 생존력'. 아무리 강건하고 안정하더라도, 어떤 전략이 애초에 비협조적인 환경 속에서 어떻게 뿌리내릴 수 있을까?

2장에서 설명한 컴퓨터 대회는 호혜주의를 바탕으로 하는 **팃포탯**의 협력 전략이 매우 강건함을 확인해 주었다. 이 간단한 전략은 두 번의 대회를 모두 석권하였고 2차 대회를 변형시킨 여섯 개 주요 대회에서 다섯 번 승리하였다. 생태학적 분석 결과, 덜 성공적인 규칙들이 점차 도태되면서 **팃포탯**은 처음부터 잘하고 있던 규칙들과 겨루게 되고 이들을 상대로 계속 높은 성적을 냈다. 호혜주의에 입각한 협력이 다양한 전략이 혼재된 환경에서 살아남을 수 있다는 뜻이다.

　일단 어떤 전략이 한 집단 전체에 의해 채택되면 이제 그 전략이 돌연변이 전략의 침범을 이겨낼 수 있는가 하는 진화적 안정성이 문제가 된다. 3장의 수학적 계산은 팃포탯이 개체들의 상호작용이 계속될 확률이 충분히 크기만 하면 진화적으로 안정함을 확인해 주었다.

　진화적으로 안정한 전략이 팃포탯만 있는 것은 아니다. 올디도 사실은 상호작용의 지속 확률의 크기과 상관없이 진화적으로 안정하다. 따라서 협력적 행동에 대한 진화적 경향이 애초에 어떻게 시작되었을까 하는 의문이 제기된다.

　유전적 친족이론은 올디의 평형에서 빠져나올 수 있는 방법을 제공한다. 경기자들의 가까운 혈연관계가 다른 개체의 이익을 위해 자신의 적합성을 희생하는 순수 이타주의의 진화를 허용한다는 것이다. 순수 이타주의는 비용, 편익 그리고 가까운 정도 같은 조건이, 친족들 사이에 공통으로 존재하는 이타주의 유전자에게 총체적으로 이득일 때 진화할 수 있다.[19] 단 한 차례도 배반하지 않는 죄수의 딜레마는 일종의 이타주의로, 이런 종류의 행동은 두 경기자가 충분히 가깝다면 진화될 수 있다.[20] 사실 상대가 이득을 보면 자신도 일부 이득을 얻도록 보수를 다시 산정할 수 있다(즉 보수를 포괄적 적합성inclusive fitness이라 불리는 개념으로 생각할 수 있다). 이런 계산은 T > R과 P > S의 불평등을 제거할 수 있고 그럴 경우 협력이 무조건적으로 선호될 수 있다. 즉 죄수의 딜레마 류의 상황에서는 가까운 친족들이 협력의 이득을 챙길 수 있다. 두 경기자로 말하자면 물론 부모 자식 간이나 형제간이 특히 유망하며, 사실 이들 사이의 협력이나 이기심의 억제 예는 수없이 많이 알려져 있다.

협력의 유전자가 존재한다면 자연선택에 의해 협력 행동을 토대로 하는 전략들이 발전할 것이다.[21] 수컷의 바람기[22] 그리고 집단의 불명확한 경계에서 일어나는 사건 등은 앞으로 상호작용할 경기자들 사이의 혈연성을 불확실하게 만든다. 상대와의 혈연 정도가 더 가까워진 것을 알아채고 이를 바탕으로 협력 정도를 조정할 수 있는 능력은 언제나 포괄적 적합성을 향상시켜 줄 것이다. 어떤 협력 행동이 선택되었을 때 가까운 관계에 대한 단서는 협력의 상호교환뿐이다. 따라서 상대가 비협조적으로 반응하면 좀 더 이기적으로 행동을 조정하는 것이 혈연성이 낮거나 의심스러울 때는 언제나 이득이다. 그런 식으로 상대의 행동에 따라 자신의 행동을 조절할 수 있는 능력은 후천적으로 습득될 수 있고, 따라서 협력은 점차 혈연관계가 적은 환경으로 확산될 수 있다. 그리하여, 두 개체가 후에 다시 만날 확률이 충분히 클 때는, 호혜주의에 입각한 협력은 살아남을 수 있고 친족관계가 전혀 없는 집단 내에서도 진화적으로 안정하다.

이 시나리오에 맞는 협력의 사례가 농어의 산란 관계에서 발견된다.[23] 농어는 암컷과 수컷의 생식기를 함께 가지고 있다. 이들은 둘씩 짝을 지어, 대충 표현하자면, 번갈아 가며 더 많은 투자를 하는(알을 낳는) 상대와 더 적게 투자하는(알을 수정시키는 정자를 생산하는) 상대의 역할을 한다. 하루에 산란이 열 번 정도 이루어지는데 한 번에 산란되는 알은 불과 몇 개씩이다. 암수 성역할이 균등하게 이루어지지 않으면 그 쌍은 갈라서 버린다. 이런 시스템에서 수컷 정소 크기의 경제성이 진화한 것으로 보인다. 그러나 피셔는 현재의 정소 상태는 이 어종이 개체수가 적어서 주로 근친교배를 할 때 진화한 것으로 추정한다.[24] 근친교배는 한 쌍이 가까운 관계라는 의미이며, 이로써 더 이상의 연관성이 없이도 협력이 쉽게 증진되었을 수 있다.

모두가 올디를 따르고 있는 상황에서 협력이 시작될 수 있게 하는 또 하나의 기제가 3장에서 소개되었다. 무리짓기가 그것이다. 한 무리가 팃포탯과 같은 전략을 쓰고 있고, 이 무리에 속하는 개체가 무리 내의 다른 개체와 하는 상호작용이 집단의 모든 상호작용에서 p의 비율을 차지한다고 가정하자. 이 개체가 무리 밖의 올디 개체와 상호작용하는 비율이 무시할 정도로 작다면 올디를 쓰는 구성원들의 점수는 이전과 다름없이 한 게임당 처벌 p일 것이다. 따라서 3장에서 보았듯이 p와 w가 충분히 크다면 팃포탯의 무리는 올디가 압도적으로 많은 환경 속에서도 초기에 살아남을 수 있다.

무리짓기는 대개 친족끼리 한다. 따라서 무리짓기와 친족관계 두 가지 기제가 상승작용을 일으켜 호혜주의 협력의 초기 생존력을 강화시켜줄 수 있다. 그러나 친족끼리가 아니라도 무리짓기는 효과적으로 작용한다.

친족관계가 아닌 팃포탯 무리도 올디 집단에 침입할 수 있다. 올디가 진화적으로 안정하더라도 그렇다. 팃포탯의 무리 내 개체들이 협력을 주고받을 다른 개체를 만날 확률이 무시할 수 없을 정도로 크기 때문이다. 이것은 협력이 시작되는 기제를 설명해 주면서 동시에 팃

협력의 진화

포탯과 같은 전략이 뿌리를 내리고 있을 때 그 역도 성립하는가 의문이 들게 한다. 3장의 명제 7은 여기에 흥미로운 비대칭이 있음을 보여준다. 다시 말해, 사회 진화의 톱니바퀴는 역회전을 방지하고 앞으로만 돌아가게 하는 미늘이 있다.

이 분석에서 나온 협력의 연대기는 다음과 같다. 올디는 태고 상태에서 진화적으로 안정하다. 그러나 호혜주의를 기초로 한 협력이 두 가지 다른 기제를 통해 뿌리를 내릴 수 있다. 첫째, 돌연변이 전략들 사이에 혈연관계가 있을 경우 돌연변이 유전자들은 서로의 성공이 서로에게 이로울 수 있다. 즉 유전자 관점에서 볼 때 상호작용의 보수는 개체의 관점에서 볼 때와는 달라진다. 절대 배반을 극복할 수 있는 두 번째 기제는, 돌연변이 전략들이 무리지어 나타나, 자기들끼리의 상호작용이 무시하지 못할 정도의 비율이 되는 것이다. 그 비율이 올디 개체들의 상호작용에 비하면 미미하더라도 괜찮다. 2장에서 대회 접근법으로 살펴보았듯이, 일단 다양한 전략들이 존재하면 **팃포탯**은 지극히 강건한 전략이 된다. **팃포탯**은 다양한 환경에서 잘하며 상당히 세련된 온갖 결정 규칙들이 혼합된 생태학적 모의실험에서도 다른 전략들을 점차 대체하며 집단 전체에 퍼진다. 그리고 두 개체가 상호작용을 지속할 확률이 높다면 **팃포탯**은 진화적으로 안정하다. 특히 어떤 돌연변이 전략 무리의 침범도 모두 견뎌낼 수 있기 때문에 그 안정성은 확고하다. 이렇게 하여 호혜주의를 기초로 하는 협력은 전반적으로 비협력적인 세상에서도 시작될 수 있고, 혼합된 환경에서 살아남을 수 있고, 일단 자리 잡으면 흔들리지 않고 자신을 방어할 수 있다.

협력이 진화할 두 가지 조건을 생물학에 적용할 수 있는 구체적인 방법들이 다양하다. 기본 개념은, 생물들 사이에서 협력이 진화하려면 상대의 배반을 반드시 응징할 수 있어야 한다는 것이다. 배반에 보복을 하려면 배반자가 익명의 바다 속으로 사라져서는 곤란하다. 고등 생물은 동종의 다른 개체들을 식별하는 고도의 능력으로 이 문제를 극복하고, 하등 생물은 상호작용하는 개체나 집단의 수를 크지 않게 제한하는 방식에 의존한다. 보복을 위해 필요한 또 다른 중요한 조건은, 두 개체가 다시 만날 확률 w가 충분히 커야 한다.

이전에 상호작용했던 개체를 식별할 능력이 없는 개체는 대체 기제를 가지고 있다. 즉 언제나 같은 개체하고만 상호작용하는 것이다. 이들은 상대와 접촉 상태를 계속 유지하게 되어 있다. 서로 다른 종에 속한 개체들이 밀접하게 연합하여 상호이익을 취하는 상리공생mutualism 대부분이 여기에 해당된다. 예를 들면 게와 아네모네, 매미와 매미 체내 다양한 미생물 군집, 나무와 균근류의 공생 등이 그것이다.

식별 능력의 필요성을 우회하는 또 다른 방법은 만날 장소를 고정하여 두 개체의 결합을 보장하는 것이다. 예를 들어 청소 물고기는 자신의 포식자가 될 수도 있는 큰 물고기의 몸(바깥뿐 아니라 입 안쪽까지)에서 기생충을 잡아먹어 제거해 준다. 수중 청소 상리공생은 물고기가 일정 구역에만 머물러 서식하는 연안이나 암초 지역에서 일어난다.•25 넓은 대양의 생물들이 서로 섞여 사는 환경에서는 이런 예가 알려진 바가 없다.

다른 종류의 상리공생도 보통 근친교배나 무성생식 집단의 개체들 사이, 혹은 그런 집단의 개체들과의 반영구적 결합과 같이 지속적 접촉이 가능한 상황에서만 일어난다.[26] 그렇지 않고 결합이 수시로 바뀌거나 임시적이라 상대 구별이 불가능한 조건에서는 기생, 질병과 같은 착취가 일어날 가능성이 더 크다. 그래서 개미 군집은 많은 공생관계를 형성하고 그에 크게 의존하지만, 주거지가 훨씬 덜 영구적인 꿀벌 집단에는 공생자는 없고 기생자는 많다.[27] 작은 담수 동물 클로로히드라 비리디시마Chlorohydra viridissima는 조직 속에, 영구적이고 안정적으로 존재하며 제거가 불가능한 녹조류를 가지고 있다. 이 녹조류는 난자를 통해 다음 세대로 전달된다. 히드라 불가리스Hydra vulgaris와 히드라 아텐투아타Hydra attentuata에도 조류가 들어 있지만 이 조류는 난자를 통해 유전되지는 않는다. 이들 히드라 종에서 "감염은 개체가 쇠약해질 때 일어나며, 조류에 의한 명백한 기생의 표시로 병리학적 증상이 나타난다."[28] 거래의 비영속성은 공생을 불안정하게 하는 경향이 있음을 역시 알 수 있다.

같은 종의 다른 개체들을 식별하는 능력이 부족한 종에서는 식별의 필요성을 감소시키는 기제에 의해 호혜적 협력이 안정될 수 있다. 세력권제territoriality가 이런 역할을 할 수 있다. "안정된 세력권territory(여기서는 특히 텃세권의 의미로서 동물들이 사냥이나 번식을 위해 점유하고 다른 개체의 침입으로부터 지키는 공간을 뜻한다 - 옮긴이)"이라는 말은 두 가지 다른 종류의 상호작용이 있음을 의미한다. 하나는 상호작용의 확률이 높은 이웃 세력권과의 것이고 다른 하나는 미래 상호작용의 확률이 낮은 이방인과의 것이다. 조류 수컷의 경우 서로 노래로 자신의 세력권을 이웃에게 알린다. 이때 이웃이 아닌 낯선 수 컷이 가까이에서 노래하고 번식하고 있으면 훨씬 더 공격적 반응을 보이는데, 이 이론에 부합된다.[29]

세력권과 같은 보충 단서 외의 다른 요인들을 폭넓게 식별할 수 있으면 다양한 종류의 개체들과의 상호교환 협력이 안정될 수 있다. 인간은 주로 얼굴 인식을 중심으로 하는 이런 능력이 잘 발달했다. 이기능이 얼마나 발달했는지는 안면인식장애prosopagnosia라는 뇌질환을 통해 알 수 있다. 정상인은 오랜 세월 형태가 많이 바뀌었어도 얼굴만 보고 사람을 알아볼 수 있다. 안면인식장애가 있는 사람은 이런 연관을 짓지 못하는데, 시야의 일부가 안 보이는 것 외 다른 신경증 증상은 없다. 이 질병과 관련 있는 뇌 부위는 후두골의 기저, 관자놀이의 내부 표면까지 뻗어 있는 부분인 것으로 밝혀졌다. 뇌의 질병 관련 부위와 그 부위의 특정 효과는 얼굴 인식이, 뇌의 상당량을 이임무에 할당할 만큼, 중요한 작업이었음을 말해준다.[30]

상대 경기자를 알아보는 능력이 협력의 범위를 확장하는 데 중요하듯이, 상호작용의 지속 가능성의 단서를 찾아내는 능력은 상호교환 협력이 안정한지 아닌지 감시하는 데 도움이 된다. 특히 미래 상호작용의 상대적 중요도 w가 안정성의 임계수준 이하로 떨어질 때는 상대의 협력에 보답할 가치가 없어진다.[31] 한 경기자가 병에 걸려 생존력이 감소한다면 w가 감소한다는 명백한 신호이다. 그렇게 되면 협력관계의 두 동물은 덜 협력적이 되리라 예측할 수 있다. 상대의 노화는 이런 면에서 질병과 같이 배반의 동기가 된다. 미래 상호작용의 가능성이 어느 정도 이하가 되면 일회성 이득을 취하고 끝내는 것이다.

이런 기제는 미생물 수준에서도 작동한다. 감염을 통해 아직 다른 숙주로 퍼져갈 기회가 있는 공생체는, 기존 숙주와의 상호작용의 지속 가능성이 감소하면 상리공생에서 기생으로 돌변한다. 기생형태가 되면, 공생체는 확산 및 감염 능력이 있는 더 많은 개체들을 생산함으로써 숙주를 더 심각하게 착취할 수 있다. 숙주가 심하게 손상을 입어 생사를 위협하는 완전히 기생적인 다른 감염에 걸리거나 노화의 조짐을 보일 때, 기생형태가 된다. 인간 장내 박테리아는 사실 정상적으로 존재하고 무해하거나 이익이 되지만 심각한 부상으로 장에 구멍이 뚫리면 전신 패혈증을 일으킬 수도 있다.[32] 칸디다 알비칸스 Candida albicans와 같은 피부의 정상 박테리아들도 노약자에게는 침략적이며 위험할 수 있다.

유전체genome의 잠복성 바이러스 때문에 생기는 경우에 한하여, 이 이론은 암의 원인과도 연관이 있다.[33] 이런 종류의 암은 분명히 바이러스가 다음 세대로 전파될 기회가 급격히 떨어지는 연령에서 일어나는 경향이 있다.[34] 버킷림프종Burkitt's lymphoma(아프리카 어린이에 흔한 암 종류 – 옮긴이)을 일으키는 바이러스는 감염 단계에서 느리게 또는 빠르게 증식할 수 있다. 느린 증식은 만성단핵증으로 나타나고 빠른 증식은 급성단핵증 혹은 림프종lymphoma으로 나타난다.[35] 흥미롭게도, 몇몇 증거가 암시하듯 숙주가 말라리아에 걸리면

림프종이 시작될 수 있다. 림프종은 대단히 빠르게 자라나는데, 바이러스는 숙주가 사망하기 전에 다른 숙주로 전파되기 위해 (모기를 매개로 하여) 말라리아 병원균과 경쟁하는 것이다. 두 가지 이상의 병원체에 의해, 혹은 같은 병원체의 다른 계통에 의해 동시 감염된 경우를 볼 때, 상호작용의 지속가능성 이론은 질병이 숙주를 서서히 최대로 착취할 것인가(숙주 입장에서 "만성") 빠르고 치명적으로 착취할 것인가(숙주 입장에서 "급성")의 좀 더 일반적인 문제와 연관이 있다. 한 종류에 의한 감염은 서서히 진행될 것이다. 두 종류에 의한 감염은 요란한 착취가 (보수 함수의 결과처럼) 즉각 일어나거나 혹은 이후 적당한 연령에 이르러 발병할 것이다.[36]

반복적 죄수의 게임 모형은 산모 연령에 따른 특정 모계 유전결함의 증가 사례에도 적용할 수 있다.[37] 이 결함은 다양한 형태의 심각한 기형을 일으키는데, 가장 친숙한 예가 다운증후군이다(21번 염색체가 하나 더 있어서 생긴다). 이것은 어머니 난소에서 한 쌍의 염색체가 정상 분리에 실패한 데서 오는 것으로 이 이론과 연관이 있다. 난자(정자에서는 보통 안 일어난다) 형성 시 세포분열은 비대칭적인 게 특징이며 극으로 가는 염색체(극체라고 한다) 중 운이 나쁜 것은 퇴출된다. 상동염색체는 일반적으로 이배체diploid 생물에서는 지속적으로 협력하므로 이것은 죄수의 딜레마 상황이다. "먼저 배반하는" 염색체는 퇴화되는 극체 대신 난자 핵 속에 들어갈 수 있다. 이후의 세포분열에서도 상동염색체에 의해 비슷한 시도가 있을 것으로 추측할 수 있다. 상동염색체 둘이 동시에 그것을 시도할 경우 자손에서 추가

염색체가 덤으로 생길 수 있다. 여분의 염색체를 가진 개체의 적합성은 일반적으로 극히 낮지만, 극체로 보내진 염색체의 적합성 기여도는 0이다. 따라서 P가 S보다 크다. 이 모형이 작동하려면 성숙하는 한 난자에서의 "배반" 사건이 아직 배란되지 않고 기다리고 있는 난자들에 의해 인지될 수 있어야 한다. 세포분열 동안 염색체가 자기이익 촉진을 위한 행동을 한다는 것, 극체가 아닌 난자 핵 안에 들어가려 한다는 것은 둘 다 순전히 가정이다. 그러나 그 결과는 충분히 있을 법한 것이다. 박테리아의 경우 단 하나의 염색체만 가지고 조건에 따라 복잡한 행동을 할 수 있다. 이 효과를 볼 때, 이 모형은 부모의 연령 증가에 따라 난자의 비정상적 염색체 분리가 급속히 증가하는(정자에서는 그렇지 않다) 이유를 설명해 준다.

이 장에서는 다윈의 개체의 이익에 대한 강조가 게임이론으로 모형화되었다. 이런 모형화는 참가자의 지능 없이도 호혜주의에 입각한 협력이 생물계에서 진화할 수 있다는 조건을 확립해 준다.

제4부

죄수의 딜레마 참가자와 개혁가를 위한 조언

Advice for participants and reformers

제6장

어떻게 효과적으로
선택할 수 있을까

협력의 진화에 지능이 꼭 필요하지는 않지만 도움이 되는 것만은 분명하다. 따라서 이 장과 다음 장은 각기 게임 참가자와 개혁가를 위한 조언에 할애하려 한다.

이 장은 죄수의 딜레마 상황에 놓인 사람들을 위한 조언이다. 죄수의 딜레마 게임을 참가자 개인의 관점에서 볼 때 게임의 목표는 좋은 점수를 얻으려 하는 상대와 일련의 상호과정을 통해 가능한 최고의 점수를 얻는 것이다. 죄수의 딜레마 게임이기 때문에 참가자는 단기적으로는 배반을 하는 게 유리하고 장기적으로는 상대와 상호협력 관계를 형성하는 것이 유리하다. 컴퓨터 대회를 분석하고 이론적 연구를 한 결과, 여러 가지 다양한 조건 속에서 어떤 전략이 효과적인지 그리고 그 이유는 무엇인지 유용한 정보를 얻었다. 이 장의 목적은 여기서 얻어진 발견을 경기자들을 위한 조언으로 번역하는 일이다.

그 조언은 길게 지속되는 반복적 죄수의 딜레마 상황에서 어떻게 하면 좋은 성과를 낼 수 있는지에 대한 네 가지 충고이다.

1. 질투하지 마라.
2. 먼저 배반하지 마라.
3. 협력이든 배반이든 그대로 되갚아라.
4. 너무 영악하게 굴지 마라.

1. 질투하지 마라

사람들은 제로섬 방식의 상호작용을 생각하는 데 익숙해져 있다. 제로섬 방식에서는 누군가 이기면 누군가는 반드시 진다. 예를 들면, 체스 대회가 그렇다. 좋은 성적을 내려면 경기자는 거의 모든 게임에서 상대방보다 잘해야 한다. 백이 이기면 흑은 반드시 진다.

하지만 우리의 삶은 대개 제로섬 방식이 아니다. 일반적으로 양쪽 모두 잘할 수도 있고 양쪽 모두 못할 수도 있다. 서로 협력을 할 수 있는 경우가 종종 있는데도 항상 협력이 이루어지지는 않는다. 죄수의 딜레마가 일상의 모든 다양한 상황들의 유익한 모형이 되는 것은 바로 이런 이유 때문이다.

　나는 종종 학생들을 둘씩 짝지어서 죄수의 딜레마 게임을 수십 차례 연속적으로 시키곤 한다. 게임의 목표는 각자 높은 점수를 얻는 것이라고 알려주고 점수 1점에 1달러씩 번다고 생각하라고 말해준다. 또한 최종적으로 가능한 최대로 많은 "달러"를 버는 게 목표이기 때문에 한 번에 상대보다 약간 더 좋거나 약간 더 나쁜 점수를 얻는 것은 크게 상관이 없다고 말해준다.

　하지만 나의 이런 지침은 전혀 먹히지 않는다. 학생들은 자기가 잘하고 있는지 알고 싶어서 자신의 점수를 비교할 기준을 찾는다. 학생들이 당장 비교할 수 있는 기준은 상대의 점수다. 그렇게 해서 게임이 시작되고 얼마 가지 않아 한 학생이 앞서기 위해서 혹은 최소한 어떻게 되나 보기 위해서 배반을 선택한다. 배반을 당한 상대도 대개 뒤처지지 않으려고 역시 배반을 선택한다. 이렇게 해서 두 사람은 서로 보복을 하는 악순환에 빠져들고 만다. 곧 두 사람은 더 잘할 수도 있었는데 망치고 말았다는 사실을 깨닫는다. 그리고 한 사람이 상호 협력을 회복하려고 시도한다. 하지만 상대방은 이런 시도가 진심에서 우러나온 것인지 아니면 협력을 회복한 뒤에 다시 배반을 선택해서 자신을 이용하려는 것은 아닌지 확신을 가지지 못한다.

　사람들은 당장 눈에 보이는 비교 기준에 의존하는 경향이 있다. 이 기준은 보통 상대방이 거둔 성공이다.[1] 이런 비교는 질투로 이어지게 마련이다. 그리고 질투는 상대방이 거둔 성과를 어떻게든 깎아내리려는 시도로 이어진다. 결국 배반을 하는 수밖에 없다. 하지만 배반은 더 많은 배반을 부르고, 서로 처벌을 받는 결과를 부를 뿐이다. 실투는 스스로를 파괴한다.

상대방과의 비교를 통해 내가 얼마나 잘했는지 따지는 것은 상대방을 쓰러뜨리고 이기는 게 목적이 아닌 이상 좋은 태도가 아니다. 상대방이 얻은 점수는 결코 좋은 비교 대상이 아니다. 대부분의 경우에서 상대방을 쓰러뜨리고 이기겠다는 목적은 달성하기 어려울 뿐만 아니라 매우 비싼 대가를 치러야 하는 갈등만 일으킨다. 상대방을 쓰러뜨리려고 하지는 않더라도, 자신이 얻은 점수를 상대방이 얻은 점수와 비교하는 것은 자기 파멸의 질투로 발전할 소지가 크다. 더 나은 비교 방식은, 다른 사람이 내 입장이 되었을 때 어떤 선택을 할지 생각하는 것이다. 상대방의 전략을 상대로 나는 최선의 선택을 하고 있는가? 다른 사람이라면 더 나은 선택을 하지 않았을까? 이것이 좋은 점수를 낼 수 있는 바람직한 점검 방식이다.●2

팃포탯 프로그램은 컴퓨터 대회에서 우승을 차지했다. 다양한 전략들을 상대로 상호작용을 잘했기 때문이다. 평균으로 보았을 때, 팃포탯은 대회에 참가한 다른 어떤 프로그램보다 높은 점수를 기록했다. 하지만 팃포탯은 참가 프로그램들과 대전을 하면서 단 한 차례도 상대방보다 좋은 점수를 얻은 적이 없다! 사실 그럴 수가 없다. 상대방이 먼저 배반하게 하고, 상대보다 더 많이 배반하지 않기 때문이다. 그러므로 팃포탯의 점수는 매 수에서 상대방과 같거나 상대방보다 약간 적을 수밖에 없다. 팃포탯이 우승을 한 것은 상대방을 무찔러서가 아니라 함께 좋은 점수를 얻을 수 있는 행동을 상대방으로부터 이

협력의 진화

끌어냈기 때문이다. 팃포탯 전략은 처음부터 끝까지 언제나 함께 높은 점수를 얻도록 상대를 유도함으로써 다른 어떤 전략보다 높은 총점을 기록할 수 있었다.

그러므로 비제로섬의 원리가 작동하는 이 세상에서 전체적으로 좋은 성과를 올리기 위해서는, 매 게임마다 상대방보다 잘해야 할 필요는 없다. 매우 다양한 사람들과 수많은 상호작용을 해야 하는 경우라면 더욱더 그렇다. 내가 주의해서 잘하는 한, 각 상대들이 나와 같거나 조금 높은 점수를 얻도록 내버려두어도 좋다. 상대방이 거둔 성공을 질투해서 얻는 것은 아무것도 없다. 오랜 기간 반복되는 죄수의 딜레마 게임에서는 상대방의 성공이 사실상 내가 성공을 거두기 위한 전제조건이다.

국회의원들 사이의 관계가 좋은 예가 될 수 있다. 국회의원들은 다른 지역구에 있는 상대 국회의원의 입지를 위협하지 않으면서도 서로 협력할 수 있다. 국회의원에게 가장 큰 위협은 다른 지역구 국회의원이 잘 되는 것이 아니라 자신의 지역구에 강력한 경쟁자가 나타나 도전하는 것이다. 그러므로 상호협력을 통해 다른 국회의원이 큰 성공을 거두었다고 해서 이를 시기할 이유는 전혀 없다.

기업의 경우도 마찬가지다. 공급업체에서 물건을 사는 회사의 경우, 두 회사가 좋은 협력 관계를 맺을 때 함께 높은 수익을 올릴 수 있다. 공급처가 많은 돈을 벌었다고 해서 이를 시기할 이유는 전혀 없다. 만일 대금 결제를 제때 해주지 않는 식으로 공급처의 수익을 깎아내린다면, 공급처는 당장 보복 자세를 취할 것이다. 보복은 여러 가지 방식으로 나타날 수 있는데, 직접석으로 보복 행위로 보이지 않는다. 공급처는 배달을 지연시키거나, 품질 관리를 허술히 하거나, 대량 구매 시 할인에 인색하거나, 혹은 시장 조건의 변화와 관련된 정보를 적시에 제공하지 않는 등의 방식으로 보복할 것이다.[3] 질투는 보복이라는 매우 비싼 대가를 치르게 한다. 공급처가 올리는 수익에 배 아파할 게 아니라 더 나은 구매 전략이 없는지를 고민하는 것이 더 바람직하다.

2. 먼저 배반하지 마라

컴퓨터 대회와 이론적인 연구를 통해서 얻은 결론은, 상대방이 협력적인 한 협력을 선택하는 것이 유리하다는 것이다.

2장에서 살펴본 컴퓨터 대회의 결과는 충격 그 자체다. 어떤 전략이 좋은 성적을 낼지 예측할 수 있는 기준을 단 하나 꼽는다면, 그것은 바로 그 전략이 신사적이냐 아니냐, 다시 말해서 상대보다 먼저 배반을 하느냐의 여부이다. 1차 대회에서 상위 8등까지에 든 프로그램은 모두 신사적이었고 최하위 7개 프로그램 중에 신사적인 것은 하나도 없었다. 2차 대회에서는 하나만 빼고(이것은 8등을 했다) 상위 15개 프로그램 모두 신사적이었다. 그리고 하나만 빼고 최하위 15개 프로그램 모두 비신사적이었다.

신사적이지 않은 프로그램들 가운데 몇몇은 상대가 어떻게 나오는지 살피는 매우 세련된 방법을 시도했다. 예를 들어서 테스터는 먼저 배반을 해보고, 상대방이 곧바로 보복을 해오면 즉시 뒤로 물러섰다. 또 하나의 예로, **트랜퀼라이저**는 일단 수십 게임 동안 협력을 하며 기다렸다가 슬쩍 배반을 해서 상대의 대응이 물렁한지 살펴본다. 상대가 가끔 이용당해도 적당히 넘어가면 계속 배반을 하며, 배반의 간격을 점차 좁혀 가다가 드디어 상대가 강하게 나오면 뒤로 물러섰다. 하지만 시험적으로 먼저 배반을 선택하는 이 두 프로그램 모두 특별히 좋은 성적을 얻지 못했다. 배반에 대해서 즉각적으로 보복에 나섬으로써 결코 이용당하지 않으려는 프로그램이 너무도 많았기 때문이다. 배반에 의해 발생하는 갈등의 대가는 종종 혹독했다.

심지어 전문가들조차도 신사적인 방식을 택함으로써 불필요한 갈등을 피하는 게 얼마나 중요한지 깨닫지 못하고 있었다. 1차 대회의 경우, 게임이론 전문가들이 낸 프로그램의 거의 반이 신사적이지 않았다. 그리고 2차 대회에서도, 1차 대회의 상세한 결과를 참고할 수 있었는데도, 전체 프로그램의 약 3분의 1이 신사적이지 않아 별로 성공적이지 못했다.

3장에서 이론적으로 살펴본 결과 왜 신사적인 전략이 좋은 성과를 올리는지 분명하게 드러났다. 신사적인 전략이 모여 있는 집단은 비신사적 전략이 침범하기 가장 어려운 형태의 집단이다. 신사적인 전략들끼리 워낙 좋은 성과를 올리고 있기 때문이다. 돌연변이 전략을 가진 한 개체의 침범을 막을 수 있는 신사적인 전략 집단은 다른 어떤 전략들이 무리를 지어서 들어오더라도 이겨낼 수 있다(본문 100쪽 참조).

이론적 연구로부터 신사적인 전략을 구사할 때 누릴 수 있는 장점들이 무엇인지 밝혀졌다. 지금 배반을 해서 당장 얻을 수 있는 이득에 비해 상호작용의 미래가 그다지 중요하지 않다면, 상대방이 배반할 때까지 기다릴 필요가 없다. 팃포탯은, 각각의 선택에 따른 결과로 얻을 수 있는 보수인 T(유혹), R(보상), P(처벌), S(머저리)에 비해 할인계수 w가 충분히 클 때만 안정적인 전략이라는 사실을 명심해야 한다. 특히 명제 2는 만일 할인계수가 충분히 높지 않고 상대방이 팃포탯 전략을 쓰고 있다면 배반과 협력을 번갈아 하거나 아니면 심지어 내리 배반만 하는 것도 유리하다는 사실을 보여준다. 그러므로 나중에 다시 상대를 만날 것 같지 않으면 배반하는 편이 신사적인 것보다 이득이다.

이는 여기저기 옮겨다니는 것으로 알려진 집단은 불리함을 암시한다. 한 인류학자는, 집시는 골치 아픈 일이 생길 것을 알고 집시 아닌 사람을 만나고, 집시가 아닌 사람은 집시가 표리부동할 것을 의심하면서 집시를 만난다는 사실을 밝혀냈다.

예를 들어, 집시가 한 의사에게 아기가 많이 아프니 와달라는 요청을 했다. 여러 의사들에게 부탁했지만 모두 거절당하고 이 의사만 기꺼이 응해주었다. 환자가 있는 방으로 의사가 안내되었다. 그런데 방문 앞에서 걸음을 멈추고 그가 이렇게 말했다. "왕진료는

15달러요. 그리고 지난 번 왕진으로 나한테 5달러 빚진 게 있으니까, 지금 당장 20달러를 주시오. 그러면 아기를 봐주겠소." 그러자 집시는 의사에게 약속했다. "네, 네, 돈 가져올게요. 일단 아기부터 봐주세요." 몇 차례 실랑이가 오가고, 마침내 내가 끼어들었다. 그래서 10달러가 의사에게 건네졌고, 의사가 환자를 진찰했다. 나중에 안 사실인데, 이 집시는 복수로 나머지 10달러를 절대 갚지 않을 요량이었다.[4]

캘리포니아의 한 지역에서는 집시들이 지방 정부가 부과하는 벌금은 기한 내 '모두' 납부하면서 의사의 청구서는 하나도 지불하지 않는 것으로 드러났다.[5] 벌금은 주로 쓰레기 관련 법규를 위반해서 부과된 것이었다. 이 집시들은 다른 곳에 살다가 해마다 겨울이 되면 그 지역으로 돌아오곤 했다. 그들은 그 지역 쓰레기 수거업체와는 앞으로도 계속해서 관계를 맺고 살아야 하고, 그 업체 말고 다른 업체를 구할 길도 없었다. 하지만 의사들은 많았기 때문에 한 의사와 관계가 깨지면 언제든지 새 의사를 만날 수 있었다.[6]

먼저 배반하는 것이 유리한 경우는 관계가 짧을 때뿐이 아니다. 상대방이 나의 협력에 협력으로 갚지 않을 때도 그렇다. 주위 사람이 모두 항상 배반하는 전략을 쓴다면, 혼자 신사적으로 굴어봐야 손해만 본다. 이럴 때는 나도 같이 항상 배반 전략을 쓰는 게 최선이다. 하지만 3장에서 살펴보았듯이, 아주 적은 비율이라도 **팃포탯**과 같이 협력을 갚을 줄 아는 전략을 쓰는 사람과 상호작용할 수 있다면, 주위에서 모두가 항시 배반 전략을 쓰더라도, 나는 팃포탯 전략을 쓰는 게 더 유리하다. 3장에서 제시된 수치대로, 팃포탯 전략과 상호작용을 하는 비율이 전체 상호작용 가운데서 5퍼센트만 되어도 항상 배반을 선택하는 사람보다 더 나은 성과를 올릴 수 있다.[•7]

먼저 협력을 선택한다 하더라도 협력으로 보답할 누군가가 과연 있을까? 이 질문에 대한 답을 미리 알기 어려운 상황도 있을 것이다. 하지만 많은 전략들을 다 시도해 볼 만큼, 또 더 성공적인 전략을 쓰는 사람이 더 많아질 만큼 많은 시간이 지났다면, 협력을 선택할 때 협력으로 보답하는 상대가 반드시 있게 마련이다. 서로 알아보고 자기들끼리 상호작용하는 신사적 전략을 쓰는 사람들의 무리가 아주 작더라도 언제나 배반하는 비열한들의 집단을 침범할 수 있고, 서로 좋은 성적을 내며 그 집단에서 자리 잡을 수 있기 때문이다. 그리고 일단 자리를 잡고 나면 비열한들의 재도전도 충분히 이겨낼 수 있다.

물론, 계속해서 배반하면서 기다리다가 상대방이 협력하면 그때부터 협력을 시작하는 "안전 제일주의"를 시도해 볼 수도 있다. 하지만 컴퓨터 대회의 결과를 보면, 이것은 매우 위험한 전략이다. 내가 배반을 시작한 순간 상대방도 보복을 시작할 것이기 때문이다. 이 경우 양쪽이 모두 상호배반의 초기 양상에서 벗어나기 어렵다. 상대방의 보복에 대해서 내가 보복을 하면 상대방 역시 보복을 하고, 이런 식으로 보복의 메아리가 미래로 퍼져가게 된다. 그렇다고 상대의 배반을 용서한다면, 상대가 나를 쉽게 이용할 수 있는 상대로 얕볼 위험이 있다. 혹시 이런 장기적인 문제를 어떻게 피해갈 수 있더라도, 나의 첫 배반에 대한 상대의 즉각적 보복 때문에 처음부터 신사적으로 나가지 않은 것을 후회하게 될 것이다.

생태학적 분석의 결과는 먼저 배반을 하는 것이 위험한 이유를 밝혀주었다. 해링턴은 2차 대회에서 신사적이지 않은 전략으로 8등을 차지하면서 유일하게 상위 15등 안에 든 프로그램이었다. 이 전략이 제법 괜찮은 성적을 올린 것은 하위 프로그램들을 상대로 좋은 점수를 얻었기 때문이다. 하지만 가상 대회를 계속 반복하자 하위 프로그램들은 점차 도태되었다. 그러자 이들을 상대로 좋은 점수를 얻었던 비신사적인 프로그램들 역시 점차 성적이 떨어지다가 결국 사라졌다. 따라서 생태학적 분석에 의하면, 그 자체가 성적이 좋지 못한 전략과 대적하여 좋은 성적을 내는 전략은 자기 파멸의 길을 걸어갈 뿐이다. 여기에서 얻을 수 있는 교훈은, 신사적이지 않은 전략은 처음에는 전도유망해 보이지만 장기적으로는 자기 성공에 필요한 환경을 스스로 파괴하여 결국 몰락하고 만다는 것이다.

3. 협력이든 배반이든 그대로 되갚아라

팃포탯 전략의 비상한 성공은 단순하지만 설득력 있는 교훈을 준다. 받은 대로 되갚아 주라. 팃포탯 전략은 맨 처음 게임에서 협력을 하고 그다음 수부터는 상대방이 전 게임에서 선택한 대로 똑같이 선택한다. 이 간단한 원칙은 굉장히 강력하다. 팃포탯은 컴퓨터 죄수의 딜레마 1차 대회에서 게임이론 전문가들이 제출한 다른 어떤 프로그램보다 높은 평균 점수로 우승하였다. 그리고 이 1차 대회의 결과가 공표된 이후에 치러진 2차 대회에서도 역시 우승을 차지했다. 2차 대회의 우승은 특히 놀라웠다. 1차 대회의 결과를 보고 누구든 팃포탯을 다시 제출할 수 있었기 때문이다. 그러나 모두들 팃포탯보다 더 잘할 수 있다고 믿었던 것 같다. 그들의 생각은 완전히 빗나갔다.

팃포탯은 두 대회에서 우승했을 뿐만 아니라 가상 대회에서도 어떤 전략보다 좋은 성적을 올렸다. 이것은 팃포탯 전략이 초기의 다양한 수많은 전략을 상대로 좋은 성과를 올릴 뿐만 아니라, 미래에 그 수가 더 많아질 것으로 예상되는 성공적인 전략들을 상대로도 좋은 성과를 올린다는 의미이다. 팃포탯은 자기 성공의 발판을 파괴하지 않는다. 그 반대로, 다른 성공적인 전략들하고 어울려 상호작용함으로써 번성한다.

팃포탯에 구현된 호혜주의는 이론적으로 봐도 좋은 원칙이다. 현재와 비교해 미래가 충분히 중요할 때 팃포탯 전략은 총체적으로 안정적이다. 모든 사람이 팃포탯 전략을 쓴다면 당신도 팃포탯 전략을 쓰라는 조언보다 더 나은 조언은 없다는 뜻이다. 달리 표현하자면, 상대방이 팃포탯 전략을 구사하며 또한 상대방과의 상호작용이 충분히 오래 지속될 것이라고 확신한다면, 당신도 팃포탯 전략을 쓰라는 말이다. 하지만 팃포탯 전략의 호혜주의의 진짜 가치는, 다양한 전략들이 뒤섞인 어떤 환경에서도 좋은 성과를 낸다는 데 있다.

사실 **팃포탯** 전략은 자기가 먼저 선택한 협력에 협력으로 되갚아 오는 전략과 그렇지 않은 전략을 매우 잘 구별한다. 3장에서 소개된 측면에서 볼 때 이 전략은 가장 판별력이 있는 전략이다(본문 99~100쪽 참조). 또한 명제 6에서 증명되었듯이 이 전략은 소규모 무리만으로도 비열한들의 세상에 침범할 수 있다. 게다가 **팃포탯**은 협력뿐만 아니라 배반도 참지 않고 받은 대로 돌려준다. 명제 4는 **팃포탯**과 같은 신사적인 전략이 비신사적 전략의 침범을 막아내려면 단호한 응징을 가할 수 있어야 함을 의미한다.

팃포탯 전략은 상대의 배반에 대해 처벌과 용서의 균형을 적절하게 조절한다. 상대방이 한 차례 배반을 하면 자기도 정확하게 한 차례만 배반한다. **팃포탯**은 그렇게 해서 대회에서 좋은 성적을 거두었다. 이런 사실은, 그렇다면 언제나 정확하게 일 대 일로 대응하는 것이 가장 효과적인 비율인가하는 의문이 들게 한다. 이에 답하기는 쉽지 않은데, **팃포탯**과 약간 다른 비율로 대응하는 전략이 대회에 참가하지 않았기 때문이다. 아무튼 분명한 것은, 상대방이 한 차례 배반을 했을 때 두 차례 이상 배반하는 것은 자칫 끝없는 보복으로 이어질 위험이 있다는 사실이다. 반면에, 한 차례 미만으로 응징하면 상대방으로부터 이용을 당할 위험이 높아진다.

팃포투탯은 상대방이 이전 두 수에서 연속으로 배반했을 경우에만 배반을 하는 규칙이다. 즉, 두 번 배반을 한 번의 배반으로 갚아 주는 일 대 이의 비율이다. **팃포탯**에 비해 상대적으로 더 관용적인 이 규칙이 1차 대회에 참가했더라면 우승을 차지했을지도 모른다. 이 프로그램은 **틋포탯**조차도 성가셔한 몇몇 규칙들을 상대로도 좋은 성적을 냈을지 모른다. 그런데 2차 대회에 실제로 이 프로그램이 참가했지만 상위 3등 안에도 들지 못했다. 2차 대회에 참가한 프로그램 가운데 드문드문 딱 한 번씩 하는 배반은 용서해 주는 **틋포투탯**의 관용성을 이용해 득을 보는 프로그램들이 있었기 때문이다.

여기에서 얻는 교훈은, 용서의 적정 수준은 환경에 따라 결정된다는 사실이다. 특히 서로 끊임없이 반복해서 보복을 하는 악순환이 주된 위험 요소일 경우에는 보다 큰 관용성이 필요하다. 하지만 만일 상대방으로부터의 이용과 착취가 주된 위험 요소일 경우에는 지나친 관용은 손해다. 특정 환경에 맞는 적당한 수준의 용서를 정확하게 결정하기는 어렵지만, 컴퓨터 대회로 치른 죄수의 딜레마 게임 대회의 결과를 보면, 한 번 배반했을 때 한 차례만 응징을 하는 일 대 일 비율이 폭넓은 범위의 환경에서 두루 적당한 것 같다. 그러므로, 협력뿐만 아니라 배반도 그대로 되돌려 주라는 말은 죄수의 딜레마 게임 참가자에게 매우 중요한 충고라고 할 수 있다.

4. 너무 영악하게 굴지 마라

컴퓨터 대회의 결과는 죄수의 딜레마 상황에서 너무 영악하면 손해임을 보여준다. 정교하고 복잡한 규칙이 단순한 규칙보다 더 잘했는가 하면, 그렇지 않았다. 사실 소위 성과 극대화 전략들은 좋은 성적을 내지 못했다. 상호배반의 고리에 쉽게 갇혀버렸기 때문이다. 이런 규칙들이 공통적으로 안고 있는 문제는, 상대방에 대한 추론 방식이 너무 복잡하다는 것이다(이런 추론들은 결국 다 틀렸다). 예를 들어 상대가 시험 삼아 한번 해본 배반을 보고, 상대방이 협력으로 이끌어내기 불가능한 상대라고 결론 내려버렸다. 그러나 성과를 극대화하려는 전략들의 정말 큰 문제는 '자신'의 행동이 상대방의 선택을 바꾸어놓을 수도 있음을 고려하지 않았다는 것이다.

아침에 집을 나서면서 우산을 들고 갈지 말지를 결정할 때, 하늘에 낀 구름이 우리의 행동에 영향을 받아 바뀌면 어쩌나 걱정할 필요는 없다. 과거의 경험을 바탕으로 해서 비가 올 확률을 계산하기만 하면 된다. 체스와 같은 제로섬 게임에서는 상대방이 당연히 나를 이기기 위한 최강수를 찾아서 둘 것이라고 가정하면 틀림없고 그에 따라 응수해나간다. 그러므로 이런 상황에서는 가능한 한 세밀하고 정확하게 계산할 필요가 있다.

하지만 죄수의 딜레마 게임과 같은 비제로섬 게임에서는 그렇지 않다. 상대 경기자는 구름이 아니며 우리의 선택에 따라 변할 수 있다. 죄수의 딜레마 게임을 함께 하는 상대방이 당신을 이기려고 혈안이 된 사람이라고 생각해서는 안 된다. 상대방은 당신이 협력을 협력으로 갚는지 당신의 행동을 주의 깊게 보고 있다. 그러므로 당신의 행동은 메아리가 되어 당신에게 돌아오게 된다.

상대방을 고정된 환경의 한 요소로 생각하고 자기 점수를 최대로 올리려고만 하는 성과 극대화 전략은, 제한된 가정 아래 계산하는 데는 뛰어나지만 상호작용의 효과는 무시한다. 그러므로 상대를 아무리 영악하게 파악할 줄 안다 해도 소용이 없다. 상대가 나에게 적응하고, 나는 다시 상대에게 적응하고, 상대가 다시 나에게 적응하고, 이런 식의 반복순환 과정을 통해 상황이 계속 변하기 때문이다. 성공의 길은, 당장 이기지 않더라도 희망을 가지고 따라가야 하는 어려운 길이다. 아닌 게 아니라 두 차례에 걸친 컴퓨터 대회에서 제법 복잡한 규칙치고 좋은 성적을 거둔 것은 하나도 없었다.

다른 식으로 지나치게 영악한 전략으로 "영원한 복수"가 있다. 이 전략은 상대방이 협력을 하는 한 협력을 하지만, 상대방이 일단 한 번이라도 배반을 하면 용서를 하지 않고 두 번 다시 그하고는 협력하지 않는다. 이 규칙 역시 신사적이기 때문에 다른 신사적인 규칙과 만나서 좋은 점수를 얻는다. 협력에 별로 반응하지 않는 규칙, 즉 완전히 무작위로 선택하는 랜덤 같은 규칙을 상대로도 좋은 점수를 얻는다. 그러나 이 밖의 다른 규칙을 상대로 할 때는 성적이 좋지 않다. 가끔 한 번씩 배반을 시도하는 규칙을 너무 일찍 포기해 버리기 때문이다. 영원한 복수는 상대가 배반할 수 없게 하는 최대의 동기를 주므로 똑똑해 보일 수도 있다. 하지만 자신에게 돌아오는 이득은 형편없다.

대회에서 지나치게 영악했던 전략이 하나 더 있다. 이 전략은 너무 복잡한 확률 계산을 하여, 상대방이 이 전략을 무작위적인 전략과 구분할 수 없게 만들었다. 다시 말하자면, 너무 복잡하면 완전히 무작위로 선택하는 것으로 보일 수 있다. 무작위로 선택하는 것으로 보인다면 협력에 반응하지 않는 것으로 보인다는 뜻이다. 내가 협력에 반응하지 않는다면 상대는 나와 협력을 할 동기가 없어진다. 그러므로 파악하기 어려울 정도로 복잡한 전략을 쓰는 것은 매우 위험하다.

물론 현실에서 사람들은 왜 그렇게 복잡한 전략을 선택했는지 상대방에게 설명할 수 있다. 그래도 문제는 남아 있다. 설명하는 이유가 너무 복잡해지면 상대방은 이것을 임시방편으로 지어낸 말은 아닌지 미심쩍어할 수 있다. 이런 상황이라면 상대방은 내가 정말 협력에 반응하는 상대인지 의심할 것이다. 그리고 예측할 수 없는 전략은 바꿔나갈 수 없는 전략으로 간주해 버릴 것이다. 이 경우에 상대방이 내리는 선택은 배반일 수밖에 없다.

팃포탯 전략이 놀라운 성적을 거둔 다른 이유로, 이 전략이 가진 단순성을 들 수 있다. 팃포탯 전략은 상대가 대번에 파악할 수 있다. 내가 팃포탯 전략을 쓰는 것을 보면 상대 경기자는 내가 어떤 규칙을 따르는지 명백히 이해하게 된다. 그래서 내가 어떤 배반에도 반드시 일대 일로 대응한다는 사실도 숙지하게 된다. 즉 상대는 자신의 선택에 따라서 내가 어떤 대응을 할지 확신할 수 있다. 그러면 팃포탯 전략을 다루는 제일 좋은 방법은 그와 협력하는 것임을 곧 깨닫게 된다. 전체게임이 적어도 한 게임 더 진행될 것이 분명하다면, 팃포탯 전략을 만났을 때는 지금 게임에서 협력을 하여 바로 다음 게임에서 협력에 대한 보상을 얻는 것보다 더 좋은 방법은 없다.

다시 강조하자면, 체스와 같은 제로섬 게임과 죄수의 딜레마 게임과 같은 비제로섬 게임 사이에는 중요한 차이가 있다. 체스에서는 상대방이 나의 의도를 알지 못하게 만드는 게 유리하다. 상대방이 확신이 없으면 없을수록 그의 전략의 효과는 떨어진다. 상대방의 행동이 비효과적일 때 자기가 유리해지는 제로섬 게임에서는 자기의 의도를 숨기는 게 유리하다. 하지만 비제로섬 게임에서는 그렇게 영악하게 군다고 항상 유리하지는 않다. 죄수의 딜레마 게임이 반복될 때는 상대방이 협력해 줘야 내가 잘될 수 있다. 협력을 격려하고 유도하는 것이 핵심이다. 이렇게 하는 좋은 방법은, 상대방이 하는 대로 나도 그대로 되갚는다는 사실을 분명하게 드러내는 것이다. 여기에 말로 하는 설명이 도움이 될 수 있다. 하지만 누구나 다 알고 있듯이 백 마디 말보다 한 번의 행동이 훨씬 더 효과적이다. 이게 바로, 상대방이 쉽게 이해할 수 있는 팃포탯 전략이 그처럼 막강한 이유다.

제 7 장

어떻게 협력을
증진시킬 수 있을까

이 장에서는 개혁가의 관점에서 이야기하고자 한다. 경기자들 사이에 협력을 장려하려면 전략의 환경 자체를 어떻게 바꾸어야 하는가를 다룬다. 6장에서는 이와는 관점이 전혀 달랐다. '주어진' 특정환경에 처한 개인에게 어떤 조언을 할 것인가가 관건이었다. 조언은 대부분, 개인들 사이의 상호작용이 충분히 일어날 수 있는 환경이라면 이기적 개인이 단기적으로는 협력하지 않을 동기가 충분하더라도 이기심을 버리고 상대방과 협력해야 하는 이유들을 들었다. 상호작용이 별로 지속적이지 않다면, 이기주의자들은 단기적인 이득을 좇아서 배반을 하는 게 이득이다. 그러나 이 장에서는 전략의 환경을 고정된 것으로 설정하지 않는다. 대신, 전략의 환경 자체를 바꿈으로써, 예를 들면 미래가 현재에 드리우는 그림자를 확대힘으로써, 협력을 어떻게 장려할 수 있는가를 다룬다.

사람들은 보통 협력을 선한 것으로 여긴다. 게임 참가자의 관점에서 볼 때 이것은 자연스러운 생각이다. 어쨌든 상호협력은 죄수의 딜레마 경기자 두 사람 모두에게 좋다. 따라서 이 장은 어떻게 해야 협력을 증진시킬 수 있는가에 대해 쓰려 한다. 물론 앞에서도 말했듯이 협력을 장려가 아니라 억제하고 싶은 상황도 존재한다. 시장에서 독과점 가격이 형성되지 않도록 한다거나 잠재적인 적들이 공조체제를 만들지 못하게 하고 싶은 경우에는 협력을 증진하는 방법을 뒤집어서 정반대로 하면 된다.

죄수의 딜레마는 그 이름 그대로의 상황에서 유래한다. 원래 이야기는 이렇다. 공범 관계의 용의자 두 명이 체포되어 각기 따로 심문을 받는다. 각 용의자는 죄를 자백하면 가벼운 처벌을 받을 거라는 기대로 상대를 배반할 수 있다. 하지만 두 사람이 모두 자백을 하면 자백의 가치가 떨어진다. 한편 두 사람이 자백을 거부하면서 서로 협력하면 검사는 경범죄로밖에 처벌을 할 수가 없다. 그런데 이 두 사람 모두 상대를 배반하고 밀고하는 데 대한 양심의 가책이나 두려움을 가지고 있지않다면 죄수의 딜레마를 형성하는 보수들이 성립된다.[1] 사회를 위해서는 이 두 범죄자가 동일한 상황에서 곧 다시 체포될 가능성이 적어서 다행인데, 그것이 바로 서로 밀고하는 것이 두 사람 모두에게 유리한 이유이기도 하다.

상호작용이 반복되지 않는다면 협력이 일어나기 힘들다. 그렇기 때문에 협력을 증진시키는 중요한 방법은 두 사람이 나중에 다시 만날 수 있게 하고, 다시 만났을 때 서로 알아볼 수 있게 하고, 또 과거에 서로에게 어떤 행동을 했는지 기억할 수 있도록 조정하는 것이다. 이처럼 계속적으로 이어지는 상호작용은 호혜주의에 입각한 협력이 안정적으로 자리를 잡게 해 준다. 이런 상호협력을 어떻게 증진할지에 대한 조언을 세 가지 범주에서 제안한다. 첫째, 현재와 비교해 미래를 더 중요하게 만들 것, 둘째, 네 가지 가능한 결과에 대한 보수의 크기를 바꿀 것, 셋째, 협력을 증진시킬 수 있는 가치관과 그에 대한 사실과 요령들을 가르칠 것.

1. 현재에 드리우는 미래의 그림자를 확대하라

현재와 비교해 미래가 충분히 중요하다면 상호협력은 안정적이다. 보복의 효과가 나타날 만큼 상호작용하는 기간이 충분히 길다면 보복이 상당한 효과를 발휘할 수 있기 때문이다. 이 과정이 어떻게 작동하는지 수치와 수식을 통한 예를 들어보면, 미래의 그림자를 확대할 수 있는 대안들을 정리할 수 있다.

앞에서처럼, 다음 게임에서 받을 수 있는 보수는 현재 게임에서 받을 수 있는 보수에서 일정한 비율로 감소한다고 하자. 이 할인계수 w에는 미래가 대체로 현재보다 덜 중요한 이유 두 가지가 반영되어 있다. 하나는, 상호작용이 언제 중단될지 모른다는 것이다. 경기사 가운데 한 사람이 죽거나 파산하거나 멀리 이사를 가거나 혹은 다른 이유로 해서 두 사람 사이의 관계가 끝날 수 있는데, 이런 가능성을 미리 정확하게 예측할 수가 없기 때문에 다음 게임은 언제나 현재 게임보다 덜 중요할 수밖에 없다. 다음 게임은 없을 수도 있다. 미래가 현재보다 덜 중요한 또 하나의 이유는, 사람들은 보통 어떤 이득이 있을 때 오늘 당장 받기를 원하지 내일까지 기다렸다가 받기를 원하지는 않는다는 사실이다. 이 두 가지 이유가 한데 얽혀 작동함으로써 다음 게임은 현재 게임보다 덜 중요하게 된다.

수치로 이것을 표현하자면 앞서 나왔던 반복적 죄수의 딜레마의 보수들을 예로 들 수 있다. 상대방의 협력에 배반으로 대응하여 얻는 보수 T는 5점, 상호협력의 보수 R은 3점, 상호배반의 보수 P는 1점, 상대방의 배반에 협력으로 대응하여 얻는 보수 S는 0점이다. 그리고 다음 게임은 이번 게임에 비해서 90퍼센트 중요하다고 하자. 즉, 할인계수 $w = 0.9$이다. 이럴 경우 상대방이 팃포탯 전략을 쓰는데 배반을 하면 이득이 되지 않는다. 여기에서는 w가 충분히 크기 때문에 명제 2에 의해 팃포탯 전략은 총체적으로 안정하다. 하지만 어떻게 해서 이렇게 되는지 다시 계산을 해보자. 팃포탯 전략을 만났을 때 단 한 차례도 배반을 하지 않으면 얻을 수 있는 보수는 한 게임에 R 점씩이다. 그러므로 총점은 $R + wR + w^2R + \cdots$ 이고 이것은 $R/(1-w)$이다. 여기서 $R = 3$이고 $w = 0.9$이므로 총점은 30점이 된다.

이보다 더 잘할 수는 없다. 만일 내가 언제나 배반을 한다면, 배반의 유혹에 따른 보수 T 5점을 첫 게임에서 얻는다. 하지만 그 뒤로는 계속해서 상호배반에 대한 처벌 보수 P 1점씩밖에 얻지 못한다. 이 경우에 얻는 총점은 14점이 된다.[2] 이 14점은 협력을 했을 때 얻는 점수인 30점보다 낮다. 협력과 배반을 번갈아 가면서 선택하여, 나 역시 번갈아 이용당하는 대가를 치르면서, **팃포탯**을 계속 이용할 수 도 있는데 이때 얻을 수 있는 총점은 26.3점이다.[3] 이 점수는 언제 나 배반을 할 때 얻는 점수인 14점보다는 높지만 팃포탯과 언제나 협 력할 때 얻는 30점보다는 낮다. 명제 2에 따르면, **팃포탯** 전략을 상대 할 때 이 두 전략이 상호협력보다 성적이 좋지 않다면 어떤 전략도 더 나을 수 없다. 미래가 할인계수 90퍼센트라는 높은 비율로 현재에 커다란 그림자를 드리울 때는 **팃포탯** 전략을 구사하는 사람과는 협 력을 하는 게 유리하다는 뜻이다. 즉, 미래의 그림자가 클 경우 호혜 주의에 바탕을 둔 협력은 안정적이다.

미래의 그림자가 그다지 크지 않으면 상황은 전혀 달라진다. 이것 을 보기 위해서 할인계수를 90퍼센트에서 30퍼센트로 낮춰보자. 할 인계수가 낮아지는 이유는, 두 참가자 사이의 상호작용이 곧 끝날 것 같거나 혹은 미래에 얻을 수 있는 이득보다 현재 얻을 수 있는 이득 이 월등히 매력적이거나 혹은 이 두 요인이 한데 합쳐졌기 때문일 수 도 있다. 상대 역시 **팃포탯** 전략을 구사한다고 하자. 팃포탯에게 협력 하면, 나는 이전처럼 매 게임마다 보수 R을 얻을 것이고 총점은 역시 앞에서처럼 $R/(1-w)$가 될 것이다. 그러나 w가 훨씬 낮아진 0.3이기 때문에 총점을 계산하면 4.3점밖에 안 된다. 이보다 더 좋은 점수를 얻을 수 있을까? 항상 배반을 하면 첫 게임에서 5점을 얻고 그다음부터는 계속해서 1점씩을 얻어 총점 5.4점이 되는데, 이는 신사적으로 협력했을 때의 4.3점보다 더 높다. 그리고 협력과 배반을 번갈아 하면 이보다 더 높은 6.2점을 얻을 수 있다. 이처럼 미래의 그림자가 작아질수록 상대방이 아무리 나의 협력에 협력으로 보답하더라도, 상대에게 협력하여 얻을 수 있는 몫은 줄어든다.

내가 상대방에게 협력하는 게 유리하지 않다면, 상대방 역시 나에게 협력하는 게 이득이 안 된다. 그러므로 할인계수가 충분히 높지 않을 때는 협력이 빠르게 사라져간다. 이런 결론은 팃포탯을 사용할 때만 나오는 결론이 아니다. 3장에서 소개한 명제 3(본문 93쪽)이, 먼저 협력할 수 있는 '모든' 전략은, 오직 할인계수가 충분히 클 때에만 안정하다고 규정하기 때문이다. 이 명제를 뒤집어서 말하면, 현재와 비교해서 미래가 충분히 중요하지 않을 때는 '어떤' 형태의 협력도 안정적이지 않다는 뜻이다.

이 결론은 협력을 장려하기 위한 첫 번째 방법, 즉 미래의 그림자를 확대하는 것의 중요성을 강조한다. 이를 위한 두 가지 방법이 있다. 상호작용이 보다 오래 계속되도록 하는 것과 서로 더 자주 만나도록 하는 것이다.

협력을 장려할 수 있는 가장 직접적인 방법은 상호작용을 오래 지속시키는 것이다. 예를 들어서, 결혼식은 신랑과 신부 사이의 관계를 축하하는 한편 오래 지속되게 하기 위해 고안된 공식 행사다. 상호작용의 지속성은 연인 관계뿐만 아니라 적대적 관계에서도 도움이 된다. 이에 관한 가장 좋은 예가 바로 1차 세계대전 때의 참호전에서 나타났던 공존공영 시스템이다. 4장에서 살펴보았듯이 참호전에서 서로 대치하는 소부대 병력은 상당한 기간 동안 어쩔 수 없이 얼굴을 맞대고 상호작용을 해야 했다. 즉, 이들은 각자 서로의 관계가 오래 지속될 것을 알았다. 한동안 이동 배치가 없었기 때문이다. 이에 비해 이동성이 보다 강한 전투에서는 소부대는 늘 새로운 적을 만나게 되고, 그때마다 치열한 교전을 벌인다. 상대방이 협력해 줄 것을 기대하며 먼저 협력적인 태도를 보일 수가 없다. 하지만 한 장소에서 적과 오래 대치할 때는 양상이 달라진다. 양 진영 사이의 상호작용은 상당히 오래 계속된다. 그래서 호혜주의에 바탕을 둔 협력이 시도해 볼 가치가 있게 되고 마침내 안정적으로 자리를 잡게 된다.

미래의 그림자를 확대하는 또 다른 방법은 상호작용이 보다 자주 일어나도록 하는 것이다. 이 경우 다음번 상호작용은 좀 더 빨리 일어나고, 다음 게임이 좀 더 중요해진다. 상호작용의 증가는 현재 게임에 비해 다음 게임의 상대적 중요성을 나타내는 할인계수 w를 증가시킨다.

할인계수 w는 다음 게임의 상대적 중요성에 바탕을 둔 것이지 다음 게임까지의 시간 간격을 바탕으로 결정되지 않는다는 사실이 중요하다. 따라서 만일 경기자들이 2년 뒤에 받을 보수의 가치를 현재의 반밖에 되지 않는다고 여긴다면, 두 참가자 사이에 협력을 장려하기 위해서는 둘 사이의 상호작용이 보다 자주 일어나도록 만드는 것이 하나의 방법이 된다.

두 참가자 사이에 상호작용이 보다 자주 일어나도록 하는 좋은 방법은 다른 참가자들이 접근하지 못하게 막는 것이다. 예를 들어, 새들은 자기의 텃세권을 만드는데, 이것은 많지 않은 이웃하고만 상호작용하게 된다는 의미이다. 또, 이 이웃들하고 상대적으로 빈번하게 상호작용을 한다는 의미이기도 하다. 이것은 지역 기반이 튼튼한 기업체가 자기 지역에 있는 몇몇 업체들만 주로 상대해 구매 및 판매 활동을 하는 경우에도 마찬가지다. 보통 상호작용의 범위를 소수에게 한정하는 전문화는 어떤 형태이든지 소수들 사이에서 더 자주 상호작용이 일어나게 하는 경향이 있다. 이것이 대도시보다 작은 마을에서 협력이 더 쉽게 일어나는 이유의 하나이기도 하다. 협력 관계에 있는 기업들이 제한된 산업 분야에서 자기들이 일구어 온 안정적인 경쟁 관계를 송두리째 뒤엎어 버릴 수도 있는 새로운 기업을 배제하는 것 역시 이런 이유에서다. 마지막 예로, 행상인이나 일용직 노동자는 고객들을 뜨문뜨문 부정기적으로 보는 게 아니라 정기적으로 만날 때 고객들과 보다 쉽게 협력 관계를 만들 수 있다. 언제나 원칙은 동일하다. 즉, 상호작용의 빈도가 높아야 안정된 협력이 촉진된다.

계층체계와 조직은 특정 개인들의 상호작용을 집중시키는 데 특히 효과적이다. 관료제는 사람들이 전문성을 가질 수 있도록, 또 관련 업무에 종사하는 사람들끼리 집단을 이룰 수 있도록 조직한다. 이런 조직 특성이 상호작용의 빈도를 증가시켜 구성원들이 서로 안정적인 협력 관계를 형성하기 쉬워진다. 게다가 어떤 쟁점이 발생하여 조직의 다른 부서들 사이에 조정이 필요할 경우에는, 위계 구조에 의해 이런 쟁점들을 놓고 서로 자주 접촉하는 보다 높은 지위에 있는 정책입안자들이 처리하게 된다. 이렇게 조직은 사람들을 장기적이고 다층적인 게임으로 함께 묶음으로써, 미래의 상호작용의 중요성과 빈도를 증가시킨다. 이렇게 함으로써, 구성원들 사이의 개별적 상호작용이 일어나기 어려운 큰 집단에서도 협력이 창발될 수 있다. 이것은 다시, 조직 자체가 보다 크고 보다 복잡한 문제를 처리할 수 있도록 조직의 진화를 이끈다.

각 개인이 소수의 사람들하고만 자주 만나도록 상호작용을 집중시키는 것은 협력을 안정시킬 뿐 아니라 다른 이익도 있다. 즉, 협력이 계속되게 해준다. 3장에서 무리짓기에 대해 설명하면서 언급했듯이, 아무리 적은 수라도 무리를 지으면 비협력적인 큰 집단을 침범할 수 있다. 그러려면 그 무리의 구성원들이 대부분의 상호작용을 무리 밖의 일반인들과 하더라도 자기들끼리의 상호작용이 작게나마 어느 정도 되어야 한다. 팃포탯 전략을 구사하는 사람들의 무리가 언제나 배반하는 집단에 얼마나 쉽게 침범할 수 있는지 숫자 계산이 정확하게 보여주었다. 표준적으로 많이 사용하는 보수($T = 5, R = 3, P = 1, S = 0$)와 보통 정도의 할인계수(0.9)의 상황에서, 무리 내 구성원들 사이 상호작용이 무리 밖 사람들과의 상호작용의 5퍼센트만 되면 비열한들의 세상에서 협력이 진화될 수 있다.

상호작용을 집중시키는 것은 두 참가자가 더 자주 만나도록 하는 방법이기도 하다. 교섭이라는 맥락에서, 무리 내 상호작용이 더 자주 일어나게 하는 또 하나의 방법은 쟁점을 작게 조각내는 것이다. 예를 들어서, 군비축소나 비무장 조약은 여러 단계로 세분화할 수 있다. 이렇게 할 때 양측은 한두 차례의 커다란 선택을 하는 대신 상대적으로 작은 선택을 많이 할 수 있게 된다. 이런 식으로 하면 호혜주의가 보다 효과적이 될 수 있다. 부적절한 선택을 하면 다음번 선택에서 상대방이 보복 차원에서 역시 배반을 선택한다는 것을 양측 모두 잘 알고 있기 때문에 양측 모두 상황이 앞으로 예상한 대로 갈 것이라고 좀 더 확신할 수 있다. 물론 군비축소에서 가장 큰 문제는 양측 모두 상대방이 실제로 이전 게임에서 어떻게 했는지, 즉 협력의 의무를 이행했는지 아니면 속임수를 써서 배반을 했는지를 정말 알 수 있느냐는 점이다. 상대방의 속임수를 탐지할 수 있다는 확신이 어느 정도 있기만 하면, 작은 협상을 많은 단계에 걸쳐 하는 것은 두세 단계에 결판내는 것보다 협력 증진에 더 도움이 된다. 매우 중요한 상호작용을 덜 중요한 작은 상호작용들로 쪼개면, 현재 선택에서 배반함으로써 얻을 수 있는 이득이 미래에 상호협력함으로써 얻을 수 있는 이득과 비교할 때 상대적으로 적어지기 때문에 협력의 안정성을 증진시킨다.

작게 쪼개기는 폭넓게 활용되는 원칙이다. 헨리 키신저는 1973년 중동전쟁 이후에 이스라엘이 시나이반도에서 물러나도록 조정했다. 이집트가 이스라엘과 정상적인 관계를 맺도록 유도하기 위해서였다. 기업도 대규모의 주문은 여러 번에 걸쳐 배달하면서 마지막에 한꺼번에 대금을 받기보다는 배달할 때마다 조금씩 받기를 원한다. 현재 당장 배반해서 얻는 이득이 앞으로 남은 전체 상호작용에서 얻을 이득에 비해 크지 않게 하는 것은 협력을 도모하는 좋은 방법이다. 하지만 이것 말고 또 다른 해법이 있는데, 선택에 따른 보수 자체를 바꾸는 것이다.

2. 보수 자체를 바꾸어라

죄수의 딜레마 상황에 빠진 사람들이 흔히 보이는 반응은 "이런 상황을 억제하는 법률이 있어야 한다"는 것이다. 사실 죄수의 딜레마 상황이 나타나지 않도록 하는 것이 정부의 가장 기본적인 기능의 하나다. 즉, 사람들이 개인적 이득을 따져봐서는 협력할 이유가 없더라도 사회를 위해서 요구되는 선택을 하도록 해야 한다는 것이다. 그래서 사람들로 하여금 탈세를 하지 않고 꼬박꼬박 세금을 납부하고 낯선 사람과 맺은 계약도 존중하게 하는 법이 제정되었다. 이런 각각의 행위들은 수많은 경기자들이 참가해 벌이는 거대한 죄수의 딜레마 게임으로 볼 수 있다. 아무도 세금을 내고 싶어 하지 않는다. 비용은 당장 들어가는데 혜택은 눈에 잘 보이지 않기 때문이다. 그러나 각자가 세금을 내서 학교와 도로, 기타 총체적인 재화로 이득을 나누어 가지면 모두에게 이롭다.[4] 이것이, 정부의 역할은 각 국민이 "자유로울 수 있도록 강제하는 것"[5] 이라는 루소의 말에 담겨 있는 핵심 의미이기도 하다.

정부가 하는 일은 선택에 따른 보수의 크기를 바꾸는 것이다. 세금 납부를 회피하면 체포되어 감옥에 갇힐 각오를 해야 한다. 그렇기 때문에 배반은 그다지 매력적인 선택이 되지 못한다. 심지어 정부가 나서서 사람들이 받을 보수의 크기를 바꿈으로써 법을 강력하게 집행할 수 있다. 죄수의 딜레마 이야기의 원형을 보자. 용의자 두 명이 체포되어 따로 조사를 받는다. 만일 이들이 폭력 조직에 속해 있다면 자백을 해야 할 때 조직의 보복을 염두에 둘 것이다. 이런 조건 때문에 서로 자백했을 때 얻는 보수가 너무 낮아져 두 사람은 입을 굳게 다물 수 있다. 그리고 둘 다 침묵하여 서로 협력을 함으로써 둘 다 비교적 가벼운 처벌을 받는다.

점수 체계에 커다란 변화가 일어난다면 상호작용의 내용이 변질되어 더는 죄수의 딜레마 상황이 아니게 된다. 배반했을 때의 처벌이 워낙 커서 상대방이 어떤 선택을 하든 간에 단기적으로 협력하는 외에 다른 방법이 없다면, 더는 딜레마가 아니다. 하지만 보수의 구성이 그렇게 크게 변할 필요는 없다. 보수가 아주 조금만 바뀌어도, 상호작용은 여전히 죄수의 딜레마 상황인데도 호혜주의에 입각한 협력이 안정적으로 마련될 수 있다. 그 이유는 할인계수 w와 네 개의 값 T, R, P, S 사이의 관계에 협력이 안정적으로 이루어지도록 하기 위한 조건들이 반영되기 때문이다.[6] 필요한 것은, 네 개의 보수에 비해서 w가 충분히 크게 되는 것이다. 보수들이 바뀌면, 협력이 안정적이지 않은 상황에서 안정적인 상황으로 바뀔 수 있다. 그러므로 협력을 장려하기 위해 네 개 점수를 다듬는다고, 배반의 단기적인 동기와 상호협력의 장기적인 동기 사이에 존재하는 긴장을 제거할 정도로 크게 바꿀 필요는 없다. 상호협력의 장기적인 동기를 배반의 단기적인 동기보다 높게만 하면 된다.

3. 서로에 대한 배려를 가르쳐라

한 사회에서 협력을 장려하기 위한 최고의 방법은, 사람들에게 상대의 복지를 배려하라고 교육하는 것이다. 부모와 학교는 아이들에게 다른 사람의 행복을 소중하게 여기라고 가르치는 데 엄청난 노력을 들인다. 게임이론의 용어로 표현하자면, 어른들은 미래의 시민들이 자기 자신의 복지뿐 아니라 최소한 어느 정도까지는 다른 사람의 복지도 염두에 둘 수 있게 어린이들의 가치관을 잡아주려 애쓴다는 뜻이다. 의심의 여지없이, 이렇게 남을 배려하는 사람들로 구성된 사회는, 혹시 죄수의 딜레마 상황에 빠지더라도, 구성원들 사이에서 협력을 훨씬 쉽게 이끌어낼 것이다.

이타주의는 한 사람의 복지가 다른 사람의 복지에 의해 좋아지는 현상에 붙이는 이름이다.●7 그러므로 이타주의는 행동의 동기가 된다. 하지만 겉으로는 너그럽게 보이는 행동들이 실제로는 이타주의가 아닌 다른 이유로 일어날 수도 있음에 주의해야 한다. 예를 들어 보자. 자선을 베푸는 행위는 대부분 딱한 처지에 놓인 사람이 가여워

서가 아니라 사회적으로 인정을 받기 위한 마음에서 비롯된다. 그리고 전통사회에서나 현대사회에서나 선물 주기는 교환 과정의 일부이기 쉽다. 선물을 주는 동기는 받는 사람의 복지 향상을 위해서라기보다는 나중에 갚아야 한다는 의무감을 주려는 것이다.[8]

생물학적 진화의 유전적 관점에서 보면 이타주의는 친족 사이에서 유지될 수 있다. 몇 명의 자식을 살리려고 목숨을 바치는 어머니는 자기 유전자의 복사본이 세상에 살아남을 확률을 증가시킨다. 이것이 바로 유전자 친족이론의 바탕으로, 5장에서 살펴보았다.

이타주의는 사회화를 통해서도 유지될 수 있다. 하지만 심각한 문제가 하나 있다. 이기적인 개인은 다른 사람이 베푸는 이타주의의 덕은 실컷 보고 자신은 남에게 베풀거나 그것을 갚지 않을 수도 있다는 점이다. 다른 사람들에게서는 관용과 이해를 기대하면서 자기는 남의 생각은 하지 않고 자기밖에 모르는 못된 인간들을 우리는 얼마든지 본다. 이들은 관용적인 사람들을 대하는 방식과 다르게 대해야 한다. 적어도 이런 녀석들에게 이용당하지 않으려면 말이다. 이런 논리를 따르자면 맨 처음에는 모든 사람에게 그리고 나중에는 비슷한 태도를 보이는 사람들에게만 이타주의적으로 대하는 식으로, 이타주의에 들어가는 비용을 조절할 수 있다. 하지만 이것은 곧 우리를 협력의 바탕이 되는 호혜주의로 이끈다.

협력의 진화

4. 호혜주의를 가르쳐라

틧포탯은 이기주의자들이 사용하기에 효과적인 전략임에 틀림없다. 하지만 이것이 어떤 개인이나 국가가 따라도 좋을 만큼 도덕적인가? 그에 대한 답은 물론 각자의 도덕 기준에 따라 다를 것이다. 가장 널리 인정받는 도덕 기준은 황금률Golden Rule일 것이다. 즉, 남에게 대접받고자 하는 대로 남을 대접하라. 죄수의 딜레마 맥락에서 보면 황금률은 언제나 협력하라는 말과 같다. 왜냐하면 내가 다른 사람에게 바라는 것은 협력이기 때문이다. 이런 식으로 해석한다면, 도덕적 관점에서 가장 훌륭한 전략은 틧포탯이 아니라 무조건 협력하는 전략이다.

무조건 협력이 안고 있는 문제는, 상대에게 오른뺨을 맞고 왼뺨을 내밀면 상대가 나를 이용할 동기를 제공한다는 데 있다. 무조건적인 협력은 뺨 맞는 당사자만 해치는 게 아니라, 무고한 구경꾼들에게까지 피해를 준다. 그들도 나중에 이 녀석과 상호작용하게 될 것이기 때문이다. 무조건적인 협력은 상대방을 망치는 경향이 있다. 그렇게 해서 녀석을 교화시키는 부담을 전체 집단에 지우게 된다. 이것은 무조건적 협력보다 호혜주의가 더 든든한 도덕의 토대가 됨을 말한다. 황금률이 무조건 협력하라고 충고하는 이유는 내가 상대방에게 진정으로 원하는 점이 내가 좀 배반해도 상대가 눈감아 주었으면 하는 것이기 때문이다.

그렇다. 호혜주의를 바탕으로 한 전략 역시 최고로 도덕적인 것 같지 않다. 적어도 일상적인 직관에 비추어볼 때 그렇다. 호혜주의는 분명히 우리가 꿈꾸는 도덕의 좋은 토대가 되지 못한다. 그래도 이기주의의 도덕보다는 낫다. 실제로 이것은 자신에게 좋을 뿐만 아니라 다른 사람에게도 좋다. 다른 사람에게 좋은 이유는 남을 이용하고 착취하는 전략이 살아남기 어렵게 만들기 때문이다. 게다가 호혜주의는 다른 사람들을 도울 뿐만 아니라, 남에게 기꺼이 양보하면서 자기를 위해서는 더는 요구하지 않는다. 호혜주의에 입각한 전략은 상대 경기자가 상호협력에 따른 보상을 얻게 한다. 이는 바로 두 전략이 각자 최선을 다할 때 얻는 보수와 같다.

공평함 이상을 원하지 않는다는 점은 호혜주의에 입각한 수많은 전략들이 가지고 있는 기본 속성이다. 이런 사실은 두 차례에 걸친 죄수의 딜레마 대회에서 팃포탯 전략이 거둔 성과를 통해 확인할 수 있다. 팃포탯은 두 대회에서 모두 우승을 했지만, 맞붙었던 상대보다 더 많은 점수를 얻은 적은 단 한 번도 없었다! 사실상 팃포탯은 근본적으로 게임에서 상대보다 더 많은 점수를 얻을 수 없다. 항상 상대가 먼저 배반하게 하고, 또 절대 상대보다 더 많이 배반하지 않기 때문이다. 팃포탯은 상대방보다 더 많은 점수를 얻어서가 아니라 상대방으로부터 협력을 이끌어냄으로써 우승했다. 팃포탯은 상호이익을 증진시킴으로써 좋은 성적을 냈지 상대방의 약점을 이용해서 좋은 성적을 올린 게 아니었다. 도덕적인 전략은 이보다 더 나은 성적을 올리지 못했다.

팃포탯 전략이 약간 불미스럽게 여겨지는 것은 이에는 이, 눈에는

눈의 원칙을 고집하기 때문이다. 이것은 사실 대략적인 정의rough jus-
tice다. 그러나 진짜 문제는 이보다 더 나은 대안이 있느냐는 점이다.
집단의 기준을 강제하는 중앙 권위체에 의지할 수 있는 상황에서는
대안들이 있다. 범죄 자체만큼 가혹하지 않게 적절히 처벌할 수 있다.
그런데 이런 강제력을 행사할 수 있는 중앙 권위체가 없는 상황에서
는, 개인들이 배반이 아니라 협력을 선택하도록 적절한 동기가 제공
되어야 한다. 진짜 궁금한 것은 이런 경우 어떻게 상대가 협력하도록
구슬리느냐는 문제다.

팃포탯 전략이 안고 있는 문제는, 일단 불화가 시작되면 영원히 계
속될 수 있다는 것이다. 실제로 수많은 불화가 이런 속성을 가지고
있다. 예를 들어서, 알바니아와 중동에서는 집안 간의 불화가 때로 수
십 년 동안 이어지기도 한다. 한 번의 모욕이 새로운 모욕으로 이어
지고 다시 거기에 대한 보복이 이어지는 과정이 끝없이 반복된다. 처
음 불화의 원인이 되었던 사건은 까마득하게 잊혀졌지만 서로에게
상처 입히는 행위는 메아리가 되어 계속 오고 간다.[9] 이것이 바로 팃
포탯 전략이 가지고 있는 심각한 문제다. 이보다 나은 전략은 한 번의
배반에 10분의 9만큼만 되갚는 것일지도 모른다. 이 경우에 갈등의
메아리 효과는 누그러지지만 여전히 상대가 대가를 치르지 않는 배
반을 시도해서는 안 될 동기를 준다. 즉, 호혜주의를 바탕으로 하면서
도 팃포탯보다 약간 더 관용적이되는 것이다. 여전히 대략적인 정의
지만, 중앙 권위체가 없는 이기적인 세상에서 자신의 이익뿐만 아니
라 상대방의 이익까지도 함께 증진시킨다는 장점을 가지고 있다.

호혜주의에 입각한 전략을 구시하는 사회는 실제로 스스로를 단속할 수 있다. 협력에 조금이라도 미온적인 태도를 보이는 구성원은 반드시 처벌됨으로써, 사회의 표준에서 벗어난 전략은 이익을 보지 못하게 된다. 그러면 이런 전략은 다른 사람들이 보고 따라하고 싶은 모형이 되지 못하고 결국 살아남지 못한다.

호혜주의 사회의 이런 자기단속적인 특성은 누구나 다른 사람들, 심지어 앞으로 결코 함께 상호작용을 하게 되지 않을 사람들에게까지 호혜주의를 가르치고 싶은 개인적 동기를 추가로 갖게 한다. 사람들이 함께 상호작용을 할 사람들에게 호혜주의를 가르치고 싶어 하는 것은 당연하다. 서로에게 도움이 되는 관계를 맺고 싶기 때문이다. 하지만 앞으로 함께 상호작용할 일이 없을 사람들이 호혜주의를 쓰는 것도 나에게 이득이 된다. 상대를 이용하려는 사람이 처벌받음으로써 집단 전체의 치안 상태가 높아지기 때문이다. 또 이런 과정을 통해서 미래에 만나 상호작용을 할 비협력적 개인들이 줄어들게 된다.

호혜주의를 바탕으로 한 신사적인 전략을 사용하라고 가르치는 것은 학생들에게뿐만 아니라 사회에 도움이 되며 또한 간접적으로 교사에게도 도움이 된다. 한 교육심리학자가 **팃포탯** 전략의 장점에 대해 듣고는, 학교에서 호혜주의에 관한 교육을 하라고 추천했다는 사실은 전혀 놀랍지 않다. ●10

5. 인식 능력을 높여라

과거에 상호작용했던 상대를 알아보고, 그 상호작용이 어땠는지 관련된 특성을 기억하는 능력은 협력을 유지하는 데 반드시 필요하다. 이런 능력이 없다면 어떤 형태의 호혜주의도 실천할 수 없고, 나아가 상대방에게서 협력을 이끌어낼 수도 없다.

사실 협력의 지속가능성 여부는 바로 이런 능력에 달려 있다. 이 함수 관계는 5장에서 설명한 생물학적 영역의 예들에서 가장 분명히 드러난다. 예를 들어서, 박테리아는 진화의 사다리 맨 아래에 있으며 다른 유기체를 인식할 수 있는 능력도 한정되어 있다. 따라서 지름길을 택할 수밖에 없다. 그래서 이들은 한 번에 단 한 경기자(숙주)하고만 상호작용한다. 그렇기 때문에 박테리아의 환경에 어떤 변화가 일어난다면, 이는 바로 박테리아가 상호작용하는 숙주에게 생긴 변화 때문에 일어난 것이다.[11] 이들에 비해서 조류의 인식 능력은 훨씬 뛰어나다. 새들은 이웃 새들을 각기 지저귀는 소리를 듣고 구별할 수 있다. 이런 구별 능력으로 새들은 몇몇 새들과 협력적인 관계를 발전시킬 수 있다. 혹은 적어도 불필요한 갈등을 피할 수 있다. 5장에서 설명했듯이 사람은 뇌의 한 부분을 얼굴 인식에 전담시킬 정도로 고도의 인식 능력을 발달시켰다. 사람은 이미 상호작용을 했던 개인들을 구별할 수 있을 정도로 확장된 능력을 가졌기 때문에, 협력적 관계를 조류보다 훨씬 풍부하게 개발할 수 있다.

하지만 인간사에서도 종종 상대방이 누구였는지 그리고 그가 과거에 어떤 선택을 했는지 잘 몰라 협력에 한계가 생긴다. 특히 핵무기에 대해 효율적으로 국제적 통제를 실시하기 어려운 경우에 이런 문제가 심각하다. 문제는 검증이 어렵다는 것이다. 즉, 상대방이 지금까지 실질적으로 어떤 선택을 해왔는지 어느 정도 확신을 할 수 있어야 하는데 그럴 수가 없다는 말이다. 예를 들어, 모든 종류의 핵실험 금지 합의는 최근까지도 지하 핵실험과 지진을 구별할 수 없는 기술적 한계로 이루어지지 못했다. 현재는 이런 어려움이 거의 극복된 상태다.●[12]

배반 행위가 일어났을 때 그것을 인식하는 능력은 협력이 성공적으로 창발되기 위한 유일한 조건은 아니지만 중요한 조건임에는 분명하다. 그러므로 사람들이 과거에 상호작용했던 사람을 인식하고 그가 어떤 행동을 취했었는지 확신할 수 있는 능력을 개선할 수 있다면 협력의 지속가능성은 보다 확장될 수 있다. 이번 장에서는 사람들 사이의 협력을 촉진시킬 수 있는 그외 다양한 방법을 알아보았다. 현재에 드리우는 미래의 그림자를 확대한다거나, 보수 자체를 바꾼다거나, 다른 사람들이 잘되도록 배려하라고 가르친다거나, 호혜주의의 가치를 가르친다거나 하는 등이다. 좋은 성과를 내기 위해서는, 상호 배반보다 상호협력이 더 이롭다는 사실을 사람들에게 가르치는 것만으로는 부족하다. 상호작용의 특성들을 조절하여 오랜 기간 안정적인 협력의 진화가 일어나도록 해야 한다.

협력의 진화

제5부

결론

Conclusions

제8장

협력의
사회적 구조

협력의 진화가 어떻게 시작될 수 있는지 살펴보는 과정에서 협력의 진화에는 사회적 구조가 필요함이 발견되었다. 특히 3장에서, 팃포탯과 같이 멋진 전략조차, 언제나 배반하는 비열한들의 집단에 혼자서는 침범할 수 없음이 확인되었다. 하지만 이 침입자들이 약간의 사회적 구조를 가지고 있으면 사정은 완전히 달라질 수 있다. 비록 작은 비율이라도 자기들끼리 상호작용을 할 수 있을 정도로 무리가 지어져 있으면 얼마든지 비열한들의 집단에 침범할 수 있었다.

이번 장에서는 또 다른 형태의 사회적 구조들의 영향을 살펴보고자 한다. 흥미로운 형태의 사회적 구조를 만들어낼 수 있는 네 가지 요인들, 즉 꼬리표labels, 평판reputation, 규제regulation, 세력권territoriality을 검토할 것이다. 꼬리표는 성별이나 피부색처럼 경기자의 고정적 특성으로, 상대 경기자에 의해 파악될 수 있다. 꼬리표는 뿌리 깊은 고정관념이나 신분 체계의 근원이 될 수 있다. 평판은 쉽게 변하는 것으로, 상대 경기자가 다른 경기자와 상호작용할 때 썼던 전략에 대한 정보를 접할 때 상대에 대한 평판이 형성된다. 평판은, 골목대장bully(어떤 집단에서 힘을 과시하고 싶어 하는 개체를 칭함 - 옮긴이)의 평판을 쌓으려는 동기, 그리고 남이 골목대장 평판을 쌓지 못하게 하려는 동기 등의 다양한 현상을 일으킨다. 규제는 정부와 정부의 통치를 받는 사람들과의 관계다. 정부는 규제만으로는 통치할 수 없고, 피통치자 다수의 자발적 동의를 획득해야 한다. 그러므로 규제는, 규칙과 강제력이 어느 정도 엄격해야 하는가의 의문을 제기한다. 끝으로, 세력권은 경기자가 아무나가 아닌 이웃하고 상호작용을 할 때 생긴다. 세력권에 의해, 전략이 한 집단 내에서 확산될 때 흥미로운 패턴이 만들어진다.

꼬리표, 고정관념, 신분 체계

사람들은 흔히 관찰가능한 상대방의 성별, 나이, 피부색, 옷을 입는 스타일 등에 영향을 받으면서 상호작용을 한다. 이런 단서들을 통해 경기자들은 어떤 사람과 처음 상호작용을 시작할 때 상대가 그와 비

협력의 진화

숫한 특성을 가진 다른 사람들처럼 행동하리라고 예상한다. 따라서 원칙적으로, 이런 특성들은 상대와 상호작용을 시작하기 전에 이미 상대가 쓸 전략에 대한 유용한 사실들을 어느 정도 알게 해준다. 그 이유는 그 사람의 관찰된 특성에 따라 비슷한 특성을 가진 집단의 구성원이라는 꼬리표가 붙기 때문이다. 이 꼬리표를 보고 상대방은 그 사람이 어떻게 행동할 것인지 추론한다.

특정 꼬리표에서 예상되는 특성을 반드시 개인적 경험을 통해서 직접 알게 되는 것은 아니다. 다른 사람들과 이야기 나누는 과정에서 간접적으로 알게 될 수도 있다. 단서에 대한 해석은 유전자나 자연선택에 의해 형성될 수도 있다. 예를 들어, 거북이는 다른 거북이의 암수 성을 구별하고 그에 따라 다르게 반응한다.

'꼬리표'는 상호작용이 시작될 때 한 경기자에 의해 관찰되는 다른 경기자의 고정된 특성이라고 정의할 수 있다.[1] 꼬리표가 있을 때는, 경기자는 그때까지의 상호작용의 내력뿐만 아니라 상대 경기자에 붙어 있는 꼬리표까지 고려해서 협력이나 배반을 선택한다.

꼬리표에 의해서 나타나는 결과 가운데 하나는 매우 흥미롭지만 한편으로 난처한 것으로, 꼬리표가 자기확신적self-confirming 고정관념에 빠지게 할 수 있다는 사실이다. 어떻게 이런 일이 일어나는지 보기 위해, 모든 사람이 파랑 꼬리표와 초록 꼬리표 가운데 하나를 달고 있다고 해보자. 또 파랑과 초록의 두 집단은 같은 집단에 속한 구성원들끼리는 신사적이고 다른 집단에 속한 구성원들에게는 비열하다고 하자. 좀 더 구체적으로, 두 집단은 자기 집단에 속한 구성원들끼리는 **팃포탯** 전략을 쓰고, 다른 집단에 속한 구성원들에게는 항상 배반한다고 하자. 그리고 (명제 2와 명제 3에 따라) 할인계수 w가 팃포탯 전략이 총체적으로 안정할 만큼 크다고 하자. 이런 경우 파랑이든 초록이든, 다들 그렇게 하듯이 자기들끼리는 신사적이고 다른 집단 사람들한테는 비열하게 하는 것보다 더 나은 점수를 얻을 수 있는 방법은 없다.

이것은, 고정관념이 객관적 근거가 전혀 없는데도 안정적일 수 있음을 의미한다. 파랑들은 초록들이 비열하다고 믿으며 초록을 만날 때마다 자신들의 믿음을 확고히 한다. 초록은 같은 초록들만이 협력에 협력으로 대응해 준다고 생각하고, 파랑을 만날 때마다 역시 믿음이 확고해진다. 누군가가 이 시스템을 깨보려 하면, 그의 보수는 떨어지고 낙담만 하게 될 것이다. 사회에서 남들과 다르게 하는 개체는 머잖아 사회에서 기대하는 역할로 돌아갈 수밖에 없다. 당신의 꼬리표가 초록이라면, 사람들은 당신을 초록으로 대할 것이고, 당신은 초록으로 행동하는 것이 유리하기 때문에 결국 사람들의 고정관념을 확신시켜 주게 된다.

이런 고정관념은 두 가지 불행한 결과를 초래하는데, 하나는 명백하고 또 하나는 미묘하다. 명백한 결과는, 두 집단이 협력을 하면 모두의 점수가 더 올라갈 수 있는데도, 모두가 가능한 것보다 더 나쁜 점수를 받고 있다는 사실이다. 이보다 좀 더 미묘한 결과는, 두 집단의 크기가 약간이라도 다르면 한쪽은 다수, 한쪽은 소수가 된다는 사실이다. 이런 경우에 두 집단 모두 서로 협력하지 않아 불이익을 당하는데, 특히 소수 집단이 겪는 손해가 더 크다. 소수자들이 흔히 자기방어를 위해 고립 정책을 쓰는 것은 놀라운 일이 아니다.

왜 그렇게 되는지 보기 위해 어느 마을에 초록이 80명이고 파랑이 20명인데 모두가 모두하고 일주일에 한 번씩 상호작용한다고 해보자. 초록의 상호작용 대부분은 같은 집단 내 구성원들과 하므로 상호협력이 구축될 것이다. 하지만 파랑은 상호작용의 대부분을 초록들과 하게 되므로 보복성 상호배반이 일어날 것이다. 그러므로 소수인 파랑의 평균 점수는 다수인 초록 집단의 평균 점수보다 낮게 나온다. 이런 효과는 자기 집단에 속한 사람들끼리 우선적으로 상호작용을 하는 경향이 있더라도 계속된다. 소수인 파랑이 다수인 초록을 어느 정도 만난다면 이 상호작용은, 다수 집단이 갖는 총 상호작용에서보다 소수 집단이 갖는 총 상호작용에서 더 많은 부분을 차지하기 때문이다.[2] 결과적으로 꼬리표는 고정관념을 강화시켜 모두가 피해를 입는데 특히 소수 집단이 입는 피해가 더 크다.

꼬리표 때문에 또 다른 효과가 나타나기도 한다. 꼬리표는 신분 체계를 유지시켜 주기도 한다. 예를 들어서, 모든 사람이 키나 힘, 피부색 등과 관련된 특성을 가지고 있어 쉽게 관찰되고 쉽게 비교될 수 있다고 해보자. 그리고 단순화시켜서, 두 사람의 특성을 비교할 때 동점은 없으며, 두 사람이 만날 때 반드시 그런 특성을 누가 더 많이 가졌고 누가 덜 가졌는지 분명히 알 수 있다고 하자. 이제 모든 사람이 자기 밑에 있는 사람에게는 골목대장 노릇을 하고 위에 있는 사람에게는 굽신거린다고 하자. 이런 상황은 안정적일까?

안정적이다. 여기 예가 하나 있다. 모든 사람이 자기보다 아랫사람을 만날 때 상대방이 단 한 번이라도 배반을 선택하면 다시는 협력하지 않지만 그렇지 않는 한 배반과 협력을 번갈아 선택한다고 하자. 즉 자기는 종종 배반을 하면서 상대방의 배반은 결코 용서하지 않는 골목대장 전략이다. 이번에는 모두가, 자기보다 위에 있는 사람을 만나면 상대가 연이어 두 번 배반하지 않는 한 협력하고 연이어 두 번 배반하면 다시는 협력하지 않는다고 하자. 이 전략은 두 번에 한 번씩 이용당한다는 점에서 굴종적이고, 일정 횟수 이상은 참지 않는다는 점에서 보복적이다.

이런 행동 패턴은 관찰 가능한 특성을 기반으로 하는 신분 체계를 형성한다. 최상위권에 있는 사람은 거의 모든 사람 위에 군림하기 때문에 높은 점수를 얻는다. 이에 비해서 최하위권의 사람은 거의 모든 사람들에게 굴종하기 때문에 낮은 점수를 얻는다. 최상층의 사람들이 왜 사회구조에 만족하는지 알 수 있는 대목이다. 그렇다면 최하층의 사람이 혼자서 여기에 맞서 어떻게 해볼 수 없을까?

사실상 없다. 할인계수가 충분히 높을 때는 배반을 선택하고 끝없는 보복을 받는 것보다 두 게임에 한 번씩 골목대장에게 당하는 편이 더 낫기 때문이다.[3] 그래서 사회구조의 바닥 층에 속한 사람은 헤어날 길이 없다. 하층민들은 낮은 점수밖에 얻지 못하지만, 그렇다고 그 구조에 저항하려 했다가는 더 낮은 점수만 얻고 만다.

혼자서 항거해 봐야 아무 소용이 없는 이유는 다른 사람들의 전략이 가진 불변성 때문이다. 낮은 신분의 경기자의 반란은 '양쪽 모두에게' 손해를 끼칠 뿐이다. 높은 신분의 사람이 혹시 협박을 당한다 든지 하여 행동을 수정하기라도 하면, 반란을 계획하는 낮은 신분의 사람은 이 사실을 고려할 것이다. 그러면 높은 신분의 사람은 지조가 없어보일까 봐 자신의 평판에 대해 염려하게 된다. 그래서 이런 유형의 현상을 분석하려면 평판의 동역학을 살펴봐야 한다.

평판과 규제

한 사람에 대한 평판은 그 사람이 어떤 전략을 쓸 것인가에 대해 다른 사람들이 가지고 있는 믿음 속에 들어 있다. 일반적으로 평판은 한 경기자가 다른 경기자와 상호작용하는 것을 관찰할 때 형성된다. 예를 들어서, 영국이 다른 국가의 도발에 단호하게 대응한다는 평판 은 아르헨티나가 포클랜드 섬에 침공했을 때 이를 탈환하려는 영국 의 결정으로 확고해졌다. 다른 국가들은 영국의 결정을 보고 미래에 혹시 자기들이 그렇게 할 경우 영국이 어떻게 반응할지 짐작할 수 있 었다. 특히 좋은 예가 영국의 지브롤터해협에 대한 의지를 보고 스페 인이 내린 추론, 영국의 홍콩에 대한 의지를 보고 중국이 내린 추론 이다. 이들 추론이 정확한가 아닌가는 별개의 문제다. 요점은, 제3자 가 지켜보고 있을 때는, 현재 상황의 이해득실 계산은 당장의 이해관 계를 넘어 현재의 선택이 경기자들의 평판에 미칠 영향에까지 확장

된다는 것이다.

다른 사람에 대한 평판을 알고 있으면 첫 번째 선택을 하기 전에 벌써 그가 쓸 전략에 대해서 어느 정도 파악하고 있는 셈이다. 그렇다면 상대방이 나에게 어떤 전략을 쓰려고 하는지 자신 있게 예상하는 것은 얼마나 중요할까 하는 의문이 생긴다. 어떤 정보의 가치를 측정하는 방법의 하나는, 그 정보가 없을 때에 비해서 있을 때 얼마나 더 좋은 점수를 올리는지 계산하는 것이다.[4] 정보가 없이도 더 좋은 점수를 얻을수록 그 정보는 그만큼 더 필요가 없고 또 가치가 적다. 예를 들어 두 차례에 걸쳐서 치러진 죄수의 딜레마 대회에서 팃포탯은 다른 프로그램의 전략이 무엇인지 알지 못했지만 두 번 모두 우승을 차지했다. 상대의 전략을 알았으면 훨씬 잘했을 프로그램은 불과 몇 개뿐이었다. 상대의 전략이 두 번 연속해서 배반할 때만 배반하는 팃포투탯이라는 것을 미리 알았다면, 배반과 협력을 번갈아 선택함으로써 팃포탯보다 더 나은 점수를 얻을 수 있었을 것이다. 하지만 두 대회 모두에서 쉽게 이용당하는 프로그램은 많지 않았다. 따라서 실제로 상대방의 전략을 미리 알았다 해도 만능 전략 팃포탯을 능가하는 데 도움이 안 되었을 것이다. 사실 상대방의 전략을 알아봐야 소득이 적다는 것은 팃포탯 전략의 강건함에 대한 또 하나의 척도이기도 하다.

정보의 가치에 대한 질문은 뒤집어서 다르게 할 수도 있다. 상대 경기자가 '나'의 전략을 알게 하는 것은 어떤 가치가 있을까, 혹은 어떤 대가를 치르게 할까? 물론 대답은 내가 어떤 전략을 쓰고 있느냐에 따라 다르다. 만일 팃포투탯처럼 쉽게 이용당할 수 있는 전략을 쓴다면 혹독한 대가를 치를 것이다. 반대로 완벽한 협력과 가장 잘 맞는 전략을 쓰고 있다면 내 전략을 상대가 알게 하는 것은 더없이 좋을 것이다. 예를 들어서, 내가 팃포탯 전략을 쓰고 있는데 상대방이 이것을 고맙게 생각하고 거기에 적응해 준다면 나는 기쁠 것이다. 물론, 현재에 드리우는 미래의 그림자가 충분히 커서 최고의 전략이 신사적인 전략일 때 그렇다. 사실 앞에서도 설명했듯이 팃포탯 전략의 여러 장점 가운데 하나는, 이 전략을 쓰는 사람이 아직 평판을 충분히 쌓지 못했더라도 게임이 여러 차례 진행되는 동안에 상대방이 이 전략을 쉽게 알아볼 수 있다는 것이다.

팃포탯 전략을 쓴다는 확고한 평판은 매우 도움이 되지만 그렇다고 이 평판이 최고의 평판은 아니다. 골목대장이라는 평판이야말로 최고의 평판이다. 최고의 골목대장은 상대방의 배반은 단 한 차례도 허용하지 않으면서 상대방에게서 최대한 얻어낸다는 평판을 가진 골목대장이다. 상대방을 압박해서 최대한 많이 얻어내는 길은, 상대방으로 하여금 계속해서 배반하기보다 계속해서 협력하는 게 낫다고 생각할 정도로만 배반하는 것이다. 그리고 또 상대방으로부터 협력을 이끌어내는 가장 좋은 방법은, 단 한 차례라도 배반하면 다시는 협력하지 않는다는 평판을 쌓는 것이다.

다행스럽게도 이런 골목대장 평판은 쉽게 쌓을 수 없다. 골목대장 평판을 얻으려면 배반을 많이 해야 하는데, 이것은 상대 경기자들이 보복을 하게 만든다는 뜻이기 때문이다. 평판을 얻을 때까지는 아무

보상도 없는 의지의 싸움을 수없이 벌여야 한다. 예를 들어서, 상대방이 한 번이라도 배반을 선택하면, 당신이 원하는 평판에 걸맞게 거칠게 행동할 것인지 현재 상호작용에서 친근한 관계를 회복하기 위해 노력할 것인지 사이에서 번민하게 될 것이다.

상황을 더욱 어둡게 하는 것은, 상대방 역시 평판을 쌓으려 하기 때문에 내가 평판을 쌓으려고 선택한 배반을 용서하지 않는다는 점이다. 양쪽이 모두 미래에 있을 게임을 위해 지금 평판을 쌓으려 애쓴다면, 이들의 상호작용은 상호처벌의 길고 긴 악순환에 빠지고 말 것이 불 보듯 뻔하다.

사실 양쪽 모두 상대방이 무엇을 의도하는지 눈치채지 못한 척하고 싶어 한다. 또 양쪽 모두 상대방에게 절대 태도를 바꾸지 않을 것처럼 보여서 상대방이 골목대장 태도를 포기하게 만들고 싶어 한다.

죄수의 딜레마 대회를 통해서, 상대에게 고집불통으로 비치는 가장 좋은 방법은 팃포탯 전략을 쓰는 것임이 밝혀졌다. 팃포탯의 전략은 지극히 단순해서 고정된 행동 패턴을 확실하게 보여준다. 또 워낙 알아보기 쉬워 상대방이 계속 모르는 척하기 어렵다. 팃포탯은 자신은 가만히 있으면서 '상대방'이 적응하도록 하는 데 효과적이다. 남들이 자신에게 골목대장 노릇을 하지 못하게 하고 자신 역시 남에게 골목대장 노릇을 하려 하지 않는다. 상대방이 적응하여 협력해 온다면 결과는 상호협력이다. 평판의 축적을 통해서 규제 효과를 얻는 것이다.

평판을 쌓는 목적 가운데 하나는, 확실한 위협을 통해, 상대방을 규제하는 것이다. 위협해야 하는 상황이 정말 벌어지면 사실은 원하지 않더라도 반응을 반드시 보여야 한다. 미국은 대규모 전쟁도 불사하겠다는 위협을 통해서 구소련의 서베를린 점령을 막았다. 이런 위협이 단순한 허풍이 아님을 보여주기 위해 미국은 단기적 대가를 치르면서까지도, 언제든 그런 행동을 취할 수 있는 국가라는 평판을 평소에 쌓아나간다.

미국이 1965년 대규모 병력을 베트남에 보내기로 결정한 것도 바로 이런 맥락에서였다. 이런 평판을 계속 유지하고 싶은 열망은 국제 안보 담당 차관보였던 존 맥노턴이 국방부 장관 로버트 맥나마라에게 보낸 비밀 메모(남베트남에서의 미국의 목표를 밝힌)에서도 드러난다.

- 미국의 목표 :

  70퍼센트 - 미국의 굴욕적인 패배를 피한다(보증인으로서의 평판을 위해).

  20퍼센트 - 남베트남과 인근 영토를 중국의 손으로부터 지켜낸다.

  10퍼센트 - 남베트남 인민이 보다 자유롭고 풍족한 삶을 누리도록 해준다.[5]

거칠다는 평판으로 억제력을 유지하는 것은 국제 정치에서뿐만 아니라 국내 정치에서도 매우 중요하다. 이 책은 주로 중앙 권위체가 없는 여러 상황을 주로 다루지만, 기본 골자는 실제로 그런 권위체가 존재하는 많은 상황들에도 충분히 적용된다. 아무리 효과적인 정부라 하더라도 국민이 항상 정부에 순종하리라고 안심할 수는 없기 때문이다. 그 대신 정부는 국민을 상대로 전략적 상호작용을 한다. 그리고 이 상호작용은 흔히 반복적 죄수의 딜레마 형태를 띤다.

정부와 국민

정부는 국민이 법을 어기지 않도록 규제해야 한다. 예를 들어 세금을 효과적으로 징수하려면 정부가 탈세를 엄격하게 다스린다는 평판을 유지해야 한다. 정부는 흔히 탈세에 대한 추징금으로 거두어들일 수 있는 액수보다 더 많은 비용을 탈세 수사와 처벌에 투자한다. 물론 정부의 목적은 탈세 적발과 처벌에 대한 평판을 유지함으로써 아무도 감히 탈세할 엄두를 내지 못하도록 하는 것이다. 이런 원리는 세금 징수뿐만 아니라 다른 정책 영역에도 똑같이 적용된다. 국민이 순종적으로 시책을 따르도록 하는 핵심은, 정부가 국민을 무섭게 다그칠 수 있다는 평판을 유지하는 데에 당면 쟁점에 걸린 이득보다 훨씬 큰 자원을 투입할 능력과 의사가 있어야 한다는 점이다.

정부와 국민이 만드는 사회구조는 주인공 배우 하나와 수많은 주변 인물들이 있는 것과 같은 구조다. 이와 비슷한 사회구조로, 독점기업이 경쟁자가 시장으로 진입을 하지 못하도록 규제하는 경우가 있다. 지방 호족이 반란을 일으키지 못하도록 규제하는 중앙 왕권의 경우도 또 하나의 예다. 어느 경우에서든 단호함과 강력함이라는 평판을 유지함으로써 사전에 도전을 차단하는 것이 핵심이다. 이런 평판을 유지하려면, 당면한 쟁점에 걸린 이득보다 훨씬 많은 비용을 들여서라도 어떤 도전에는 매섭게 대처해야 할 수도 있다.

그런데 아무리 강력한 정부라 하더라도 어느 규칙이나 다 강제할 수는 없다. 정부가 효과적으로 기능하려면 국민 대다수로부터 동의를 얻어야 한다. 이렇게 하려면 국민 대다수에게 그 규칙을 따르는 것이 대부분의 경우 유리하도록 규칙을 제정하고 또 집행해야 한다. 이런 근본적인 문제와 관련된 사례가 산업공해의 규제이다.

숄츠가 모형화했듯이[6] 정부의 해당 기관과 규제를 받아야 하는 기업은 반복적 죄수의 딜레마 상황에 있다. 어떤 시점에서 기업이 할 수 있는 선택은 정부가 제시한 원칙을 자발적으로 따르거나 회피하거나 둘 가운데 하나다. 그리고 고분고분할 수도 있고 고압적일 수도 있는 어떤 기업을 다루는 데 있어서 정부 부서가 할 수 있는 선택은 강제력을 동원할 것인가 말 것인가의 여부다.

정부는 유연성 있게 시행하고 기업은 규정을 따른다면, 양쪽 다 상호협력의 이득을 누린다. 정부 기관은 기업이 순응해서 좋고, 기업은 정부의 유연성의 혜택을 누려서 좋다. 양쪽 다 강제 집행과 소송의 비싼 대가를 치르지 않아 이익이다. 사회도 낮은 경제적 비용으로 완전한 합의가 이루어져 이득이다. 만일 기업이 규정을 빠져나가고 정부가 강제력을 행사한다면, 양쪽 모두 법적 비용을 치르는 피해를 입는다. 그렇다고 규정 회피를 거의 처벌하지 않을 정도로 유연한 정책을 쓴다면 기업은 규정을 따르지 않고 싶은 유혹을 느낀다. 한편 정부 역시 순응적인 기업에 불합리할지라도 비싼 규정을 강제했을 때의 이득을 얻기 위해서 강력한 조치를 취하고 싶은 유혹을 느낀다.

정부는 **팃포탯**과 같은 전략을 채택하여, 기업이 자발적으로 따르려는 동기를 주어 강제 집행 정책과 같은 보복을 피하게 해줄 수 있다. 할인계수의 크기와 보수의 여러 가지 조건이 적절하다면, 규제를 가하는 정부와 규제를 받는 기업 사이의 관계는, 자발적인 동의와 유연한 강제성이 반복되는, 사회적으로 이득인 관계가 될 수도 있다.

규제를 가하는 정부와 규제를 받는 기업과 국민 사이의 상호작용에 대한 숄츠의 모형이 제시하는 새로운 특징은, 기준의 엄격함과 관련해서 정부가 행사할 수 있는 추가 선택에 있다. 예를 들어, 공해의 기준을 매우 엄격하게 정할 경우, 기업 입장에서는 회피하고 싶은 유혹이 커진다. 반면에 기준이 너무 무르면 더 많은 공해가 발생해서 정부 부서가 기업의 자발적인 동의를 통해서 얻고자 했던 상호협력의 성과가 너무 작아진다. 적당한 기준을 정하는 비법은, 규제가 주는 사회적 이득을 극대화시킬 정도로 기준이 충분히 높아야 하지만, 대부분의 기업들로부터 안정된 형태의 자발적 협조가 진화되는 것을 막을 만큼 높아서는 안 된다는 것이다.

정부는 기준을 정하고 집행하는 외에 종종 사적 분쟁도 조정한다. 이혼 소송이 좋은 사례다. 법정은 아이의 양육권을 부모 가운데 한 사람에게 주고, 다른 한 사람에게는 양육비를 지급하라고 명령한다.

하지만 이런 조정은 이후 양육비 지급을 보장할 수 없다는 것으로 악명높다. 이런 이유로 해서, 이혼 부부 사이의 미래 상호작용을 호혜주의 성격으로 해야 한다는 대안이 제기되었다. 만일 한쪽이 양육비 지급 약속을 어기면 양육권자는 아이를 만날 권리를 제한하는 것이다.•7 이런 제안은 아이의 부모를 죄수의 딜레마 상황에 올려놓고, 호혜주의를 바탕으로 하는 전략을 짜게 한다. 정기적으로 아이를 만나려면 양육비를 지불해야 한다는 호혜주의 원칙을 바탕으로 부모 사이의 안정적인 협력을 촉진함으로써 결과적으로 아이는 이득을 볼 것이다.

정부는 자기 국민뿐만 아니라 다른 정부와도 관계를 맺는다. 어떤 의미에서 각 정부는 어떤 정부하고도 쌍무 협정을 맺을 수 있다. 국제 무역의 통제를 예로 들 수 있다. 한 나라는, 예를 들어 불공정 거래 행위에 대한 보복으로, 이런 거래를 한 나라에서 수입되는 물품에 대해 거래 금지 조치를 내릴 수 있다. 그런데 지금까지 고려하지 않았던 정부와 관련된 흥미로운 특성은, 그것들이 특정 세력권을 기반으로 한다는 사실이다. 순수한 세력권 체계에서, 각 경기자는 몇몇 이웃을 가지고 있고 이들하고만 상호작용한다. 이런 유형의 사회구조가 가진 역동적인 특성이 다음에 살펴볼 주제다.

세력권

어떤 세력권 내에서만 주로 활동하는 경기자들의 예로 국가와 기업, 부족, 조류들이 있다. 이들은 멀리 떨어져 있는 경기자보다 이웃하고 훨씬 더 많이 상호작용한다. 그러므로 이들의 성공은 주로 이웃하는 경기자들과의 상호작용에서 얼마나 좋은 성적을 내느냐에 달려 있다. 그러나 이웃은 또 다른 기능을 할 수도 있다. 이웃은 역할 모형이 된다. 즉, 어떤 이웃이 좋은 성적을 올리고 있으면, 이웃의 행동은 모방의 대상이 된다. 이런 식으로 성공적인 전략은 이웃에서 이웃으로, 집단 전체로 확산된다.

세력권을 두 가지 다른 방식으로 이해할 수 있다. 하나는 지리적 물리적 공간의 개념으로 이해하는 것이다. 참호전에서 공존공영 시스템이 전선의 한곳에서 이웃 전선으로 확산되었던 것은 이런 예이다. 또 하나는 특정 성격의 추상적 공간으로 이해하는 것이다. 예를 들면, 어떤 기업이 청량음료를 시장에서 판매하고 있는데, 이 청량음료는 설탕과 카페인을 각각 특정 비율만큼 혼합한 것이라고 하자. 이때 이 청량음료의 "이웃들"은 설탕과 카페인의 성분 비율이 각기 조금씩 다르게 배합되어 같은 시장에서 판매되는 제품들이라고 할 수 있다. 비슷하게, 한 정당의 후보는 보수주의와 진보주의 중에서 하나의 입장을 취할 수 있고, 국제주의와 고립주의 중에서도 하나의 입장을 취할 수 있다. 선거에서 많은 후보들이 팽팽하게 경쟁하고 있다면 비슷한 입장을 취하는 후보들은 서로 "이웃"이라고 할 수 있다.

모방 외에 식민화colonization 또한 성공적인 전략이 여기에서 저기로 확산되는 기제로 작용한다. 어떤 열등한 전략 지역이 보다 우월한 이웃 전략에게 침범당할 때 식민화가 일어난다. 그러나 전략이 모방에 의해서 확산되든 아니면 식민화에 의해서 확산되든 간에, 이웃 간에 상호작용이 일어나고, 보다 나은 전략이 이웃의 경계를 넘어서 확산된다는 기본 개념은 같다. 개체들은 한 장소에 고정되어 있지만 전략은 퍼져나갈 수 있다.

이 과정을 분석하려면 정식화가 필요하다. 구체적으로 설명하기 위해 단순한 세력권 구조를 하나 설정해 보자. 전체 세력권이 넷으로 나뉘어 경기자들이 각기 동서남북으로 모두 네 명의 이웃을 가지고 있다고 하자. 각 "세대"에서 각 경기자는 네 명의 이웃들과 상호작용해서 얻은 점수들을 평균한 점수를 얻는다. 그러면 각 경기자는 좀 더 높은 평균 점수를 얻은 이웃들이 생기고, 다음번에는 그중에서 가장 성공적인 이웃이 쓰는 전략으로 자기도 전략을 바꿀 것이다(최고 점수가 동점이면, 임의로 하나 선택할 것이다).

세력권의 사회적 구조에는 흥미로운 특성이 많이 있다. 이 가운데 하나는, 세력권 구조 안에서 어떤 전략이 새로운 전략에 침범당하지 않도록 스스로를 지키는 것은 적어도 비세력권 구조에서만큼 쉽다는 것이다. 어떻게 이런 현상이 일어나는지 알아보려면, 안정성의 정의를 세력권 체계를 포괄하도록 확장해야 한다. 3장에서 한 전략은 그 환경에서 집단이 얻는 평균 점수보다 높은 점수를 얻을 수 있으면 집단을 침범할 수 있다고 하였다. 다시 말해, 새로운 전략을 쓰는 신참자가 집단의 기존 경기자를 상대로 얻는 점수가 기존 경기자들끼리 상대해서 얻는 점수보다 높다면, 이 신참자는 그 집단을 침범할 수 있다. 어떤 전략도 기존 집단을 침범할 수 없다면, 기존 전략은 총체적으로 안정하다고 말한다.[8]

이런 개념을 세력권 체계로 확장하기 위해서, 새로운 전략을 쓰는 한 개체가 모두 같은 기존 전략을 쓰는 한 이웃 집단에 들어간다고 하자. 이때 세력권에 속한 모든 지점이 종국에는 새로운 전략으로 바뀐다면, 새로운 전략이 기존 전략을 '세력권적으로 침범했다'고 말할 수 있다. 또한 어떤 전략으로부터도 세력권적으로 침범당하지 않는 기존 전략은 '세력권적으로 안정하다'고 말할 수 있다.

이로부터 설득력 있는 결론에 도달하게 된다. 즉 어떤 전략이 세력권적으로 안정되는 것이 총체적으로 안정되는 것보다 결코 어렵지 않다는 것이다. 다시 말해, 한 전략이 세력권 사회 체계에 있을 때 외부의 전략에 침범당하지 않고 스스로를 지키는 데 필요한 조건은, 누구나 서로 동등하게 만날 수 있는 사회 체계에 있을 때에 비해 더 엄격하지 않다.

명제 8. 어떤 전략이 총제적으로 안정하면, 세력권적으로도 안정하다.

이 명제의 증명 과정을 통해 세력권 체계의 역학적 특성에 대한 통찰을 얻을 수 있다. 모든 구성원이 총체적으로 안정한 기존 전략을 쓰고 있는 세력권 체계가 있다고 하자. 그런데 여기에 새로운 전략을 쓰는 신참이 나타났다. 이 상황은 〈그림 3〉에 나타나 있다. 이제 신참

| 그림 3 | 하나의 돌연변이가 있는 세력권적 사회구조의 한 부분 |

```
B  B  B  B  B
B  B  B  B  B
B  B  A  B  B
B  B  B  B  B
B  B  B  B  B
```

의 한 이웃이 신참의 전략으로 전환할 이유가 있을지 살펴보자. 기존 전략은 총체적으로 안정하기 때문에 기존 전략에 둘러싸인 신참은, 기존 전략들에 둘러싸인 다른 기존 전략보다 더 나은 성적을 올릴 수 없다. 그런데 신참을 둘러싼 모든 이웃의 이웃은, 자신이 기존 전략인 동시에 다른 기존 전략들에 의해 완전히 둘러싸여 있다. 따라서 이 신참이 매우 성공적이므로 모방해야겠다고 생각하는 이웃은 아무도 없을 것이다. 그래서 신참의 이웃들은 모두 기존 전략을 고수하려 한다. 혹은, 결국 같은 말이지만, 기존 이웃들이 쓰고 있는 전략을 채택하려 한다. 그러므로 새로운 전략은 총체적으로 안정적인 전략의 집단에서는 확산될 수 없으며, 그 결과 총체적으로 안정된 전략은 세력권적으로도 안정될 수 있다.

총체적으로 안정한 전략은 세력권적으로도 안정하다는 명제는, 다른 전략의 침범을 막는 일이 세력권 체계에서나 자유롭게 뒤섞일 수 있는 체계에서나 똑같이 쉬움을 보여준다. 여기에 한 가지 의미가 내포되어 있다. 즉, 할인계수가 보수 변수에 비해 총체적으로 안정하게

| 그림 4 | 틴포탯 집단에 확산되는 비열한 전략 |

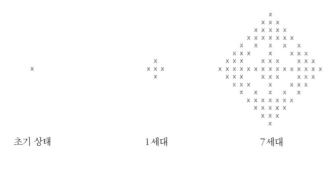

초기 상태   1세대   7세대

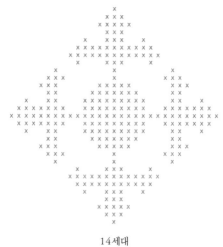

14세대

해주는 데 필요한 것보다 더 크지 않아도, 상호협력이 신사적 전략에 의해 세력권 체계에서 지속될 수 있다.

안정성 유지를 위해 세력권적 사회구조의 도움을 받기는 하나, 신사적인 전략이라고 반드시 안정한 것은 아니다. 미래의 그림자가 충

• 범례: ×는 올디, 빈칸은 팃포탯

19세대

분히 미약하다면, 신사적인 전략은 세력권의 도움을 받는다 하더라도 스스로를 지켜내지 못한다. 이런 경우에 침범 과정의 동역학은 때로 매우 복잡하고 흥미로운 모양이 되기도 한다. 〈그림 4〉는 이런 복잡한 패턴의 한 가지 예다. 이 도표는 항상 배반만 하는 한 경기자가 팃포탯 전략의 세력권 집단을 침범하는 상황을 나타낸 것이다. 이 경우에 할인계수 w는 1/3로 미래의 그림자는 매우 약한 것으로 설정하고, 네 개의 보수 변수들은 전개 양상을 가능하면 복잡하게 만들기 위해서 $T = 56$, $R = 29$, $P = 6$, $S = 0$으로 설정했다.[9] 〈그림 4〉는 이런 설정 아래에서 1세대, 7세대, 14세대 그리고 19세대 이후 어떻게 되는지 보여준다. 비열한 전략은 기존의 **팃포탯** 집단을 식민화하고, 상호협력자들이 바깥에 긴 경계선과 안에 고립된 섬들을 형성하게 한다.

세력권의 효과를 조사하는 또 다른 방법은, 경기자들이 모두 어느 정도 세련된 전략들을 다양하게 쓰고 있을 때 어떻게 되는지 보는 것이다. 가장 손쉬운 방법으로, 2차 컴퓨터 프로그램 대회에 참가한 63개의 전략들을 분석 대상으로 삼는다. 각각의 전략에 네 개의 세력권을 할당하면 가로 18칸와 세로 14칸으로 이루어진 표의 공간을 채울 수 있다(63 × 4 = 252 = 18 × 14 - 옮긴이). 그리고 각 전략이 모두 네 개의 이웃을 가질 수 있도록 하기 위해 표 공간이 둥글게 말려 경계선들이 연결된다고 생각하자. 예를 들어 표의 오른쪽 끝에 있는 경기자는 왼쪽 끝에 첫 경기자와 연결된다.

경기자들이 다양하게 세련된 전략을 쓸 때 어떤 일이 일어나는지 보려면, 한 번에 한 세대씩 모의실험을 하면 된다. 대회의 결과를 통해서 우리는 이미 각각의 전략들이 특정한 이웃을 상대로 얻은 점수를 알고 있다. 한 세력권의 점수는 이웃하는 네 개 전략을 상대로 얻는 점수의 평균값이다. 각 세력권의 점수가 확정되면 변환 과정이 시작된다. 더 성공적인 이웃을 가진 세력권들은 단순히 가장 성공적인 이웃의 전략으로 자기 전략을 바꾼다.

그리고 처음 시작할 때의 임의의 위치 배정에서 오는 결과 왜곡을 최소화하기 위해서 무작위로 위치 배정을 달리 해서 전체 모의실험을 열 번 반복하였다. 그리고 모의실험은 더는 전략의 변환이 일어나지 않을 때까지 계속 반복된다. 이 결과 전체적으로 적게는 11세대에서 많게는 24세대까지 변환이 진행되었다. 각각의 경우에서 신사적

협력의 진화

| 그림 5 | 세력권 체계에서 최종 집단의 예 |

```
6   6   6   1  44  44  44  44  44   6   6   7   7   6   7   6   6   6
6   1  31   1   1  44  44  44  44   3   6   3   6   6   6   6   6   6
6   6  31  31   1   1   1   1   1   1   3   3   3  52  52   6   6   6
6   1  31  31  31  31  31  31  31  31  31   3   3   6   6   6   6   6
6   9  31  31  31  31  31  31  31  31  31   3   6   6   6   6   6   6
6  31  31  31  31  31  31  31  31  31  31  31   6   6   6   6   6   6
6  31  31   6   6   9  31  31   6   9  41  31  31   6   6  31  31   6
6  31  31   6   6   9   9   9   6  41  41  31   4  31  31  31  31   6
6  31  31   9   9   9   9   9   6  41  41  41  31  31  31  31  31  31
6  31   6   9   9   9   6   6   6  41  41  41  17  31  31  31  31  31
6   6   9   7   7   9   6   6  41  41  41  41  31  31  31  31  31   7
6   6   7   7   7   6   6   6   9  41  41   7   7   7   7   7   7   6
6   6   7   7   7   6   6   6  41   6   7   7   7   7   7   7   6
6   6   7   7   6   6  44   6   6   6   6   6   7   7   7   7   6   6   6
```

- 범례: 각 칸의 숫자는 컴퓨터 죄수의 딜레마 2차 대회에 참가한 전략들이 기록한 등수를 가리 킨다. 예를 들면 1은 팃포탯이고 31은 나이데거다.

이지 않은 모든 전략이 제거되고 나서야 진화가 멈추었다. 즉, 신사적 인 전략만 남자 모든 전략들은 서로 협력을 했고 더 이상의 전략 변 화는 일어나지 않았다.

〈그림 5〉는 전형적인 최종 패턴을 보여준다. 이 안정된 전략 패턴 에는 몇 가지 놀라운 특징이 있다. 우선, 살아남은 전략들이 대체로 각기 다른 크기로 무리지어 있다. 처음에 무작위로 분포했던 양상이 결국 동일한 전략들이 상당한 범위에 걸쳐서 무리를 짓는 형태로 변

화하였다. 하지만 두세 개 심지어 난 한 개의 다른 영역에 둘러싸인 몇 개의 아주 작은 지역들도 있었다.

이런 모의실험 과정에서 살아남은 전략들은 대체로 컴퓨터 대회에서 좋은 성적을 기록한 전략들이다. 예를 들어 **팃포탯**은 각각의 모의실험을 처음 시작할 때는 네 개였지만 최종 집단에서는 평균 17개로 늘어났다. 그런데 최종적인 결과를 놓고 볼 때 **팃포탯**보다 더 나은 결과를 기록한 전략이 다섯 개나 있었다. 이 가운데 최고는 루디 나이데거Rudy Nydegger가 제출한 것으로 라운드로빈 방식 대회에서 63개 전략 중 겨우 31등을 기록한 전략이었다. 세력권 체계에서 이 전략은 평균 40개의 추종자로 끝마쳤다. 라운드로빈 방식의 대회에서는 중간밖에 못했던 전략이 이차원 세력권 체계에서 가장 성공적인 전략으로 우뚝 선 것이다. 어떻게 이런 일이 일어날 수 있었을까?

이 규칙의 전략 자체는 분석하기가 어렵다. 다음 선택을 위해 과거 세 개의 결과들을 활용하는 복잡한 참조 테이블 구조table-lookup scheme에 기초하기 때문이다. 그러나 이 전략이 다른 전략들과 실제로 어떻게 대적했는가 하는 측면에서, 전략의 성과를 분석할 수 있다. 살아남은 다른 전략들과 마찬가지로 나이데거도 결코 먼저 배반하지 않는다. 그러나 이 전략의 독특한 점은, 다른 전략이 먼저 배반할 때 워낙 상대방으로 하여금 후하게 '사과'하게 만들어 단순히 상호협력만 할 때보다 높은 점수를 얻는다는 것이다. 이런 일은 신사적이지 않은 24개 전략 가운데 5개 전략을 상대할 때 일어난다. 라운드로빈 방식의 대회에서는 이것만 가지고는 아주 잘하기 힘든데, 나이데거가 신사적이지 않은 다른 전략들과 자주 만나 고전하기 때문이다.

하지만 세력권 체계에서는 양상이 아주 다르다. 신사적이지 않은 다섯 개 전략으로부터 사과를 받아냄으로써 나이데거는 많은 이웃들을 자기 전략으로 바꾸었다. 예를 들어 이렇게 사과를 하는 전략이 네 이웃 가운데 하나이고 나머지 세 이웃이 신사적인 전략일 때, 나이데거는 그 이웃하는 네 개 전략들 가운데서 가장 높은 점수를, 심지어 '그들'의 이웃보다 더 높은 점수를 올릴 수 있다. 이런 방식으로 나이데거는 사과를 하는 전략은 물론이고 이웃의 일부 혹은 전부를 자기 전략으로 포섭할 수 있다. 요컨대 모방에 의한 확산에 바탕을 둔 사회적 체계에서는, 돋보이는 결과를 낼 수 있는 전략은(이 말은 평균적인 성공률이 그다지 높지 않다는 뜻이지만) 대단히 유리하다. 뛰어난 성공 사례는 많은 추종자를 얻기 때문이다. 나이데거가 신사적인 전략이라는 사실은 불필요한 갈등은 회피하며 신사적이지 않은 전략들이 모두 제거된 후에도 자신의 입장을 고수한다는 뜻이다. 나이데거의 장점은, 다른 신사적인 전략들은 그 어떤 것도 두 개 이상의 다른 전략으로부터 사과를 얻어내지 못할 때 다섯 개의 전략들로부터 후한 사과를 받아냈다는 점이다.

세력권 체계는 경기자들이 상호작용하는 방식이 진화 과정에 영향을 미칠 수 있음을 생생하게 입증한다. 지금까지 다양한 구조들을 진화적 개념으로 분석해 봤다. 하지만 수많은 흥미로운 가능성들이 분석을 기다리고 있다.[10] 이 책에서 살펴본 다음과 같은 다섯 구조는 각기 협력의 진화의 다른 측면들을 보여준다.

1. 무작위적인 혼합을 기본 구조로 삼았다. 라운드로빈 빙식의 대회와 이론적인 명제들을 통해서, 호혜주의를 바탕으로 한 협력이 최소의 사회적 구조 속에서도 어떻게 번성할 수 있는지 밝혀졌다.

2. 경기자들의 무리를 조사해 협력의 진화가 맨 처음 어떻게 배태되는지 살펴보았다. 무리를 지음으로써 신참들이, 전체 기존 전략들의 환경에서 미미한 부분을 차지하더라도 작으나마 자기들끼리 상호작용 할 수 있는 기회가 생긴다. 신참의 상호작용 대부분이 기존 집단의 비협력적인 구성원들을 상대로 일어난다 하더라도, 호혜주의를 바탕으로 삼는 소규모의 신참 무리는 비열한 전략으로 통일되어 있는 기존 집단을 침범할 수 있다.

3. 경기자들이 그간의 상호작용의 내력에 들어 있는 것보다 서로에 대한 정보를 더 많이 가질 때,집단이 차별화됨이 밝혀졌다. 경기자들이 각자 자신의 집단에 소속되어 있다는 사실과 개인적인 특성들을 드러내는 꼬리표가 있을 때, 고정관념과 신분 체계가 형성될 수 있다. 경기자들이 서로 상대가 다른 상대와 상호작용하는 것을 관찰할 수 있다면, 평판을 쌓을 수 있다. 그리고 이 평판의 등장은, 골목대장을 제지하려는 노력이 뚜렷한 세상으로 이어질 수 있다.

4. 정부도 국민 대다수로부터 순종과 동의를 얻어낸다는 점에서 나름의 전략적인 문제들을 안고 있음을 보았다. 특정한 경우에 어떤 효과적인 전략을 선택하느냐는 문제뿐 아니라, 순종이 국민들에게는 매력적이고 전체 사회에는 유익하게 하려면 기준을 어떻게 설정하느냐의 문제가 있다.

5. 세력권 체계를 조사하여 게임 경기자가 이웃하고만 상호작용하고 자신보다 성공적인 이웃을 모방할 때 어떤 일이 벌어지는지 보았다. 이웃들과의 상호작용은 전략의 확산 양상을 복잡하게 만들고, 어떤 조건에서는 부진하면서 어떤 조건에서는 뛰어나게 득점하는 전략들의 성장을 촉진하는 것으로 밝혀졌다.

제9장

호혜주의의
강건함

진화론적 접근은 하나의 단순한 원칙을 바탕으로 한다. 보다 성공적인 것은 무엇이든 미래에 더 많이 나타난다는 것이다. 그렇게 되는 기제는 다양하다. 고전적 다윈주의의 진화론에서 그 기제는 생존과 번식의 차이에 바탕을 둔 자연선택이다. 한편 의회에서는 지역구 주민들을 위한 입법과 봉사 활동을 보다 잘하는 사람이 재선에 성공할 확률이 높아지는 것이 그 기제라고 할 수 있다. 비즈니스 세계에서 수익성이 좋은 기업이 파산을 면하는 것이 같은 기제다. 그러나 진화의 기제가 꼭 삶과 죽음의 문제인 것은 아니다. 지능을 가진 참가자들의 경우, 성공적인 전략은 미래에 더 많이 나타난다. 다른 참가자들이 이 성공적인 전략으로 전환하기 때문이다. 전략의 전환은 성공한 사람을 무조건 모방하는 식일 수도 있고, 아니면 어느 정도 의식적인 학습 과정일 수도 있다.

진화 과정은 차별적인 성장 이상의 것을 필요로 한다. 아주 멀리 가려면 다양성이라는 자원도 필요하다. 즉, 끊임없이 시도해 볼 수 있는 새로운 것들을 많이 가지고 있어야 한다. 생물계에서 이런 다양성은 돌연변이와 각 세대에서 일어나는 유전자 뒤섞기(암수의 유성생식을 의미 - 옮긴이)를 통해서 발생한다. 사회적인 과정에서 이런 다양성은 "시행착오"를 통한 학습 과정의 "시행"으로 확보된다. 이런 종류의 학습은 고도의 지능을 반영할 수도 있고 그렇지 않을 수도 있다. 새로운 행동 양식은 기존 행동 양식의 무작위 변이들에서 하나 선택된 것일 수도 있고, 혹은 과거의 경험과 미래에 어떤 것이 가장 효과적일지에 대한 이론을 바탕으로 새롭게 구성된 것일 수도 있다.

진화 과정의 다양한 양상을 알아보기 위해 많은 방법론을 도입하였다. 그중에는 진화 과정의 종착점에 관한 의문도 있었다. 이를 살펴보기 위해 총체적(혹은 진화적) 안정성이라는 개념을 도입하여 진화 과정이 언제 멈추는지 알아보았다. 즉, 어떤 전략이 집단의 모든 구성원에 의해 이용되더라도 다른 전략에 의해 침범받지 않을 수 있는지 조사하였다. 이런 접근 방법은, 어떤 유형의 전략이 스스로를 보호할 수 있으며 또 어떤 조건 속에서 이런 보호가 작동하는지 구체적으로 파악하게 해주는 장점이 있다. 예를 들면, 팃포탯은 현재에 드리우는 미래의 그림자가 충분히 크기만 하면 총체적으로 안정적이며, 또 언제나 배반을 선택하는 전략은 가능한 모든 조건 아래에서 총체적으로 안정함을 알 수 있었다.

　총체적 안정성을 도입한 접근법의 위력은, 평범한 전략에서 아주 조금만 바뀐 전략이든 혹은 완전히 새로운 전략이든 상관없이, 가능한 '모든' 새로운 전략을 고려하게 해준다는 데 있다. 한편 이런 접근법의 한계는, 어떤 전략이 일단 자리를 잡으면 지속될 것인지는 가르쳐 주지만 맨 처음에 어떤 전략이 자리를 잡을지는 알려주지 않는다는 점이다. 많은 전략들이 집단 내에 일단 자리를 잡기만 하면 총체적으로 안정할 수 있으므로, 어떤 전략이 맨 처음 자리를 잡을 가능성이 높은지 아는 것은 중요하다. 이 문제를 해결하기 위해서는 또 다른 방법론이 필요하다.

　어떤 전략이 맨 처음 자리 잡을 가능성이 높은지 알려면, 한 집단 안에서 동시에 다양한 일들이 벌어지도록 하는 게 중요하다. 이 다양성을 포착하기 위해서 대회 접근법이 이용되었다. 대회 자체가 세련된 전략들을 확보하기 위해 마련되었는데, 게임이론 전문가들에게 간청하여 1차 대회에서 소기의 목적을 이루었다. 2차 대회에서는 1차 대회의 결과를 모두들, 특히 처음 참가하는 사람들에게 확실하게 알렸기 때문에 전략들이 좀 더 다듬어졌다. 2차 대회에 새롭게 참가하는 전략들은 기존의 전략을 조금 바꾸거나 혹은 전혀 다른 개념으로 최고의 성적을 올릴 목적으로 만들어진 것들이었다. 이처럼 다양한 전략이 경합하는 환경에서 어떤 일이 벌어지는지 분석하는 과정에서 어떤 종류의 전략이 번성할 수 있는지에 대한 많은 사실이 발견되었다.

한 전략이 완전히 자리 잡는 과정은 대개 많은 시간이 걸리므로, 주변 환경의 변화에 따라서 전략들이 어떻게 변화하는지 연구하기 위해서는 새로운 방법이 필요했다. 바로 생태학적 분석인데, 각 세대가 전 세대에 비해 비율이 증가하고 있는 전략을 가지고 있다면 어떻게 되는지 계산하였다. 이것을 생태학적 분석이라고 하는 이유는, 새로운 접근법을 도입한 게 아니라 대회에 참가한 기존 전략들이 수백 세대 동안 어떻게 되는지 보았기 때문이다. 이러한 접근을 통해 처음에 성공적이던 전략이 과연, 변변찮은 전략들이 도태되고 난 뒤에도 계속 성공적인지 분석할 수 있었다. 각 세대에서 성공적인 전략들이 증가하는 이유는 그 전략을 사용하는 참가자가 생존과 번식을 더 잘했기 때문이거나, 다른 참가자가 이 전략을 모방할 가능성이 더 높기 때문인 듯하다.

생태학적 분석과 관련된 것으로 세력권 분석이 있었다. 이것은 2차 대회에 참가한 63개 전략을, 각각의 전략이 네 개의 전략과 이웃하도록, 하나의 세력권 구조 안에 흩어놓을 때 어떤 일이 벌어지는지를 분석하였다. 세력권 체계에서, 성공적인 전략은 국지적으로 결정된다. 각각의 전략은 이웃하는 전략 가운데서 가장 성공적인 전략을 모방 채택한다. 생태학적 모의실험에서처럼 성공적인 전략의 성장 이유는, 보다 나은 생존과 번식 때문이거나, 다른 참가자의 모방 가능성이 더 크기 때문이다.

이런 진화론적 분석 도구들을 사용하기 위해서, 어떤 전략이 다른 전략을 상대로 어떤 성과를 올릴지 결정하는 방법이 필요하다. 팃포탯 전략이 언제나 배반하는 전략을 만나 어떤 성과를 올릴지 파악하는 것과 같이 단순한 경우에는, 대수적인 계산이 가능하다. 보다 복잡한 경우에는, 컴퓨터 죄수의 딜레마 대회에서 그랬듯이, 상호작용들을 모의실험하여 받은 점수들을 누적합산함으로써 계산할 수 있다. 시간 할인time discount 개념과 상호작용이 언제 중단될지 모른다는 사실을 대회에 반영하기 위해서 게임의 길이를 다르게 하였다. 전략의 확률적 속성에서 오는 문제는 동일한 전략들의 상호작용을 여러 차례 반복한 뒤 평균값을 산정함으로써 해결했다.

이런 진화론적 분석 방법은 어떤 사회적 배경과 결합해서도 사용할 수 있다. 이 책에서는, 협력의 본질적인 딜레마가 담긴 특정한 종류의 사회적 환경에 적용되었다. 협력의 가능성은 참가자가 상대방을 도울 수 있을 때 생긴다. 그런데 이렇게 돕는 일에 대가를 치러야할 때 딜레마가 발생한다. 협력을 통한 상호이득의 기회는 상대방의 협력으로부터 얻는 이득이 자신의 협력에 드는 비용보다 더 커야만 현실화된다. 그래야 두 참가자 모두 상호협력을 상호배반보다 더 선호하게 된다. 하지만 본인이 선호하는 것을 얻기는 그렇게 쉽지 않다. 두 가지 이유 때문이다. 하나는, 도움을 주지 않는 것이 단기적으로 더 이득인데도 상대방으로 하여금 도움을 선택하도록 유도해야 하기 때문이다. 또 하나는, 자신은 남에게 비싼 도움을 제공하지 않고, 받을 수 있는 도움은 모두 받고 싶은 유혹을 느끼기 때문이다.[1]

협력이론의 기본적인 결론은 고무적이다. 이 이론은 아무도 협력하려고 하지 않는 세상에서도 기꺼이 협력을 주고받으려는 아주 작은 무리에 의해 협력이 시작될 수 있다고 알려준다. 또한 협력이 번성하기 위한 핵심 요건은, 첫째, 협력이 호혜주의를 바탕으로 할 것, 둘째, 호혜주의가 안정적으로 유지되기 위해 미래의 그림자가 충분히 클 것, 두 가지임을 강조한다. 그러나 협력은 일단 한 집단 안에서 호혜주의를 바탕으로 자리를 잡으면, 그 어떤 비협력적인 전략의 침범도 막고 스스로를 지켜낼 수 있다고 말해준다.

협력이 배태될 수 있고, 온갖 다양한 전략이 뒤섞여 있는 환경에서도 번성할 수 있으며, 또 일단 자리를 잡은 뒤에는 스스로를 보호할 수 있다는 사실은 매우 고무적이다. 하지만 무엇보다 흥미로운 사실은, 이러한 결과를 얻는 데 개인이나 사회적인 환경의 특성은 거의 영향이 없다는 점이다. 개인들은 논리적일 필요가 없고 어떻게 하고 왜 그런지 알지 못해도 된다. 진화 과정은 성공적인 전략들이 자연적으로 번성하게 해준다. 또한 개인들은 서로 메시지나 약속을 주고받을 필요도 없다. 말도 필요하지 않다. 행동이 말을 대신하기 때문이다. 마찬가지로 개인들 사이에 어떤 신뢰도 필요하지 않다. 배반을 비생산적으로 만드는 데는 호혜주의만으로 충분하기 때문이다. 이타주의도 필요하지 않다. 성공적인 전략은 이기주의자한테서도 협력을 이끌어내기 때문이다. 그리고 마지막으로, 중앙 권위체도 필요하지 않다. 호혜주의를 바탕으로 한 협력은 스스로를 단속할 수 있기 때문이다.

협력의 창발, 성장, 유지에 꼭 필요한, 개인과 사회 환경에 대한 가정이 몇 가지 있기는 하다. 참가자는 예전에 상호작용을 했던 다른 참가자를 알아볼 수 있어야 한다. 그리고 상대와의 과거 상호작용 내력을 기억할 수 있어야 한다. 그래야 그에 따라 반응할 수 있다. 하지만 실제로는 인식과 기억의 요건들이 그렇게 절대적이지 않다. 박테리아조차도 단 하나의 상대하고만 상호작용한다거나, 단 하나의 전략(팃포탯 전략과 같은)을 가지고 상대방의 가장 최근 행위에 대해서만 반응을 하는 식으로 이런 요건을 충족시킨다. 박테리아가 할 수 있으면 사람도 국가도 할 수 있다.

협력이 안정적이려면 미래의 그림자가 충분히 커야 한다. 상대가 배반을 응징하는 전략일 경우, 동일한 개인들 사이에 있을 다음 만남이 배반을 손해로 만들 정도로 중요해야 한다는 뜻이다. 즉, 두 참가자는 앞으로 다시 만날 가능성이 충분히 많아야 하고, 다음 만남의 중요성을 너무 깎아내려서는 안 된다. 예를 들어서, 1차 세계대전의 참호전에서 적대적인 두 진영 간에 협력이 가능했던 이유는, 최전선에서 같은 부대가 충분히 오랜 기간 동안 서로 마주보고 있어서 한쪽이 무언의 약속을 깨면 다른 쪽이 그에 대한 보복을 할 수 있었기 때문이다.

마지막으로, 협력이 진화하기 위해서는 성공적인 전략들이 성장할 수 있어야 하며 또 사용되고 있는 전략들이 다양해야 한다. 이것은 고전적 다윈주의에서 말하는 돌연변이와 적자생존의 기제와 비슷하나, 그 외에 성공적인 행동 양식의 모방과 지적으로 고안된 새로운 전략 구상과 같은 보다 인위적인 과정도 포함된다.

협력이 애초에 시작되기 위해서는 또 하나의 조건이 필요하다. 무조건 배반하는 세상에서는 아무리 혼자 협력을 제안해도 협력을 주고받을 상대가 없으면 소용이 없다. 협력은 서로 알아보는 작은 무리에서, 이들끼리의 상호작용의 비율이 아주 작더라도 일어나기만 하면, 창발할 수 있다. 그러므로 다음의 두 가지 특징을 가진 전략을 사용하는 개체들이 우선 무리지어 있어야 한다. 첫째, 먼저 협력하고, 둘째, 협력에 협력으로 반응해 오는 상대와 그렇지 않은 상대를 구분할 줄 알아야 한다.

협력의 진화에 필요한 조건은 협력이 진화하는 데 무엇이 필요한지는 말해주지만 어떤 전략이 가장 효과적인지는 말해주지 않는다. 이와 관련해서는 대회 접근법이, 팃포탯 전략이 모든 전략 가운데 가장 강건한 전략임을 입증하는 강력한 증거를 제공해 주었다. 처음에 무조건 협력하고 그다음부터는 상대방이 이전에 한 대로 해줌으로써 팃포탯은 수많은 세련된 전략들을 상대로 좋은 성적을 기록했다. 1차 대회에서 게임이론 전문가들이 제출한 전략들을 모두 누르고 우승했을 뿐 아니라, 컴퓨터 죄수의 딜레마 1차 대회의 결과를 참조해서 새롭게 만든 63개 전략이 참가한 2차 대회에서도 우승을 차지했다. 또한 2차 대회의 주요 여섯 개 변형 게임에서도 다섯 번 우승했다(딱 한 번 2등을 했다). 특히 인상적인 것은, 팃포탯이 별로 신통치 않은 전략들을 상대로 좋은 점수를 얻은 게 아니라는 사실이다. 이런 사실은 가상 대회를 통한 생태학적 분석에서도 입증되었다. 수백 차례에 걸친 가상 대회의 모의실험에서도 팃포탯은 가장 성공적이었다. 이것은 팃포탯이 좋은 규칙과 나쁜 규칙 어떤 상대와 대적해도 언제나 성공적임을 의미한다.

틋포탯 전략의 강건함은 신사적이고, 배반을 응징할 줄 알며, 용서할 줄 알고, 또 파악하기 쉬운 단순성에서 비롯한다. 신사적이라는 말은 결코 먼저 배반하지 않는다는 뜻이다. 이런 특성이 상대방과의 불필요한 갈등에 빠지지 않게 해준다. 단호한 응징성은 상대가 배반을한 번 시도했다가도 계속하지 못하게 한다. 또한 용서할 줄 알기 때문에 상호협력이 쉽게 회복된다. 또 행동 양식이 워낙 단순해서 상대방이 쉽게 파악할 수 있으며, 틋포탯을 다루는 최고의 방법은 틋포탯과 협력하는 것임을 금방 깨닫게 한다.

강건하긴 하지만, 틋포탯은 반복적 죄수의 딜레마에서 이상적인 전략이라고는 말할 수는 없다. 우선, 틋포탯을 비롯한 신사적인 전략들이 효과적이려면 미래의 그림자가 충분히 길어야 한다. 또, 미래의 그림자가 충분히 길더라도, 다른 개체들이 쓰는 전략들과 상관없이 혼자 이상적인 전략은 없다. 몇몇 극단적인 환경에서는 틋포탯 전략이라 하더라도 나쁜 성적을 낼 수 있다. 틋포탯이 먼저 제공하는 협력에 협력으로 대응할 상대가 충분히 존재하지 않을 때가 그런 경우다. 또한 틋포탯은 전략적 약점도 가지고 있다. 예를 들어서, 상대방이 배반하면 틋포탯이 똑같이 배반을 선택하고, 상대 역시 여기에 반발해서배반하여 배반의 메아리가 끝없이 이어질 수 있다. 이런 점에서 보자면 틋포탯은 충분히 관용적이지 못하다. 그런가 하면, 완전히 무작위적인 전략처럼 이쪽의 선택에 대해서 전혀 반응을 보이지 않는 전략에 대해서는 지나치게 관용적이라는 게 또 하나의 문제다. 틋포탯 전략에 대해 확실하게 말할 수 있는 점은, 보다 나은 성적을 올리려고 나름대로 모두 정교하게 구축된 전략들이 다양하게 존재하는 환경에서는 **팃포탯** 전략이 좋은 성적을 올린다는 사실이다.

궁극적으로 모든 사람들이 팃포탯과 같이 신사적인 전략을 채택한다면, 신사적인 전략을 쓰는 사람들은 누구에게나 관대할 수 있다. 또 모두가 신사적인 전략을 쓰고 있는 집단은 비신사적인 전략을 쓰는 한 개인뿐 아니라 무리라도 침범해 들어오지 못하게 막아낼 수 있다.

이런 결과를 통해, 협력의 진화의 연대기적 초상을 그려볼 수 있다. 협력은 아주 작은 무리에서 배태될 수 있다. 그리고 협력은 신사적이며 응징할 줄 알며 또 어느 정도 용서할 줄 아는 전략과 함께 번성할 수 있다. 뿐만 아니라 협력은 집단에서 일단 자리를 잡고 나면 다른 전략들의 침범을 스스로 막아낼 수 있다. 협력의 전체적인 수준은 점차 올라가지 내려가지 않는다. 다시 말해, 협력의 진화의 톱니바퀴는 역회전을 방지하고 앞으로만 돌아가게 하는 미늘이 있다.

이런 미늘의 작동 효과를 미국 의회에서 발전된 호혜주의 규범에서 볼 수 있다. 1장에서 설명했듯이 미국의 공화정 초기에 의원들은 사기와 배신을 잘하기로 유명했다. 이들은 전혀 믿을 만한 존재들이 못 되었다. 툭하면 서로 거짓말을 했다. 그러나 세월이 흐르면서 협력적인 행동 양식이 창발되었고, 안정적으로 자리를 잡았다. 이들의 행동 양식은 호혜주의라는 규범을 바탕으로 한 것이다.

이와 비슷한 규범을 바탕으로 하여 안정된 협력이 다른 많은 영역들에서도 발전했다. 예를 들어, 다이아몬드 시장은 거래자가 수백만

달러어치 물품의 거래를 하면서 단지 구두 약속이나 악수 하나만으로 구매를 결정하는 것으로 유명하다. 여기에서 중요한 사실은, 이 시장의 거래자들은 앞으로도 계속 서로 거래할 것을 잘 알고 있다는 점이다. 혹시라도 속임수를 썼다가는 시장에서 쫓겨나고 만다.

이런 원칙과 관련된 멋진 사례를, 야구 심판 론 루치아노의 회고록에서 찾아볼 수 있다. 그는 소위 "나쁜 날"이 가끔 있다고 했다.

시간이 지나면서 나는 특정 포수들을 믿을 수 있다는 것을 알게 되었다. 그래서 컨디션이 나쁜 날에는 그 포수들더러 대신 심판을 보게 할 정도였다. 화끈한 밤을 보내고 난 다음 날은 보통 컨디션이 나빴다. (…) 그런 날에는 아스피린 두 알을 먹고 가능하면 판정을 적게 내렸다. 믿을 만한 포수가 섰을 때는 (…) 이렇게 말하곤 했다. "이봐, 나 오늘 나쁜 날이거든. 나 대신 잘 알아서 하라고. 스트라이크면 글러브를 잠시 움직이지 말게. 볼이면 즉시 던져주고. 제발 불평하지 말고."

루치아노가 포수에게 의존할 수 있었던 것은 포수가 자기를 속인다는 의심이 조금이라도 들 경우 보복할 기회가 얼마든지 있기 때문이었다.

나를 속이고 그 상황을 이용한 경기자는 단 한 명도 없었다. 타자들도 이것을 전혀 눈치채지 못했다. 그런데 딱 한 번, 포수 에드

허먼이 나 대신 심판을 볼 때 투수가 판정에 불평을 했다. 나는 미소를 지을 뿐 한마디도 말하지 않았다. 말하고 싶은 유혹을 느꼈지만 참았다. 정말 꾹 참았다.[2]

기업에서도 지속적인 거래 관계가 예상되므로 중앙 권위체의 도움이 없이도 협력이 계속되리라는 믿음이 우선된다. 심지어 기업 분쟁 해결을 위해 법원이 어떤 권위 있는 판단을 내리기는 하지만, 이런 권위에 의존하는 일은 흔치 않다. 이런 통상적 거래 태도는 다음과 같은 구매자의 말 속에서 잘 드러난다. "문제가 생기면 상대방에게 전화를 걸어서 해결한다. 그 상대와 계속 거래를 하고 싶다면 법적 계약서 조항 같은 것은 따지지 않는다."[3] 이런 방식이 워낙 잘 확립되어 있어서, 어떤 대규모 포장 제조업체 사장은 계약 관련 서류를 확인하던 중에 고객이 주문한 물량의 3분의 2가 법적 구속력이 있는 계약서가 없다는 사실을 발견하기도 했다.[4] 거래의 공정성은 법적 소송의 위협에 의해서가 아니라 미래의 상호이익적 거래에 대한 기대로 보장된다.

외부의 권위체에 호소하는 것은 바로 미래의 상호작용에 대한 기대가 깨졌을 때다. 매컬리Macaulay에 따르면, 법원의 상고심까지 올라가는 가장 흔한 유형의 사업 계약 사건은 가맹점 계약 기간을 모기업 측에서 일방적으로 종료할 때라고 한다. 일단 가맹점이 문을 닫고 나면 양측이 다시 만나서 서로에게 이득이 되는 거래를 할 가능성은 거의 없으므로 이런 분쟁이 일어나는 것은 당연하다. 협력이 끝난 뒤에는 흔히 값비싼 법정 싸움이 뒤를 잇는다.

어떤 경우에는 상호이익적 관계가 너무 당연해져서 경기자들을 구분하는 것조차 어렵다. 런던의 로이드 사는 처음에 개별 보험중개인들 몇몇이 모여서 출발했다. 배와 화물에 대한 보험은 한 사람이 모두 떠안기에는 규모가 크기 때문에 여러 명이 공동으로 출자해서 위험을 분산했다. 그런데 이런 상호작용이 워낙 빈번하다 보니, 보험업자들은 점차 자체의 정식 구조를 갖춘 연합 조직으로 발전했다.

미래에 예상되는 상호작용의 중요성은 여러 제도를 설계하는 데 지침이 될 수 있다. 한 조직체 안에 있는 구성원들 사이에 협력을 장려하려면 특정한 개인들 사이에 빈번하고 지속적인 상호작용이 일어날 수 있는 관계가 형성되어야 한다. 8장에서 설명했듯이 기업과 관료제도는 흔히 이런 방식으로 구축된다.

때로는 협력의 조장이 아니라 협력의 저지가 관건이 된다. 협력을 강화하는 조건들을 없앰으로써 기업끼리의 담합을 방지하는 것이 이런 예다. 불행히도, 이기주의자들 사이에서도 협력이 쉽게 진화될 수 있다는 사실로부터 담합 방지가 결코 쉬운 일이 아님을 짐작할 수 있다. 협력은 공식적 약속도, 얼굴을 맞대고 벌이는 협상도 필요로 하지 않는다. 호혜주의에 바탕을 둔 협력이 창발될 수 있고 또 안정적이라는 사실은, 경쟁사 이사진들의 비밀 회의 현장을 적발하는 것보다 공모를 강화하는 조건들을 사전에 차단하는 데 노력을 더 기울여야 함을 의미한다.

정부가 두 업체를 선정해 경쟁적으로 새로운 전투기 개발을 시키는 경우를 예로 들어보자. 항공사들은 해군 전투기나 공군 전투기 둘 중의 하나에 좀 더 전문화되어 있기 때문에, 전문성이 같은 업체들은 최종 선발 단계에서 서로 만나 경쟁할 가능성이 크다.[5] 두 기업 사이의 빈번한 상호작용은 둘이 공모하기가 쉽게 만든다. 그러므로 정부는 이들이 암묵적 공모를 하지 못하도록 이들 기업의 전문화를 축소시키거나 그 효과를 상쇄시키는 방안을 찾아야 한다. 그러면 전문성이 같은 두 기업이 최종 경쟁에서 상호작용할 일이 줄어든다. 미래에 기대되는 상호작용의 가치가 덜해지면 미래의 그림자가 감소한다. 다음 상호작용이 너무 먼 미래에 있을 것으로 예상된다면, 묵시적 공모 형태의 상호협력은 기업 입장에서 더는 안정적인 정책이 되지 못한다.

정식 합의 없이 협력을 얻을 수 있는 가능성은 다른 맥락에서 긍정적인 측면이 있다. 예를 들어, 군비경쟁 억제를 위한 협력이 전적으로 협상과 조약 체결이라는 형식적인 절차를 통해서 이루어져야 하는 것은 아님을 의미한다. 묵시적으로도 얼마든지 군비경쟁 억제 협력이 진화될 수 있다. 미국과 러시아가 앞으로도 오랫동안 서로 상대해야만 한다는 것을 알고 있다는 사실이 군비경쟁 억제에 필요한 환경을 마련해줄 수 있다(이 책은 구소련이 붕괴되기 이전에 쓰였다 – 옮긴이). 양국의 지도자들끼리는 서로 좋아하지 않을 수도 있다. 하지만 1차 세계대전 때 참호 속에서 대치했던 부대의 병사들도 마찬가지였다.

정치 지도자들은 종종 다른 세력들과 협력을 해서는 안 된다는 관념을 가지고 있다. 상대를 완전히 파멸시키는 것이 더 나은 작전이라고 생각한다. 이런 시도는 위험하기 짝이 없다. 상대방은 일상적으로 행하던 협력을 보류하는 정도로 반응하는 데 그치지 않고, 자신이 구제할 수 없이 약해지기 전에 갈등을 증폭시키려는 강력한 동기를 갖게 될 것이다. 그러한 예가 일본이 진주만에서 벌인 목숨을 건 도박이다. 이것은 일본의 중국 침략을 저지하기 위해 미국이 강력한 경제 제재를 가한 데 대한 대응이었다.[*6] 일본은 절대적으로 중요시했던 것을 포기하지 않고 대신 힘이 더 약해지기 전에 미국을 공격하기로 결정한 것이다. 일본은 미국이 자신들보다 훨씬 더 막강하다는 걸 잘 알고 있었으나, 경제 제재의 효과가 누적되면 더 절망적인 상태가 될 것이므로 차라리 미국을 공격하는 편이 더 나았다.

상대방을 파국으로 내모는 시도는 상호작용의 미래를 불투명하게 만듦으로써 상대방의 시간 전망을 바꾸어놓는다. 미래의 그림자가 없어지면 협력은 더 이상 유지될 수가 없다. 즉, 협력을 유지하는 데 시간 전망은 필수적이다. 상호작용이 오래 계속될 것 같고 참가자들이 함께하는 미래를 소중히 생각할 때, 협력의 창발과 유지의 조건이 무르익는다.

협력에 기초가 되는 것은 사실 신뢰가 아니라 관계의 지속성이다. 조건이 적절하면 참가자들은 상호보상의 가능성에 대해 시행착오 학습을 함으로써, 혹은 좋은 성과를 올리는 다른 참가자를 모방함으로써, 혹은 심지어 좋지 않은 성과를 올리는 전략을 솎아내고 보다 성공적인 전략을 우연히 선택하게 되는 과정을 통해서 서로 협력을 할

협력의 진화

수 있게 된다. 참가자들이 서로 믿느냐, 믿지 못하느냐는 문제는 장기적으로 볼 때 이들이 서로 안정적인 협력 관계를 구축할 조건이 무르익었느냐, 그렇지 않으냐는 문제보다 덜 중요하다.

협력을 가능하게 하는 조건을 마련하는 데 미래가 중요한 것만큼 과거 역시 실제 행동을 파악하는 데 중요하다. 참가자들은 필수적으로 서로의 이전 선택을 관찰하고 또 그에 반응할 수 있어야 한다. 과거를 활용하는 능력이 없다면 배반이 처벌될 수 없고 협력의 동기는 사라져버릴 것이다.

다행히 상대방의 과거 행동을 파악하는 능력이 완벽할 필요는 없다. 죄수의 딜레마 컴퓨터 대회에서는 상대방의 예전 선택을 완벽하게 안다고 가정했다. 그러나 많은 상황에서 참가자는 종종 상대방의 선택을 잘못 오해할 수 있다. 또, 배반이 들키지 않을 수도 있고, 협력이 배반으로 오해받을 수도 있다. 이런 오류가 어떤 결과를 낳는지 확인하기 위해서, 각 선택이 상대방에 의해 잘못 인식될 확률을 1퍼센트로 설정하고 1차 대회를 다시 진행시켜 보았다. 그랬더니 예상한 대로 이런 오해는 참가자들 사이에 훨씬 많은 배반이 일어나게 했다. 그런데 놀랍게도, 팃포탯은 여전히 최고의 전략이었다. 한 번의 오해 때문에 서로 보복을 반복하는 메아리 효과에 빠져 한참 고전했지만, 팃포탯은 대개 또 한 번의 오해로 메아리를 종식시킬 수 있었다. 많은 프로그램들이 덜 관용적이라 한번 고전하기 시작하면 거기에서 빠져나오기 어려웠다. 팃포탯이 과거에 오해가 있어도 성적이 좋았던 이유는 쉽게 용서하고 상호협력을 다시 구축할 기회를 가지기 때문이다.

시간 전망의 효과는 법령을 제정하는 데 중요한 사실을 알려준다. 기업체나 정부의 관료체계와 같은 대규모 조직에서 고급 간부들은 대략 2년에 한 번씩 자리를 옮긴다.[7] 이런 상황이 그들에게, 전체 조직의 장기적인 성과와는 상관없이, 단기적으로 좋은 성과를 내겠다는 강한 동기를 유발한다. 그들은 곧 다른 곳으로 옮기게 된다는 사실을 알고 있다. 그리고 이전 자리에서 선택한 결과들은 그 자리를 떠난 뒤에는 자기와 상관이 없어진다는 사실도 잘 알고 있다. 그렇기 때문에 자리를 떠나야 하는 시기가 가까운 간부들끼리는 서로 배반을 선택할 동기가 더욱 강해진다. 빠른 인사교체는 결국 조직 내 협력을 그만큼 감소시킨다.

3장에서 지적하였듯이, 어떤 의원이 재선에 성공할 가능성이 낮을 때 비슷한 문제가 발생한다. 레임덕 시기에 이 문제는 더욱 심각하다. 국민의 입장에서 보면 임기가 얼마 남지 않은 정치인은 위험할 수 있다. 상호이익적 목표를 위해 유권자들과 협력 형태를 유지하기보다 개인적 이익을 추구하려는 유혹이 그만큼 커지기 때문이다.

정치 지도자의 교체는 민주적인 통제에 필요한 부분이기 때문에 이 문제는 다른 방식으로 해결되어야 한다. 여기서 정당이 유용하다. 국민은 당선된 당원들의 행동에 대해, 정당에 책임을 물을 수 있기 때문이다. 유권자와 정당은 장기적인 관계에 있고 따라서 정당은 자신의 의무를 남용하지 않을 후보자를 선출할 동기가 생긴다. 지도자가 유혹에 넘어간 것을 발견하면 유권자들은 다음 선거에서 그 정당의 다른 후보자를 평가하는 데 이 사실을 고려할 것이다. 워터게이트 사건 이후 유권자들이 공화당을 응징한 것은 실제로 정당이 그들 지도자의 배반에 대한 책임을 져야 한다는 사실을 보여주었다.

일반적으로 인사교체에 대한 제도적 해결책은 특정 자리에 있는 사람에게 재직 기간 후에도 책임을 지우는 것이다. 조직이나 기업 환경에서 이런 책임성을 확보하는 가장 좋은 방법은, 그 자리에서 어느 사람이 이룬 성공뿐만 아니라 다음 사람에게 그 자리를 인계할 때의 상황도 추적하는 것이다. 어떤 간부가 새 공장으로 전근하기 직전에 한 동료를 배신하고 당장의 이익을 챙겼다면, 이 간부에 대한 평가에 이런 사실도 반드시 고려되어야 한다.

협력이론은 개인적인 선택뿐 아니라 법령의 설계에 관해서도 많은 의미를 시사한다. 개인적으로 이 연구를 진행하며 가장 놀란 것 가운데 하나는, 배반에 대한 응징의 가치였다. 나는 이전까지만 해도, 화는 되도록 참는 게 좋다고 믿었다. 하지만 죄수의 딜레마 컴퓨터 대회의 결과는, 도발에는 즉각 대응하는 것이 실제로 더 좋음을 보여주었다. 만일 상대방이 주제넘게 배반했는데도 반응을 자제한다면, 상대방에게 잘못된 신호를 보낼 위험이 있다. 배반에 대한 응징을 오래 내버려두면 둘수록, 상대는 배반을 하는 게 이득이라고 결론 내릴 가능성이 높아진다. 그리고 이런 양상이 굳어질수록 나중에 깨뜨리기는 더욱 힘들어진다. 배반에 대한 응징은 빠르면 빠를수록 좋다는 의미다. 팃포탯의 성공은 이런 사실을 확실히 뒷받침한다. 즉각 반응해야, 배반을 선택하면 손해라는 메시지가 최대한 빠르게 상대방에게 전달된다.

군비축소 협정 파기 가능성에 대한 대응은 이 점을 잘 보여준다. 구소련은 종종 미국과 맺은 협정의 한계를 시험하기 위해 계획된 것으로 보이는 행보를 취했다. 미국은 구소련의 시험을 최대한 빨리 탐지하고 대응할수록 좋았다. 이런 시도가 여러 차례 누적될 때까지 두고 보다가는 더 큰 사태가 벌어져 대규모로 대응하는 위험을 감수해야 한다.

반응속도는 상대방의 선택을 탐지하는 데 걸리는 시간에 좌우된다. 이 시간이 짧으면 짧을수록 협력은 더 안정적일 수 있다. 신속한 탐지는 다음번의 상호작용이 그만큼 곧바로 이어진다는 것을 의미한다. 즉, 할인계수 w로 표시되는 미래의 그림자가 그만큼 커진다는 말이다. 이런 이유로, 안정적으로 유지될 수 있는 군축 협정은 협정 위반이 충분히 신속하게 탐지될 수 있는 종류의 협정뿐이다. 핵심 조건은, 위반이 누적되기 전에 발견될 수 있어야 한다는 점이다. 그렇지 않으면 피해국은 더는, 위반국이 배반할 동기를 가지지 못할 정도로 충분히 응징할 수 없게 된다.

응징 가능성의 가치와 관련하여 대회에서 얻어진 결과는, 신사적인 전략이 총체적으로 안정하려면 무엇이 필요한가에 대한 이론적 분석으로 보완된다. 신사적인 전략이 침범당하지 않으려면 상대방의 첫 번째 배반을 곧바로 응징할 수 있어야 한다(3장의 명제 4). 이론적으로, 반응은 곧바로 시행될 필요도 없고 확신에서 나올 필요도 없다. 단지 언젠가는 이런 반응이 나올 것이라는 실질적인 가능성이 있어야 한다. 가장 중요한 것은 상대방이 배반을 선택할 동기를 갖게 되지 않는 것이다.

물론 응징에는 위험이 따른다. 상대방이 정말 배반을 시도하고, 여기에 대한 보복에 또 보복이 이어져, 갈등은 결국 끝없는 상호배반의 악순환에 빠져버릴 수 있기 때문이다. 이것은 물론 심각한 문제가 될 수 있다. 예를 들어, 수많은 문화권에서 일족들 사이의 유혈 반목은 사그러들지 않고 수년에 걸쳐서, 심지어 여러 세대에 걸쳐 지속되기도 한다.[8]

이렇게 갈등이 지속되는 것은 메아리 효과 때문이다. 각자 상대방의 이전 배반에 대해서 자신의 새로운 배반으로 반응한다. 이에 대한 한 가지 해결책은, 법으로 양쪽 모두를 단속할 수 있는 중앙 권위체를 찾는 것이다. 불행하게도 이런 해법은 실현되기 어려운 경우가 많다. 법 규정이 있다 하더라도 상업적 계약 이행과 같은 관례적인 사건에 법원을 이용하는 비용은 엄두도 내지 못할 만큼 비싸다. 중앙 권위체의 활용이 불가능하거나 너무 비쌀 때 가장 좋은 방법은 자기 단속의 기능을 가진 전략에 의존하는 것이다.

이런 자기단속적 전략은 도발을 응징할 수 있어야 하지만, 메아리 효과를 유발하지 않도록 반응이 너무 커서는 안 된다. 예를 들어 구소련이 바르샤바 조약 가입국들과 연합해서 무장 병력 일부를 동유럽 전체에 이동시켰다고 해보자. 이런 배치는 재래전이 발발할 경우 소련에게 좀 더 유리하게 작용할 것이다. 그러므로 이에 대한 나토NATO의 대응은 경계 수준을 강화하는 것이다. 만일 구소련 병력이 추가로 또 동유럽으로 이동한다면, 나토도 이에 대응하여 미군 지원 병력을 유럽에 추가 배치해야 한다. 리처드 베츠는 이런 식의 대응을 자동화시켜, 나토의 즉각적 병력 증강이 소련의 병력 이동이 있을 때마다 시행하는 기본 대응 절차임을 소련에게 확실히 알려야 한다고 충고하였다.[9] 또한 그는 이런 대응은 제한적으로만 할 것을 권하였다. 예를 들면 소련군 3개 단위 부대 이동에 미군 1개 단위 부대를 이동하는 식이다. 이것은 메아리 효과를 제한하는 데 도움이 된다.

제한적 응징은 안정적인 협력을 위해 고안된 전략이 가진 유용한 특성이다. 팃포탯은 상대방의 배반에 대해서 똑같은 규모의 배반으로 대응하지만, 많은 경우 대응이 도발보다 약간 작을 때 협력의 안정성이 강화된다. 그렇지 않을 경우 서로의 배반에 대해서 보복하는 악순환에 곧장 빠져버리기 쉽다. 메아리 효과를 통제하는 방법은 여러 가지가 있다. 그 가운데 하나는, 먼저 배반을 선택한 참가자가 자기의 도발에 대한 상대방의 응징에 굳이 또 다른 응징으로 대응할 필요가 없음을 깨닫는 것이다. 예를 들어서, 구소련은 나토의 병력 이동이 단지 자기들의 병력 이동에 대한 대응일 뿐, 위협으로 간주할 필요는 없다고 깨달으면 다행이다. 물론 구소련은, 나토의 대응이 자동적이고 예측가능한 것인데도, 그것을 위협으로 볼 수도 있다. 따라서 나토의 대응이 구소련의 병력 이동에 비해서 약간 작은 것이 좋다. 구소련의 대응 역시 나토의 병력 이동보다 약간 적으면 결국 서로에 대한 대응이 점차 줄어 마침내 원래의 균형 상태로 돌아갈 수 있게 된다.

다행스럽게도, 협력이 진화되는 데 우정은 필요하지 않다. 참호전의 사례에서도 드러났듯이 적대적인 관계에 있더라도 호혜주의를 바탕으로 하는 협력을 배울 수 있다. 이런 관계에 필요한 것은 우정이 아니라 지속성이다. 국제 관계에서 다행스러운 점은, 강대국들이 앞으로도 계속해서 서로 관계를 맺고 상호작용할 것이라고 확신한다는 점이다. 이들의 관계는 서로에게 언제나 이득이 되지는 않을 수도 있지만, 관계는 지속된다. 그러므로 다음 해에 있을 상호작용은 올해의 선택에 큰 그림자를 드리우고, 협력이 진화될 수 있는 좋은 기회가 마련된다.

박테리아 등의 생물학적 실험에서 드러났듯이, 지능 역시 필요하지 않다. 단지 지능이 없으면 진화에 걸리는 시간이 매우 길어진다. 다행히도 인간은 지능을 가지고 있어, 이것을 이용해서 무작위로 진행되는 진화 과정을 가속시킬 수 있다. 이에 관한 가장 좋은 사례는 컴퓨터 죄수의 딜레마 1차 대회와 2차 대회 사이에 나타난 차이다. 1차 대회의 참가자들은 반복적 죄수의 딜레마에서 어떻게 하면 좋은 성적을 올릴 수 있는지 이 세상 누구보다도 잘 안다고 자신하는 게임 이론의 대가들이었다. 이들이 제출한 프로그램들이 서로 짝을 지어서 경기를 한 결과 이들의 한 게임당 평균 점수는 2.01점이었다. 이 점수는 상호배반에 대한 처벌(P) 점수인 1점과 상호협력에 대한 보상(R) 점수인 3점의 중간보다 약간 높은 정도다. 그런데 2차 대회에서는 평균이 2.60점으로 훨씬 높아져, 상호배반 점수와 상호협력 점수 차의 약 4분의 3에 이르렀다.[10] 2차 대회 참가자들은 호혜주의의 가치를 비롯한 1차 대회의 결과를 활용할 수 있었고, 이를 통해 2차 대회에서는 어떤 전략이 좋은 점수를 낼지 예상할 수 있있다. 참가자들은 지능을 활용했고 이것이 전체적으로 점수를 상당히 높이는 데 기여했다.

두 대회의 결과를 놓고 보면, 2차 대회가 1차 대회보다 더 세련되었다. 2차 대회에서는 호혜주의를 바탕으로 한 협력이 튼튼하게 자리를 잡았다. 세련되지 못한 프로그램을 이용하려는 1차 대회의 다양한 시도들은 2차 대회 환경에서는 모두 실패하면서, 팃포탯과 같은 호혜주의 전략이 얼마나 강건한지 입증해 주었다. 사람들이 컴퓨터 대회의 간접 경험을 통해, 죄수의 딜레마 상황에서 호혜주의가 얼마나 가치 있는지 배울 수 있다고 희망해도 될 듯싶다.

호혜주의가 좋다는 사실이 알려지자 호혜주의는 대세가 되었다. 상대가 당신의 협력뿐 아니라 배반도 그대로 되갚아 올 것을 안다면, 될 수 있는 대로 문제를 일으키지 않는 편이 상책이다. 또한 다른 누군가가 배반하면, 당신도 배반하여 고분고분하게 이용당하지 않는다는 것을 분명히 알리는 게 좋다. 따라서 당신은 호혜주의에 바탕을 둔 전략을 구사하게 될 것이다. 당신뿐만 아니라 모든 사람들이 다 그렇게 될 것이다. 이런 식으로 호혜주의의 가치에 대한 평가는 자기강화적으로 증폭된다. 즉, 일단 시작이 되고 나면 점차 더욱 강해진다.

이것이 바로 3장에서 설명했던, 결코 거꾸로 돌아가지 않는 미늘 달린 톱니바퀴 효과의 핵심이다. 호혜주의에 바탕을 둔 협력이 한 집단에 자리를 잡으면, 남을 이용하는 어떤 개인 혹은 집단도 이것을 꺾지 못한다는 말이다. 무작위로 일어나는 진화 과정에만 의존할 경우, 안정적인 협력이 자리를 잡는 데는 오랜 시간이 걸릴 것이다. 하지만 지능이 있는 경기자들이 협력의 중요성을 깨달으면 이 과정은 빠르게 진행될 수 있다. 이 책의 실험적 결과와 이론적인 결과를 통해 여러분은 이 세상에 잠자고 있는 호혜주의의 기회들을 좀 더 잘 볼 수 있게 되었을 것이다. 두 차례 컴퓨터 죄수의 딜레마 대회의 결과에서 얻어진 개념들을 이해하고, 또 호혜주의가 성공할 수 있는 이유들과 조건들을 알면 더 지능을 활용할 수 있을 것이다.

팃포탯 전략이 상대보다 결코 더 잘하지 못하면서도 궁극적으로 성공한다는 사실에 중요한 교훈이 담겨 있음도 알았다. 팃포탯은 상대방을 패배시킴으로써 성공하는 게 아니라 상대방에게서 협력을 이끌어냄으로써 성공을 거두었다. 우리는 축구나 체스처럼 오로지 한쪽만 이기고 한쪽은 지는 식의 경쟁에 익숙해져 있다. 그러나 실제 세상은 그렇지 않다. 광범위하고 다양한 상황에서 상호협력이 상호배반보다 '양쪽 모두에게' 이득이 될 때가 더 많다. 좋은 성과를 올리는 비결은 상대방을 누르고 이기는 게 아니라 상대방에게서 협력을 유도하는 것이다.

오늘날 인류를 위협하는 가장 중요한 문제는 국제 관계의 무대에 속한다. 독립적이고 이기적인 국가들이 거의 무정부 상태에서 서로 부닥치고 있다. 많은 문제들이 반복적 죄수의 딜레마 형태를 띠고 있다. 군비경쟁, 핵 확산, 위기 협상, 군사 확대 등이 그런 예에 포함된다. 물론 이런 문제를 실질적으로 이해하려면 죄수의 딜레마라는 단순한 틀에 포괄되지 않은 이념, 관료적 정치, 공약, 동맹, 중재, 리더십

등의 여러 가지 요소들까지 고려해야 한다. 그럼에도, 우리는 우리가 가지고 있는 모든 통찰을 활용할 수 있으니 다행이다.

로버트 길핀은 고대 그리스 시대부터 지금까지 모든 정치 이론은 단 하나의 근본적인 질문으로 회귀한다고 지적한다. "이기적인 이유에서든 혹은 사해동포주의cosmopolitan 때문이든 간에, 인간은 역사의 맹목적인 힘을 어떻게 이해하고 또 제어할 수 있을까?"●11 오늘날 이 질문은 특히 핵무기 개발 때문에 매우 심각해졌다.

6장에서 죄수의 딜레마 경기자에게 한 충고들이 국가 지도자들에게도 도움이 될 것이다. 질투하지 마라, 먼저 배반하지 마라, 협력이든 배반이든 그대로 되갚아라, 너무 영악하게 굴지 마라. 또 7장에서 소개한 죄수의 딜레마 상황에서 협력을 이끌어내는 몇 가지 방법들은, 국제 정치에서 협력을 증진시키는 데도 유용할 것이다.

협력을 통해 이득을 취하는 데 있어서 근본적인 문제는, 시행착오를 통한 학습이 느리고 고통스럽다는 사실이다. 모든 조건이 장기적으로 발전하기에 적당해졌다 하더라도, 무작위적인 진화 과정이 우리를 호혜주의에 바탕을 둔 상호협력 및 상호보상 전략으로 이끌어주기를 기다리기에는 시간이 부족한지도 모른다. 협력의 진화 과정을 좀 더 잘 이해한다면, 우리의 지능을 활용해 협력의 진화를 빠르게 가속시킬 수도 있을 것이다.

대회 결과

　이 부록은 2장에 대한 보충 자료로서, 두 차례 열렸던 컴퓨터 죄수의 딜레마 대회에 관한 추가 정보를 제공한다. 대회 경기자들에 대한 정보, 이들이 제출한 프로그램 자체에 대한 정보, 이 프로그램들이 각각의 대전에서 거둔 성적 등을 싣는다. 아울러, 여섯 번의 주요 변형판 대회에서 어떤 일이 일어났는지 살펴본다. 이것은 팃포탯의 성공이 강건하다는 추가 증거가 될 것이다.

　1차 대회에서는 제출된 프로그램 14개에 랜덤을 합해 모두 15개가 시합을 벌였다. 경기자들의 이름과 이들의 결정 규칙이 획득한 점수가 〈표 2〉에 있다. 각각의 대전 쌍은 200번의 게임을 반복하는 전체게임을 다섯 번씩 치렀다. 각 규칙들이 서로 겨루어서 얻은 점수

| 표 2 | 1차 대회 참가자 |

순위	이름	전공 분야 (교수일 경우)	프로그램의 길이	점수
1	아나톨 라포포트	심리학	4	504.5
2	니콜라우스 티트먼과 폴라 치에루치	경제학	41	500.4
3	루디 나이데거	심리학	23	485.5
4	버나드 그로프먼	정치사회학	8	481.9
5	마틴 슈빅	경제학	16	480.7
6	윌리엄 스타인과 앤넌 래포포트	수학 심리학	50	477.8
7	제임스 W. 프리드먼	경제학	13	473.4
8	모턴 데이비스	수학	6	471.8
9	제임스 그래스캠프		63	400.7
10	레슬리 다우닝	심리학	33	390.6
11	스콧 필드	사회학	6	327.6
12	요한 요스	수학	5	304.4
13	고든 툴록	경제학	18	300.5
14	익명		77	282.2
15	랜덤		5	276.3

의 평균은 〈표 3〉에 실렸다. 각 전략에 대한 설명은 내 논문(Axelrod 1980a)에 나와 있고, 이 내용은 또한 2차 대회 경기자들 모두에게 알렸다.

2차 대회 제출자 명단은 이들이 제출한 프로그램의 특성과 함께 〈표 4〉에 담았다. 각각의 대전 쌍은 다섯 번씩 전체게임을 치렀는데, 각 전체게임의 길이는 긴 것에서 짧은 것까지 다양했다. 평균 길이는 151개의 게임으로 이루어졌다. 경기자는 제출된 프로그램 62개와 랜

표 3 | 1차 대회의 대전 쌍별 점수 |

참가자	상대 참가자															평균 점수
	팃포탯	티드먼과 체에룩치	나이데거	그로프먼	슈빅	스타인과 라포포트	프리드먼	데이비스	그레스버그	다우닝	펠드	요스	툴록	익명	랜덤	
1. 팃포탯	600	595	600	600	600	600	600	600	597	597	280	225	279	359	441	504
2. 티드먼과 체에룩치	600	596	600	601	600	596	600	600	310	601	271	213	291	455	573	500
3. 나이데거	600	595	600	600	600	596	600	600	433	310	354	374	347	368	464	486
4. 그로프먼	600	595	600	600	600	600	600	600	376	309	280	236	305	426	507	482
5. 슈빅	600	595	600	600	600	600	600	600	348	271	274	272	265	448	543	481
6. 스타인과 라포포트	600	596	600	602	600	600	600	600	319	200	252	249	280	480	592	478
7. 프리드먼	600	595	600	600	600	600	600	600	307	207	232	213	263	489	598	473
8. 데이비스	600	595	600	600	600	600	600	600	307	194	238	247	253	450	598	472
9. 그레스버그	597	305	375	314	302	302	302	307	319	588	268	238	274	466	548	401
10. 다우닝	597	591	289	261	215	202	239	215	555	625	202	540	243	487	604	391
11. 펠드	285	272	286	297	255	235	232	263	310	704	246	236	272	420	467	328
12. 요스	230	214	237	286	254	213	252	232	158	634	236	224	273	390	469	304
13. 툴록	284	287	293	318	271	243	229	238	376	278	271	260	273	416	478	301
14. 익명	362	231	273	230	149	133	173	207	433	187	317	366	345	413	526	282
15. 랜덤	442	142	313	219	141	108	137	194	310	189	360	416	419	300	450	276

| 표 4 | 2차 대회 참가자 |

순위	이름	국가	전공 분야 (교수일 경우)	언어 (FORTRAN 또는 BASIC)	프로그램의 길이*
1	아나톨 라포포트	캐나다	심리학	F	5
2	대니 C. 챔피언	미국		F	16
3	오토 뵈르프센	노르웨이		F	77
4	롭 케이브	미국		F	20
5	윌리엄 애덤스	미국		B	22
6	짐 그래스캠프와 켄 카첸	미국		F	23
7	허브 와이너	미국		F	31
8	폴 D. 해링턴	미국		F	112
9	니콜라우스 티드먼과 P. 치에루치	미국	경제학	F	38
10	찰스 클루프펠	미국		B	59
11	에이브러햄 게츨러	미국		F	9
12	프랑수아 레이브라즈	스위스		B	29
13	에드워드 화이트 주니어	미국		F	16
14	그레이엄 이덜리	캐나다		F	12
15	폴 E. 블랙	미국		F	22
16	리처드 허포드	미국		F	45
17	브라이언 야마우치	미국		B	32
18	존 W. 콜베르	미국		F	63
19	프레드 마우크	미국		F	63
20	레이 미켈슨	미국	물리학	B	27
21	글렌 로샘	미국		F	36
22	스콧 아폴드	미국		F	41
23	게일 그리셀	미국		B	10
24	J. 메이너드 스미스	영국	생물학	F	9
25	톰 앨미	미국		F	142
26	D. 앰부엘과 K. 키키	미국		F	23
27	크레이그 페더스	미국		B	48
28	버나드 그로프먼	미국	정치사회학	F	27
29	요한 요스	스위스	수학	B	74
30	조나단 핑클리	미국		F	64
31	루디 나이데거	미국	심리학	F	23

32	로버트 페블리	미국		B	13
33	로저 포크와 제임스 랭스테드	미국		B	117
34	넬슨 와이더만	미국	컴퓨터과학	F	18
35	로보트 애덤스	미국		B	43
36	로빈 M. 도스와 마크 바텔	미국	심리학	F	29
37	조지 르페브르	미국		B	10
38	스탠리 F. 퀘일	미국		F	44
39	R. D. 앤더슨	미국		F	44
40	레슬리 다우닝	미국	심리학	F	33
41	조지 짐머먼	미국		F	36
42	스티브 뉴먼	미국		F	51
43	마틴 존스	뉴질랜드		B	152
44	E. E. H. 셔먼	미국		B	32
45	헨리 너스베이커	미국		B	52
46	데이비드 글래드스타인	미국		F	28
47	마크 F. 바텔	미국		F	30
48	데이비드 A. 스미스	미국		B	23
49	로버트 레이랜드	뉴질랜드		B	52
50	마이클 F. 맥거린	미국		F	78
51	하워드 R. 홀랜더	미국		F	16
52	제임스 W. 프리드먼	미국	경제학	F	9
53	조지 후퍼드	미국		F	41
54	릭 스무디	미국		F	6
55	스콧 펠드	미국	사회학	F	50
56	진 스노드그래스	미국		F	90
57	조지 두이스먼	미국		B	6
58	W. H. 로버트슨	미국		F	54
59	헤럴드 래비	미국		F	52
60	제임스 E. 홀	미국		F	31
61	에드워드 프리드랜드	미국		F	84
62	랜덤	미국		F	(4)
63	로저 호츠	미국		B	14

* 길이는 포트란 프로그램의 명령문 개수로 나타냈다.
 여기서는 조건문이 있는 명령문을 두 개로 계산했지만, 1차 대회에서는 한 개로 계산했다.

덤이었다. 따라서 2차 대회의 점수표는 63 × 63으로 엄청나게 컸다. 너무 커서 압축하여 〈표 5〉로 표시하였다. 각 프로그램이 다른 프로그램과 겨루어서 얻은 평균 점수를 한 자리 수 코드로 표시하였는데, 각 코드의 의미는 아래와 같다.

1: 100점 미만
2: 100~199.9점
   (151점은 항상 상호배반일 때)
3: 200~299.9점
4: 300~399.9점

5: 400~452.9점
6: 453점(항상 상호협력일 때)
7: 453.1~499.9점
8: 500~599.9점
9: 600점 이상

〈표 5〉는 어떤 프로그램이 왜 그런 점수를 얻었는지 대략 파악하게 해주지만, 너무 상세하고 복잡하다. 결과 분석을 하려면 보다 간결한 방법이 필요하다. 다행히 단계적회귀분석stepwise regression(회귀분석은 여러 변수 간의 인과관계를 규명하는 통계기법이고, 단계적회귀분석은 여러 단계에 걸쳐 설명력이 낮은 변수를 제거해 나가는 방법의 회귀분석이다 - 옮긴이)이 그런 방법을 제공한다. 이 방법을 쓴 결과, 어떤 프로그램이 63개의 전체 프로그램들을 대상으로 얼마나 게임을 잘 치렀는지 알려면 전체 규칙 중에서 다섯 개만 가지고 분석하면 된다는 사실이 밝혀졌다. 이 다섯 개 규칙은, 어떤 규칙이 이들과 대적하여 획득한 점수를 그 규칙이 전체 규칙들과 대적했을 때 얻을 평균 점수로 삼을 수 있다는 점에서, 전체 규칙들의 '대표'라고 할 수 있다.

협력의 진화

표 5 | 2차 대회 대전 쌍별 점수 |

참가자	다른 참가자												
	1		11		21		31		41		51		61
1	66666	66566	66666	56556	66665	65656	66666	66656	66666	56555	56554	44452	442
2	66666	66566	66666	56556	66665	65656	66666	66656	66666	56555	56554	44552	442
3	66666	66566	66666	56556	66665	65656	66666	66656	66666	56555	56554	44443	452
4	66666	66566	66666	56556	66665	65656	66666	66656	66666	56555	56553	45542	352
5	66666	66566	66666	56546	66665	65656	66666	66656	66666	56545	36494	44542	442
6	66666	66566	66666	56556	66665	65656	66666	66656	66666	56555	46583	35232	353
7	66666	66566	66666	56546	66665	65656	66666	66656	66666	56555	56553	35272	253
8	55577	55555	55777	58558	75887	85455	45485	54888	58443	53758	53574	44543	452
9	66666	66566	66666	56556	66665	65656	66666	66656	66666	56455	56554	45232	272
10	66666	66566	66666	56546	66665	65656	66666	66656	66666	56554	56554	45342	352
11	66666	66566	66666	56536	66665	65656	66666	66656	66666	46534	56553	44552	342
12	66666	66566	66666	36546	66665	65646	66666	66656	66666	56555	56554	44553	242
13	66666	66466	66666	46556	66664	64656	66666	66646	66666	56544	56354	44552	442
14	66666	66566	66666	56556	66664	64656	66666	66646	66666	56353	56453	43533	432
15	66666	66566	66666	46556	66664	64656	66666	66646	66666	56544	56354	43532	232
16	55575	55555	54777	57557	75775	77757	43375	77777	47443	54757	42484	44222	452
17	66666	66466	66666	46556	66664	64656	66666	66646	66666	56534	56253	45533	253
18	57557	55555	55777	57547	75777	77557	35577	77777	77743	57555	51572	44553	142
19	55674	54564	35777	57557	75777	77757	43473	77777	47443	55757	53573	44572	453
20	66666	66466	66666	46556	66664	64656	66666	66646	66666	56534	56253	35532	252
21	66666	66566	66666	46556	66664	64646	66666	66646	66666	56534	56353	35332	252
22	66666	66566	66666	56556	66664	65646	66666	66656	66666	36535	56353	44422	242
23	66666	66466	66666	46556	66663	64656	66666	66646	66666	56535	56252	33533	443
24	66666	66466	66666	46556	66663	64656	66666	66646	66666	36554	56454	43433	332
25	55575	55555	55878	58558	75885	85255	55384	38848	28433	52745	52583	45243	242
26	66666	66466	66666	46556	66664	64656	66666	66646	66666	56535	56353	34252	243
27	55575	55555	55777	57558	75874	75557	54373	75878	58434	53737	52353	44442	342
28	66666	66366	66666	46556	66663	65656	66666	66646	66666	56534	56353	35232	252
29	55575	55555	54777	57557	54775	75757	43473	77777	37343	56757	52474	55532	252
30	66666	66566	66666	46556	66664	64656	66666	66646	66666	46524	56352	34233	242
31	66666	66466	66666	36546	66667	67626	66666	66676	66666	46534	56773	44242	242
32	66666	55555	66666	36536	66665	64636	66666	66646	66666	26433	26573	45242	252
33	66666	66366	66666	36536	66663	63646	66666	66636	66666	36453	46394	35222	252
34	66666	55555	66666	46556	66663	65656	66666	66646	66666	36534	56253	33233	253
35	66666	66566	66666	56536	66664	63636	66666	66656	66666	26432	26493	45252	252

36	66666	66466	66666	46556	66663	64656	66666	66646	66666	26534	56253	35232	235
37	66666	66466	66666	46556	66664	64656	66666	66646	66666	26532	56353	35222	273
38	66666	66466	66666	46556	66663	64656	66666	66646	66666	36524	56272	33233	273
39	55555	55455	55778	48558	55883	84855	54384	44858	38335	52738	72373	35232	252
40	66666	66466	66666	46556	66663	64656	66666	66646	66666	36534	56272	33233	253
41	66666	66566	66666	46546	66663	65646	66666	66646	66666	26433	36373	45252	242
42	66666	66466	66666	46556	66663	64646	66666	66646	66666	36524	56252	33223	252
43	66666	66466	66666	46546	66664	64636	66666	66636	66666	26433	46383	44222	242
44	66666	66566	66666	36546	66663	63626	66666	66626	66666	46434	46393	45222	242
45	66666	66566	66666	36536	66663	65636	66666	66626	66666	26433	36373	35232	253
46	57557	55555	45757	56757	54597	55754	42392	22959	29233	52755	52574	44252	442
47	66666	66366	66666	46546	66663	63636	66666	66636	66666	26333	36393	35232	253
48	55575	55545	55777	57557	75774	74757	43373	77744	44433	53555	52454	43433	332
49	55554	55555	35785	54553	45575	34358	43533	43848	38343	53557	53593	45572	352
50	55575	55454	55757	47557	75575	54757	43372	72747	37343	54745	72354	43232	442
51	55573	45555	55777	47557	75775	75757	32372	77744	35433	54555	52454	43432	332
52	66666	66366	66666	36536	66663	63636	66666	66636	66666	26332	26392	35222	253
53	55564	55555	55375	33543	35385	34243	55324	32333	24332	52758	72593	44532	242
54	55552	35455	55777	37557	75774	75757	44171	77444	57314	52525	51152	23413	131
55	44434	33544	35575	43533	44454	33347	43433	33737	38343	43535	42494	45342	353
56	55555	22544	45575	43542	34477	35348	44322	22424	45333	42725	52392	44233	442
57	44524	22712	44577	52442	24992	45114	42192	21929	39322	41829	81382	34923	442
58	45377	22433	55775	35647	35753	25247	42222	22222	23233	22542	52783	33533	253
59	55234	24532	55577	22552	24282	55224	43222	22222	33232	52838	82292	35853	252
60	22432	22742	27343	37522	33998	22235	42292	22828	28233	22722	32382	55982	542
61	44734	22734	34473	52742	23483	23222	42222	22222	23333	42724	72293	44223	253
62	44224	12212	45477	22422	24473	44212	32222	21123	32322	41724	51382	34223	142
63	33323	22533	34333	22522	23233	22233	42322	22222	23333	22333	32392	35232	252

• 코드의 의미

1: 100점 미만
2: 100~199.9점
3: 200~299.9점

4: 300~399.9점
5: 400~452.9점
6: 453점

7: 453.1~499.9점
8: 500~599.9점
9: 600점 이상

대회 예측 점수를 구하는 공식은 다음과 같다.

협력의 진화

$$T = 120.0 + (0.202)S_6 + (0.198)S_{30} + (0.110)S_{35} + (0.072)S_{46} + (0.086)S_{27}$$

여기서 T는 어떤 규칙의 대회 예측 점수이며, S_j는 이 규칙이 j번째 규칙을 상대로 얻은 점수다.

대회 점수의 이 추정값은 $r = 0.979$ 그리고 $r^2 = 0.96$ 수준에서 실제 점수와 상관성을 가진다. 이는, 어떤 규칙이 다섯 개의 대표 규칙을 상대로 얻은 점수만 알면 이 규칙의 대회 점수 분산variance의 96%를 설명할 수 있다는 의미이다.

팃포탯의 성공은 팃포탯이 다섯 개의 대표 규칙들을 상대로 좋은 점수를 얻은 것으로도 설명할 수 있다. 일단, 453점이 처음부터 끝까지 내리 서로 협력을 했을 때 얻는 점수임을 상기하자. 팃포탯은 다섯 개의 대표 규칙들을 상대로 $S_6 = 453$, $S_{30} = 453$, $S_{35} = 453$, $S_{46} = 452$, $S_{27} = 446$과 같은 점수를 얻었다. 이것을 비교 기준으로 삼아서 다른 규칙들이 팃포탯에 비해, 대표 규칙들을 상대로 얼마나 더 못했는지(혹은 더 잘했는지) 봄으로써, 대회에서의 성적을 짐작할 수 있다. 〈표 6〉은 이렇게 해서 만들어졌는데, 2차 대회에 대한 나머지 분석의 기초가 된다.

〈표 6〉은 각 규칙의 실제 대회 점수, 그리고 실제 대회 점수와 예측 대회 점수 사이의 잔차residual(실제 관측값과 예측값의 차이를 일컫는 통계용어 - 옮긴이)도 보여준다. 각 규칙들이 획득한 대회 점수가 수백 점대에 이르지만 잔차는 대부분 10점 미만인 점을 눈여겨 보기 바

란다. 이것으로 다섯 개의 대표 규칙들이 전체 규칙의 성적을 얼마나 잘 대변하는지 알 수 있다. 잔차와 관련해서 또 하나 재미있는 점은, 순위가 높은 규칙들이 가장 큰 양수 잔차를 보이는 경향이 있다는 사실이다. 이것은 이들이 다섯 개의 대표 규칙들로 설명되지 않는 대회 환경에 한해서는, 다른 규칙들 대부분보다 성적이 좋음을 의미한다.

따라서 이제 대표 규칙들을 이용하면 어떤 일들이 일어났으며 또 왜 그런 일들이 일어났는가를 답할 수 있게 되었다.

〈표 6〉을 보면 다섯 개의 대표 규칙들을 상대로 한 점수들에서 뚜렷한 하나의 양상이 눈에 띈다. 첫 세 개의 대표 규칙은 그 자체가 신사적이다. 모든 신사적인 규칙들은 이들을 상대로 각각 453점을 얻었다. 그래서 모든 신사적 규칙들은, 1위의 **팃포탯**이 이들을 상대로 얻은 점수와 비교해도 뒤지지 않는다. 하지만 비신사적인 규칙들은 대체로 이들 대표 규칙들과 상대했을 때 **팃포탯**만큼 좋은 점수를 얻지 못했다. 〈표 6〉의 왼쪽 세 개 열에서 양수가 음수에 비해 압도적으로 많은 것이 이를 대변한다.

예를 들어, 비신사적인 규칙들 가운데서 가장 좋은 점수를 기록한 것은 폴 해링턴이 만든 것으로, 8등을 하였다. 이것은 **팃포탯**을 변형한 것인데, 랜덤을 막아낼 수 있는 방법, 상대방과 번갈아 배반하는 메아리 효과에서 빠져나오는 법, 상대를 이용하는 방법을 가지고 있다. 이 규칙은 37번째 게임에서 언제나 배반을 하고는, 상대방이 이런 배반에 곧바로 배반으로 반응을 보이지 않으면 배반의 확률을 점차 높여가고, 곧바로 배반으로 반응하면 더 이상 무작위로 배반하지

| 표 6 | 2차 대회의 각 규칙별 성적 |

순위	대회 점수	대표 규칙들을 상대로 한 성적(팃포탯 점수와의 차이로 나타냄)					
		규칙 6	규칙 30 (개정판 스테이트 트랜지션)	규칙 35	규칙 46 (테스터)	규칙 27 (트랜퀼라이저)	잔차
1	434.73	0	0	0	0	0	13.3
2	433.88	0	0	0	12.0	2.0	13.4
3	431.77	0	0	0	0	6.6	10.9
4	427.76	0	0	0	1.2	25.0	8.5
5	427.10	0	0	0	15.0	16.6	8.1
6	425.60	0	0	0	0	1.0	4.2
7	425.48	0	0	0	0	3.6	4.3
8	425.46	1.0	37.2	16.6	1.0	1.6	13.6
9	425.07	0	0	0	0	11.2	4.5
10	425.94	0	0	0	26.4	10.6	6.3
11	422.83	0	0	0	84.8	10.2	8.3
12	422.66	0	0	0	5.8	-1.8	1.5
13	419.67	0	0	0	27.0	61.4	5.4
14	418.77	0	0	0	0	50.4	1.6
15	414.11	0	0	0	9.4	52.0	-2.2
16	411.75	3.6	-26.8	41.2	3.4	-22.4	-11.5
17	411.59	0	0	0	4.0	61.4	-4.3
18	411.08	1.0	-2.0	-0.8	7.0	-7.8	-10.9
19	410.45	3.0	-19.6	-171.8	3.0	-14.2	3.5
20	410.31	0	0	0	18.0	-22.4	-4.0
21	410.28	0	0	0	20.0	68.0	-4.9
22	408.55	0	0	0	154.6	57.2	9
23	408.11	0	0	0	0	31.8	-7.6
24	407.79	0	0	0	224.6	67.4	7.2
25	407.01	1.0	2.2	113.4	15.0	56.0	2.5
26	406.95	0	0	0	0	33.6	-9.4
27	405.90	8.0	-18.6	227.8	5.6	59.6	8.9
28	403.97	0	0	0	3.0	14.0	-17.2
29	403.13	4.0	-24.8	245.0	4.0	-3.0	4.4
30	402.90	0	0	0	0	54.4	-8.6
31	402.16	0	0	0	0	-10.0	-9.6
32	400.75	0	0	0	0	52.4	2.7
33	400.52	0	0	0	0	157.4	5.7

34	399.98	0	0	0	224.6	41.6	-1.9
35	399.60	0	0	0	291.0	204.8	16.5
36	399.31	0	0	0	288.0	61.4	3.7
37	398.13	0	0	0	294.0	58.4	2.7
38	397.70	0	0	0	224.6	84.8	-0.4
39	397.66	1.0	2.6	54.4	2.0	46.6	-13.0
40	397.13	0	0	0	224.6	72.8	-2.0
41	395.33	0	0	0	289.0	-5.6	-6.0
42	394.02	0	0	0	224.6	74.0	-5.0
43	393.01	0	0	0	282.0	55.8	-3.5
44	392.54	0	0	0	151.4	159.2	-4.4
45	391.41	0	0	0	252.6	44.6	-7.2
46	390.89	1.0	73.0	292.0	1.0	-0.4	16.1
47	389.44	0	0	0	291.0	156.8	2.2
48	388.92	7.8	-15.6	216.0	26.8	55.2	-3.5
49	385.00	2.0	-90.0	189.0	2.8	101.0	-24.3
50	383.17	1.0	-38.4	278.0	1.0	61.8	-9.9
51	380.95	135.6	-22.0	265.4	26.8	29.8	16.1
52	380.49	0	0	0	294.0	205.2	-2.3
53	344.17	1.0	199.4	117.2	3.0	88.4	-17.0
54	342.89	167.6	-30.8	385.0	42.4	29.4	-3.1
55	327.64	241.0	-32.6	230.2	102.2	181.6	-3.4
56	326.94	305.0	-74.4	285.2	73.4	42.0	-7.5
57	309.03	334.8	74.0	270.2	73.0	42.2	8.4
58	304.62	274.0	-6.4	290.4	294.0	6.0	-9.3
59	303.52	302.0	142.2	271.4	13.0	-1.0	1.8
60	296.89	293.0	34.2	292.2	291.0	286.0	18.8
61	277.70	277.0	262.4	293.0	76.0	178.8	17.0
62	237.22	359.2	261.8	286.0	114.4	90.2	-12.6
63	220.50	311.6	249.0	293.6	259.0	254.0	-16.2

않는다. 그 결과 다섯 개의 대표 규칙 어떤 것하고 상대해서도 팃포탯
보다 나은 점수를 얻지 못했는데, 특히 두 번째 대표 규칙 개정판 스테
이트 트랜지션으로부터 가장 큰 타격을 입었다. 이 규칙과는 팃포탯보

다 무려 37.2점이나 낮은 점수를 얻었다. 개정판 스테이트 트랜지션은 조나단 핑클리가 1차 대회의 보충 규칙을 수정하여 제출한 것이다. 이 규칙은 상대 규칙을 1단계 마르코프과정으로 모형화한 다음, 이 모형이 정확하다는 가정 아래 자신의 장기적인 점수를 극대화하는 방향으로 게임한다. 해링턴의 규칙이 더 많이 배반을 하면 할수록 개정판 스테이트 트랜지션은, 네 개의 각 결과 뒤에 상대방이 협력을 선택할 확률을 연속적으로 추정해 나갔다. 결국 자기를 이용한 상대방과 협력하는 게 득이 되지 않는다고 결정하면, 곧이어 심지어 상호협력 뒤에도 협력하는 게 득이 되지 않는다고 결정하게 된다.[1]

그래서 개정판 스테이트 트랜지션이 일단 인내의 한계에 다다르면, 상대 규칙은 배반을 포용할 용의가 있어도 자신이 개심했다는 사실을 개정판 스테이트 트랜지션에게 설득시킬 방법이 없었다. 사실 신사적이지 않은 다른 규칙들 중에는 팃포탯보다 개정판 스테이트 트랜지션을 상대로 더 많은 점수를 올린 것들도 있었지만, 이런 규칙들은 다른 대표 규칙들을 상대로는 훨씬 나쁜 점수를 기록하는 경향이 있었다.

다섯 개의 대표 규칙은 2차 대회의 결과를 분석하는 데뿐만 아니라 변형판 대회를 가상으로 구축하는 데도 활용할 수 있다. 변형판 대회는 각 유형의 참가 규칙에 각기 다른 상대적 가중치를 부여함으로써 구축되었다. 이 다섯 개 규칙들은 각기 큰 선거구를 가지고 있는 것으로 생각할 수 있다. 이들 다섯 선거구는 대표가 아닌 잔차 선거구와 더불어, 대회에 참가한 모든 규칙의 성적을 잘 설명해 준다.

대표 규칙을 활용함으로써 만일 한 선거구가 실제보다 훨씬 너 컸너라면 어떤 결과가 빚어졌을지 조사할 수 있다. 구체적으로 말하자면, 변형판 대회란 한 선거구가 실제보다 다섯 배 클 경우를 가상한 대회다. 총 여섯 개의 선거구가 있으므로 여섯 개의 다른 변형판 대회가 가상적으로 구축될 수 있다. 각 가상 대회는 원래 대회와 상당한 차이가 있다. 각 대표 유형의 프로그램 수가 다섯 배씩 많아지기 때문이다. 그리고 각 가상 대회는 환경을 한 가지 유형 쪽으로 과장시킨 셈이므로, 다양한 전략적 환경을 대표한다고 할 수 있다.●2

사실, 이 가상 대회 점수들은 원래 대회의 점수들과 상당한 수준의 상관성을 보인다. 잔차가 실제보다 다섯 배 커져도, 대회 점수들은 여전히 실제 대회 점수들과 0.82의 상관성을 가진다. 다섯 개 대표 프로그램의 어느 선거구 하나가 실제보다 다섯 배 더 커지더라도 실제 2차 대회의 점수들과 0.90에서 0.96 사이의 상관성을 보인다. 이것이 의미하는 바는 2차 대회에 참가했던 프로그램들의 유형 분포가 실제와 전혀 달랐더라도 전반적인 결과는 별로 다르지 않고 상당히 안정적이었을 것이라는 뜻이다. 그렇기 때문에 2차 대회의 전반적인 결과는 상당히 강건하다고 말할 수 있다.

그러나 논의를 대회 전반에서 승자 한 개체로 옮겨서, 팃포탯이 이러한 여섯 개의 가상 대회에서 과연 어떤 성적을 거두었을지도 궁금해진다. 이 질문에 대한 답은, 팃포탯이 여전히 여섯 개의 가상 대회 가운데 다섯 개 대회에서 1등을 차지했다는 것이다. 이것은 아무리 환경이 바뀐다 해도, 대회에 참가한 모든 프로그램 가운데 팃포탯이 최고의 프로그램임을 입증하는 강력한 결과였다.

한 개 대회에서 팃포탯이 우승을 놓쳤다는 사실이 매우 흥미롭다. 개정판 스테이트 트랜지션 유형의 프로그램이 실제보다 다섯 배 많아지면 팃포탯은 2위가 된다. 그리고 이때 우승은 실제 대회에서는 불과 49등밖에 하지 못한 프로그램이 차지한다. 이 프로그램은 뉴질랜드 오클랜드에서 로버트 레이랜드가 제출한 것이다. 시작할 때는 협조적이지만 어떻게 하면 응징당하지 않고 상대방을 이용할 수 있을지 기회를 노린다는 점에서 트랜퀼라이저와 비슷하다. 〈표 6〉에서 알 수 있듯이 레이랜드의 프로그램이 49등을 한 이유는 세 번째 대표 프로그램과 트랜퀼라이저를 상대로 너무 성적이 낮았기 때문이다. 하지만 개정판 스테이트 트랜지션을 상대로는 팃포탯보다 90점이나 높은 점수를 얻었다. 이 프로그램은 초기의 여러 협력 속에서 잘 받아들여졌기 때문이다. 만일 개정판 스테이트 트랜지션의 선거구가 실제보다 다섯 배 컸더라면, 레이랜드의 규칙은 팃포탯을 비롯한 모든 프로그램을 제치고 우승을 차지했을 것이다.

팃포탯이 여섯 개 가상 대회에서 다섯 차례 우승을 하고 나머지 한 개 대회에서 2등을 차지했다는 사실은, 팃포탯의 승리가 매우 강건함을 입증한다.

이론적 명제의 증명

여기에서는 이론적 명제들을 다시 한 번 살펴보고, 본문에 포함되지 않은 증명을 제공한다. 아울러 총체적으로 안정한 모든 전략들의 특성에 대한 이론적 근거를 제공한다.

죄수의 딜레마 게임은 두 명의 경기자가 각자 협력(C)을 선택하거나 배반(D)을 선택할 수 있는 게임으로 정의된다. 만일 둘 다 협력을 하면 둘 다 보상(R)을 얻고, 둘 다 배반을 하면 둘 다 처벌(P)를 얻는다. 그리고 만일 한쪽이 협력을 하고 다른 쪽이 배반을 하면 전자는 머저리(S)라는 보수를, 후자는 유혹(T)이라는 보수를 얻는다. 그리고 이때의 각 보수 크기는 $T > R > P > S$이며, $R > (T+S)/2$라는 부등식을 만족한다. 이 게임 행렬은 1장의 〈그림 1〉(본문 36쪽 참조)에서 확인했다. 반복적 죄수의 딜레마에서는 현재 게임이 이전 게임보다 중요도가 w만큼 감소하며, w는 $0 < w < 1$이다. 그러므로 게임이 반복될 때 두 경기자가 언제나 협력할 경우, 이들이 얻는 누적 점수는 각각 $R + wR + w^2R + \cdots = R/(1-w)$이다.

전략이란 지금까지의 게임 전체 이력에서 현재 게임에서 협력을 선택할 확률에 이르기까지에 걸친 함수이다. 전형적인 전략으로 팃포탯이 있는데, 이 전략은 맨 처음에는 언제나 협력을 선택하고 그다음부터는 상대방이 이전에 선택한 대로 선택한다. 일반적으로 전략 A가 전략 B를 상대할 때의 가치(혹은 점수)를 $V(A|B)$로 나타낸다. $V(A|B) > V(B|A)$이면 전략 A는 전략 B를 구사하는 경기자들의 집단에 침범한다고 말한다. 아무 전략도 B를 침범할 수 없을 때 전략 B는 총체적으로 안정하다고 말한다.

첫 번째 명제는, 반복적 죄수의 딜레마에서 미래가 충분히 중요할 경우, 단독으로 최선인 전략은 존재하지 않는다는 슬픈 내용이다.

명제 1. 할인계수 w가 충분히 클 경우, 다른 경기자가 쓰는 전략과 독립적으로 최선인 전략은 없다.

여기에 대한 증명은 1장에서 이미 했다.

두 번째 명제는 만일 모든 경기자가 팃포탯을 구사하고 미래가 충분히 중요하다면, 아무도 다른 어떤 전략으로 바꾸어 더 높은 점수를 얻을 수 없다는 내용이다.

명제 2. w가 적어도 $(T-R)/(T-R)$와 $(T-R)/(R-S)$ 가운데 더 큰 값만큼만 큰 경우에 한해 **팃포탯**은 총체적으로 안정하다.

증명. 먼저 이 명제는 올디나 배반과 협력을 번갈아 가면서 선택하는 전략에 침범당하지 않는 경우에 한해, 팃포탯은 총체적으로 안정하다는 말과 동치이다. 이 두 식formulation이 동치라는 것을 증명한 뒤에, 두 번째 식의 두 가지 함언implication을 증명한다.

올디가 팃포탯을 침범할 수 없다는 말은 곧 $V(\text{All } D \mid \text{TFT}) \leq V(\text{TFT} \mid \text{TFT})$란 뜻이다. 올디가 팃포탯을 만나면 첫 번째 게임에서 T를 얻고 그다음부터는 계속해서 P를 얻는다. 즉 $V(\text{All } D \mid \text{TFT}) = T + wP/(1-w)$가 된다. 팃포탯은 자신의 쌍둥이 전략에 대해서 늘 협력을 선택하므로 $V(\text{TFT} \mid \text{TFT}) = R + wR + w^2R + \cdots = R/(1-w)$가 된다. 그러므로 올디는 $T + wP/(1-w) \leq R/(1-w)$, 즉 $T(1-w) + wP \leq R$, 즉 $T-R \leq w(T-P)$, 즉 $w \geq (T-R)/(T-P)$일 때 팃포탯을 침범할 수 없다. 마찬가지로, 배반과 협력을 번갈아 선택하는 전략이 팃포탯을 침범할 수 없다는 것은 $(T+wS)/(1-w^2) \leq R/(1-w)$, 즉 $w \geq (T-R)/(R-S)$임을 의미한다. 그러므로 $w \geq (T-R)/(T-P)$ 그리고 $w \geq (T-R)/(R-S)$는 팃포탯이 올디나 배반과 협력을 번갈아 선택하는 전략에 침범되지 않음과 동치이다. 이것은 두 식이 동치임을 의미한다.

이제 두 번째 식의 두 가지 함언을 증명하고자 한다. 첫 번째 함언은, 만일 팃포탯이 총체적으로 안정하면 어떤 전략도 여기에 침범할 수 없고 따라서 위에서 말한 두 전략 역시 침범할 수 없다는 간단한 관찰로써 증명된다. 두 번째로 증명할 함언은, 만일 올디나 배반(D)과 협력(C)을 번갈아 선택하는 전략 둘 다 팃포탯을 침범할 수 없다

협력의 진화

면, 그 어떤 전략도 팃포탯에 침범할 수 없다는 것이다. 팃포탯은 상대방이 이전 게임에 어떤 선택을 했느냐에 따라서 두 가지 중 오로지 한 선택을 한다(첫 번째 게임에서는 상대방이 이전에 협력을 했다고 가정한다). 그러므로 어떤 전략 A가 팃포탯과 상호작용할 때 A가 D를 선택한 뒤에 할 수 있는 최고의 선택은 C 아니면 D다. 마찬가지로 A가 D를 선택한 뒤에 할 수 있는 최고의 선택도 C 아니면 D다. 이렇게 해서 A가 팃포탯을 맞이해 할 수 있는 최고의 선택은 CC, CD, DC, DD 네 가지의 반복 수열이다. CC는 팃포탯이 다른 팃포탯과 대응하는 것과 동일한 성적을 낼 것이다. CD는 CC나 DC보다 더 나은 점수를 얻지 못한다. 이는, DC와 DD가 팃포탯을 침범할 수 없으면 다른 어떤 전략도 침범할 수 없음을 의미한다. DC와 DD는 각각 D와 C를 번갈아 선택하는 전략 그리고 올디와 동일하다. 그러므로 만일 이 두 전략이 팃포탯을 침범할 수 없으면 그 어떤 전략도 할 수 없으며 팃포탯은 총체적으로 안정하다. 이것으로 증명이 끝났다.

팃포탯이 총체적으로 안정하다는 것을 증명했으므로, 다음 단계로 총체적으로 안정한 전략들의 특징을 찾아보자. 이들의 특징을 찾는 이유는, 기존 전략이 잠재적 침범 전략이 기존 전략을 채택할 때보다 낮은 점수를 얻게 만들 수 있으면 기존 전략은 침범을 막을 수 있다는 관점에서 나온다. 즉 전략 A가 나중에 무엇을 선택하든 간에 전략 B가 A의 총점을 충분히 낮은 수준에서 묶어둘 수 있다면, 전략 B는 A의 침범을 막을 수 있다. 여기에서 다음과 같은 유용한 정의가 도출된다. B가 n번째 게임부터 계속해서 배반을 선택한다고 가정할 때, A

가 n번째 게임부터 무엇을 선택하든 간에 $V(A \mid B) \leq V(A \mid B)$라면, B는 A에 대해서 '안정적 위치'를 차지한다. 여기에서 $Vn(A \mid B)$를 n번째 이전까지 게임에서의 A의 할인누적점수라고 하자. 그러면, n번째 게임에서 B가 A에 대해서 안정적인 위치를 차지하고 있다는 것을 다르게 표현하면 $Vn(A \mid B) + w^{n-1}P / (1-w) \leq V(B \mid B)$이다. B가 배반을 할 때 n번째 게임부터 A가 얻을 수 있는 최상의 점수는 매번 P이기 때문이다.

이어지는 정리는, 총체적으로 안정한 전략을 원한다면 상대방에게 이용당해도 안정적 위치를 고수할 수 있을 때는 반드시 협력해야만 한다는 충고를 구체화한다.

특성화 정리. 상대방의 지금까지의 누적 점수가 너무 커질 때, 구체적으로는 $Vn(A \mid B) > V(B \mid B) - w^{n-1}[T + wP/(1-w)]$일 때, B가 n번째 게임에서 배반을 하는 경우에 한해, B는 총체적으로 안정한 전략이다.

이 정리의 증명은 내 논문(Axelrod 1981)을 참고하기 바란다.

특성화 정리는 추상적 의미에서 "정책 관련적"인데, 이는 어떤 전략 B가 총체적으로 안정하기 위해서는 과거 상호작용 내력의 함수로서 임의의 시점에서 무엇을 해야 하는지를 정해주기 때문이다.[1] 이것은 전략 B가 총체적으로 안정하기 위한 필요조건이자 충분조건이기 때문에 완벽한 특성화이다.

이 정리를 통해 총체적으로 안정적인 전략에 관한 두 가지 귀결

협력의 진화

을 더 확인할 수 있다. 먼저, 상대방이 너무 많은 점수를 축적하지 않는 한, 한 전략은 협력이나 배반 중 하나를 고를 수 있으면서도 여전히 총체적으로 안정할 수 있는 유연성이 있다. 총체적으로 안정한 전략이 대체로 많이 존재할 수 있는 이유는 바로 이 유연성 때문이다. 두 번째 귀결은, 신사적인 전략(결코 먼저 배반하지 않는)은 자기와 동일한 전략을 상대로 할 때 가장 높은 점수를 얻으므로 가장 유연성이 크다는 것이다. 다르게 표현하면, 신사적인 전략은 자기들끼리의 상호작용에서 높은 점수를 얻기 때문에 다른 전략들이 침범자를 상대할 때보다 더 관대할 여유가 있다는 말이다.

명제 2는 팃포탯은 미래가 충분히 중요할 때만 총체적으로 안정함을 보여준다. 다음 명제는 특성화 정리를 이용해 이런 결론이 보편적임을 보인다. 사실 이것은 먼저 협력할 수 있는 모든 전략에 다 적용이 된다.

명제 3. 먼저 협력할 수 있는 임의의 전략 B는 오직 w가 충분히 클 때에만 총체적으로 안정할 수 있다.

증명. 만일 B가 첫 게임에서 협력을 선택한다면 $V(\text{All D}|B) \geq T + wP/(1-w)$이다. 그런데 임의의 B에 대해서 $R/(1-w) \geq V(B|B)$이다. $R > P$이고 $R > (S+T)/2$라는 죄수의 딜레마 가정에 입각해, R은 B가 다른 B를 상대로 얻을 수 있는 최고의 점수이기 때문이다. 그러므로 $V(\text{All D}|B) > V(B|B)$는 $T + wP/(1-w) > R/(1-w)$일 때면 성립한다. 이는 $w < (T-R)/(T-P)$일 때면 올디가 첫 게임에서 협력하는 B를 침범한다는 의미다. 만일 B가 첫 게임에

서 협력을 선택할 가능성이 있다면 $V(\text{All } D|B)$의 $V_1(B|B)$에 대한 이득은 w가 충분히 크면 상쇄된다. 마찬가지로, 만일 B가 n번째 게임까지 먼저 협력을 하지 않는다면 $V_n(\text{All } D|B) = V_n(B|B)$이 되고 $V_{n+1}(\text{All } D|B)$의 $V_{n+1}(B|B)$에 대한 이득은 w가 충분히 크면 상쇄된다.

앞에서도 언급했듯, 특성화 정리는 신사적인 전략이 유연성이 가장 크다는 결론으로 이어진다.

하지만, 신사적인 전략의 유연성은 다음 정리에서 볼 수 있듯 무제한은 아니다. 사실 신사적인 전략은 상대방이 첫 번째 선택에서 보여주는 배반에 대해서 '응징'을 할 수 있어야 한다. 즉, 상대방이 배반을 선택했을 때 그다음에 배반으로서 응징을 가할 수 있어야 한다는 말이다.

명제 4. 신사적 전략이 총체적으로 안정하려면, 상대의 최초 배반을 응징해야 한다.

증명. 신사적 전략이 n번째 게임의 배반을 응징하지 않으면 오직 n번째 게임에서만 배반하는 규칙에 의해 침범당하기 때문에 총체적으로 안정하지 않다.

w나 보수 변수 T, R, P, S 값과 상관없이 '항상' 총체적으로 안정한 전략이 하나 있다. 바로 무슨 일이 있든 배반하는 올디다.

명제 5. 올디는 항상 총체적으로 안정하다.

증명. 올디는 언제나 배반하고, 특성화 정리의 조건이 요구받을 때마다 배반을 선택하기 때문에, 언제나 총체적으로 안정적이다.

협력의 진화

이는 "비열한"들의 세상이 다른 어떤 전략의 침범으로부터도 건재하다는 것을 의미한다. 단, 신참자가 한 번에 한 명씩 진입한다면 말이다. 그러므로 협력의 진화가 진행되려면 신참자는 반드시 무리를 지어서 들어와야 한다. 기존 전략 B에 비해 새로운 전략 A가 훨씬 적다고 가정하면, A가 무리를 지은 규모는 서로의 환경에서는 상당한 부분을 차지할 정도로 크지만 B의 환경에서 보면 무시할 수 있을 정도다. 그러므로 $pV(A|A) + (1-p)V(A|B) > V(B|B)$이면, p무리의 A가 B에 침범한다고 할 수 있다. 여기서 p는 전략 A를 사용하는 경기자가 역시 전략 A를 사용하는 다른 경기자와 상호작용을 하는 비율이다. p에 관해 풀어 말하자면, 신참자들이 서로 상호작용을 충분히 많이 하기만 하면 침범이 가능하다는 뜻이 된다.

여기서 상호작용하는 두 개체의 만남이 무작위적이지 않다고 가정한다는 데에 주목하자. 만약 만남이 무작위적이라면 A는 다른 A와 거의 만나기 힘들 것이다. 하지만 무리짓기 개념은 A가 기존 전략 환경 속에서는 미미한 부분을 차지하나 A 자신들의 환경에서는 결코 사소하지 않은 경우를 다룬다.

3장은 신참자가 무리를 지어서 진입할 때 기존의 전략은 쉽게 침범당할 수 있음을 구체적인 수치를 예로 들어 설명하고 있다. 예를 들어 표준 변수들 $T = 5, R = 3, S = 1, P = 0$ 그리고 $w = 0.9$인 상황에서 팃포탯을 구사하는 무리가 있고 이들이 올디로 통일되어 있는 집단에 들어갈 때, 이들 팃포탯 경기자가 자기들끼리 5퍼센트만 상호작용을 한다 하더라도 올디는 팃포탯에 침범당할 수 있다는 것이다.

그런데 이런 질문도 가능하다. 만일 어떤 기존 집단에서 새로운 전략을 채택하는 구성원의 수가 점점 많아져서 더는 무시할 수 없는 규모가 된다면 어떤 일이 일어날까? 이렇게 되면 새로운 전략의 경기자들이 무작위의 상호작용을 피해야 할 필요성이 줄어든다. 전략 B를 구사하는 전체 집단에서 새로운 전략 A를 구사하는 신참자 집단이 q 비율이라고 하면, $qV(A \mid A) + (1-q)V(A \mid B) > qV(B \mid A) + (1-q)V(B \mid B)$일 때 신참자들은 기존 경기자들보다 더 나은 성적을 올린다. 올디에 침범하는 팃포탯의 사례에서 표준 보수를 적용하면(즉, $T = 5, R = 3, S = 1, P = 0$ 그리고 $w = 0.9$일 때 - 옮긴이) 필요한 조건은 겨우 $q > 1/17$이다. 이는, 신참자들의 규모가 전체 집단에서 아주 작은 부분으로만 형성되어도 이들이 무작위적 상호작용을 통해서 번성할 수 있다는 뜻이 된다.

새로운 전략의 침범에 관한 연대기적 이야기는 전체 개체군에 비하면 얼마든지 무시해도 될 만큼 작은 집단의 무리에서 시작된다. 새로운 전략은 이 전략을 채택한 경기자들끼리 서로 만날 가능성 p를 조금만 확보해도 기존 집단 속에서 자리를 잡을 수 있다. 그리고 이 새로운 전략이 일단 번성하기만 하면 무작위의 상호작용을 회피해야 할 필요성이 줄어든다. 그리고 마침내 새로운 전략을 채택한 경기자의 비율 q가 전체에서 아주 작은 규모로나마 형성되면 완전히 무작위적인 상호작용 속에서도 새로운 전략은 얼마든지 번성할 수 있다.

다음 명제는 올디만 존재하는 집단에 최소 크기의 무리로 가장 효과적으로 침범할 수 있는 전략은 어떤 것인가를 보여준다. 그런 전략은 자신과 올디를 가장 잘 판별할 줄 아는 전략이다. 아직 한 번도 협력하지 않은 상대하고도 궁극적으로 협력할 수 있고, 일단 협력하면 자기와 같은 전략을 쓰는 상대와는 항상 협력하고 올디와는 절대 다시 협력하지 않는 '최대 판별력'이 있는 전략이다.

명제 6. 최소의 p값을 가지고 무리지어 올디를 침범할 수 있는 전략은 팃포탯처럼 최대 판별력을 가진 전략이다.

증명. 어떤 전략이 올디에 침범할 수 있으려면 협력을 먼저 선택할 가능성이 있어야 한다. 자기와 동일한 전략을 구사하는 상대방과는 결정론적 협력을 하는 편이 확률적 협력을 하는 것보다 낫다. 확률적 협력을 하면 S와 T가 동일한 확률로 산출되는데, 죄수의 딜레마에서 $(S+T)/2 < R$이기 때문이다. 그러므로 가장 작은 p로 다른 전략에 침범할 수 있는 전략은, 비록 상대방이 여태껏 단 한 번도 협력을 하지 않았다 하더라도 반드시 n번째 게임에서 먼저 협력을 선택해야 한다. p의 비율로 서로 상호작용을 하는 전략 A의 무리가 전략 B의 집단에 침범한다고 할 때, p의 최소값으로 올디에 침범하는 전략은 가장 작은 p^*값을 가져야 한다. 여기에서 $p^* = [V(B|B) - V(A|B)]/[V(A|A) - V(A|B)]$이다. p^*값은 (A가 n번째 처음으로 협력을 한다는 제약 아래에서) $V(A|A)$와 $V(A|B)$가 최대일 때 최소가된다. $V(A|A) > V(B|A) > V(A|B)$이기 때문이다. 이 제약 아래 $V(A|A)$와 $V(A|B)$는 A가 최대 판별력이 있다고 할 때 최대가 된다. (덧붙이자면, A가 처음으로 협력할 때 p의 최소값과는 관계가 없다.) 팃포탯이 바로 이런 전략이다. 이 전략은 맨 처음에, 즉 $n = 1$일 때 언제나

협력을 선택하기 때문에 올디를 상대로는 딱 한 번만 협력을 하고 다른 틧포탯을 상대로는 언제나 협력을 선택한다.

다음 명제는, 신사적인 전략(결코 먼저 배신하지 않는)이 실제로 다른 전략보다 무리를 지은 침범으로부터 스스로를 더 잘 보호함을 보여준다.

명제 7. 신사적 전략이 한 개체에 의해 침범당할 수 없다면 개체들이 모인 어떤 무리에 의해서도 침범당하지 않는다.

증명. 전략 A를 채택한 무리가 전략 B 집단에 침범하려면 $pV(A|A) + (1-p)V(A|B) > V(B|B)$를 만족하는 $p \leq 1$이 존재해야 한다. B가 신사적이라면 $V(A|A) \leq V(B|B)$이다. $V(B|B) = R/(1-w)$이기 때문으로, 이는 상대방이 동일한 전략을 구사할 때 얻을 수 있는 최대값이다. 이것이 최대값인 이유는 $R > (S+T)/2$이기 때문이다. $V(A|A) \leq V(B|B)$이므로, A는 오직 $V(A|B) > V(B|B)$일 때에만 무리지어 침범할 수 있다. 물론 이는 A가 단일 개체로 침범할 때도 마찬가지다.

마지막 명제는 경기자들이 오직 자기 이웃들하고만 상호작용을 하는 세력권 체계에 관한 것이다. 모든 세대에서 모든 경기자는 자기 이웃들과 상호작용을 해서 얻은 점수의 평균 점수로 평가된다. 그런데 이때 어떤 경기자의 이웃이 이 경기자보다 높은 점수를 얻으면, 이 경기자는 원래 자기가 가지고 있던 전략을 버리고 그 이웃이 구사하는 전략을 채택한다(이웃들 가운데 최고점이 동점일 경우에는 그 가운데서 무작위로 하나를 선택한다).

침범과 안정성의 개념은 다음과 같이 세력권 체계로 확장된다. 전략 A를 쓰는 한 개체가 전략 B만을 쓰는 집단의 한 지점에 들어간다고 치자. 이때 세력권에 속한 모든 지점이 종국에는 전략 A로 바뀐다면, 전략 A가 전략 B를 '세력권적으로 침범했다'고 한다. 또 어떤 전략으로부터도 세력권적으로 침범당하지 않는 전략 B는 '세력권적으로 안정하다'고 말할 수 있다.

이 내용은 다음과 같은 명제로 이어진다.

명제 8. 어떤 전략이 총체적으로 안정하면, 세력권적으로도 안정하다.

이 명제의 증명은 8장에서 이미 했다. 이 증명 내용은 상호연관성의 수준이 그다지 높지 않은 어떤 세력권 체계에도 일반적으로 적용할 수 있다. 특히, 원래 지점의 이웃이 아닌 이웃에도 이웃이 존재하는 모든 세력권 체계에 적용할 수 있다.

이 명제는 세력권 체계에서 어떤 전략이 다른 전략의 침범으로부터 스스로를 지키는 일은 최소한 자유롭게 뒤섞일 수 있는 체계에서만큼 쉽다는 사실을 증명한다. 이 명제의 중요한 의미는 이렇다. 상호협력은, 적어도 자유롭게 뒤섞인 체계에서만큼 쉽게, 세력권 체계(상호연관성의 수준이 그다지 높지 않은) 안에서도 유지될 수 있다.

1장. 협력, 무엇이 문제인가

1. Hobbs 1651/1962, p. 100.

2. 국제정치 문제에 적용할 때 나타나는 유용한 사례들을 보려면 다음 자료들을 참조하라. 안보 딜레마(Jervis 1978), 군비경쟁 및 군비축소(Rapoport 1960), 동맹 경쟁(Snyder 1971), 관세 협상(Evans 1971), 다국적 회사(Laver 1977), 키프로스 분 쟁(Lumsden 1973).

3. Matthews 1960, p. 100; 또한 Mayhew 1975도 참조하라.

4. Smith 1906, p. 196.

5. Ornstein, Peabody, and Rhode 1977.

6. Schelling 1978.

7. 죄수의 딜레마 게임 개념은 1950년 무렵 메릴 플러드Merrill Flood와 멜빈 드레 셔Melbin Dresher가 처음 창안했고, 그 직후에 A. W. 터커A.W.Tucker가 처음 정식 화했다.

8. Luce and Raiffa 1957, pp. 94-102.

9. 세 명 이상이 참가해서 상호작용을 하는 경우, n명이 참가하는 복잡한 죄수의 딜레마 게임을 모형으로 설정할 수 있다(Olson 1965; G. Hardin 1968; Schelling 1973; Dawes 1980; R. Hardin 1982). 두 사람이 참가하는 사례에서 나온 결과는 n명이 참가하는 사례를 보다 깊이 분석하는 데 도움이 되지만, 이 경우는 여기에서 다룰 사항이 아니다. 2명의 경우와 n명의 경우를 나란히 놓고 비교한 내용을 보려면 Taylor 1976, pp. 29-62를 참조하라.

10. Schelling 1960.

11. Howard 1971.

12. Taylor 1976, pp. 69-73.

13. Shubik 1970.

14. 상대방이 팃포탯을 구사하고 내가 계속 배반만 하는 올디를 선택할 때 얻을 수 있는 점수는 다음과 같다.

$$V(\text{All D} \mid \text{TFT}) = T + wP + w^2P + w^3P + \cdots = T + wP(1 + w + w^2 + \cdots)$$
$$= T + wP/(1-w)$$

15. 만일 상대방이 영구적으로 배반을 하는 전략을 구사한다면, $R/(1-w) > T + wP/(1-w)$ 혹은 $w > (T-R)/(T-P)$일 경우에 당신은 언제나 배반을 하는 게 아니라 언제나 협력을 하는 전략을 선택하는 게 유리하다.

16. 예를 들어 Hinckley 1972를 보라.

17. Young 1966, pp. 87-90; Polsby 1968; Jones 1977, p. 154; Patterson 1978, pp. 143-44.

18. 효용은 구간척도interval scale로만 측정하면 된다는 의미다. 구간척도를 사용한다는 것은, 화씨로 재든 섭씨로 재든 실제 온도는 동일한 것과 마찬가지로, 양의 선형변환을 보수들에 적용한다 해도 보수들의 본질은 동일하다는 것을 의미한다.

19. Simon 1955 ; Cyert and James 1963.

20. 경제 변화의 진화론적 모형에서 정교한 선택을 하지 않을 경우에 관해서는 Nelson and Sidney 1982를 참조하라.

21. Graham T. Allison, The Essence of Decision, Boston : Little, Brown, 1971.

2장. 컴퓨터 대회에서 팃포탯이 거둔 승리

1. Bethlehem 1975.

2. Baefsky and Berger 1974.

3. Nydegger 1974.

4. Richardson 1960 ; Zinnes 1976, pp. 330-40.

5. Samuelson 1973, pp. 503-5.

6. G. Hardin 1982.

7. Riker and Brams 1973.

8. Luce and Raiffa 1957.

9. Schelling 1973.

10. Taylor 1976.

11. Howard 1966; Rapoport 1967.

12. Tideman and Tullock 1976; Clarke 1980.

13. 본문에서 설명하겠지만, 2차 대회는 게임 횟수가 가변적이다.

14. Oskamp 1971; W. Wilson 1971.

15. Jennings 1978.

16. Downing 1975.

17. 이것은 Rapoprt and Chammah 1965, pp. 72-3에서보다 더 폭넓게 용서를 정의한 것으로서, 상대방에게 이용을 당한 뒤, 즉 S라는 점수를 받은 뒤에도 다시 협력을 하는 경우다.

18. 다섯 전체게임을 치른 뒤 팃포탯과 요스가 얻은 평균 점수는 각각 225점과 230점이었다.

19. 15개 프로그램이 참가한 1차 대회와 동일한 환경에서 개정판 다우닝이 얻을 수 있는 평균 점수는 542점이었다. 이는 1차 대회 우승자였던 팃포탯의 504점보

다 훨씬 높은 점수다. 한편 동일한 환경을 설정했을 때 팃포투탯은 532점을 얻었고 룩어헤드는 520점을 얻었다.

20. 이 확률은 총 게임 횟수의 중간값 기댓값을 200으로 맞추기 위해서 설정한 값이다. 실제로 각각의 대전 쌍은 다섯 차례의 전체게임을 했고, 이때 각 게임 횟수는 무작위 설정에 의해서 한꺼번에 결정되었다. 이를 통해서 나타난 무작위 표본의 각 대전 쌍이 벌일 다섯 차례의 게임 횟수는 각각 63회, 77회, 151회, 156회, 308회였다. 그래서 평균적인 게임 횟수는 기댓값 200회보다 적은 151회였다.

21. Axelrod 1980a.

22. Trivers 1971; Dawkins 1976, pp. 197-202; Maynard Smith 1978.

23. 이 재생산 과정을 통해서 모의실험 속 가상의 2세대가 나타나고, 여기에서 한 전략이 획득한 평균 점수는 이 전략이 다른 전략들을 상대로 얻은 가중평균 값이다. 여기에서 가중치는 이전 세대의 성공률에 비례한다.

24. 이러한 미래 대회 모의실험은 어떤 주어진 전략이 다른 모든 전략들을 상대로 얻은 점수들의 가중평균값을 계산하는 방식을 통해서 이루어진다. 이때 현재 세대에 존재하는 다른 전략들의 수를 가중치로 삼는다. 다음 세대에 존재하는 어떤 전략의 수는 현재 세대에 존재하는 수와 이 전략이 현재 세대에서 기록한 점수를 계산해서 비례적으로 산출된다. 이 과정에서 보수 행렬을 기수적cardinal으로 측정할 수 있다고 가정했다. 이는 이 책에서 유일하게, 보수 값들을 단지 구간 척도가 아니라 기수로 해석한 부분이다.

협력의 진화

3장. 협력의 연대기

1. Maynard Smith 1974 and 1978.

2. 게임이론 개념에 익숙한 사람은 총체적으로 안정한 전략을 내시 균형(게임 참가자들이 저마다 내린 선택이 최선이라고 여기는 결과에 이르는 상태 - 옮긴이)을 이루는 전략이라고 인식할 것이다. 내가 침범과 총체적 안정성에 대해서 내리는 정의는 Maynard Smith 1974에서 내린 정의와는 조금 다르다. 그가 내리는 침범의 정의에 따르면, 신참자를 만나는 기존 구성원이 신참자를 만나는 또 다른 신참자보다 더 나은 점수를 얻는다고 가정할 때, 기존 구성원을 만나는 신참자는 기존 구성원을 만나는 다른 기존 구성원과 똑같은 점수를 얻는다. 나는 증명 과정을 단순하게 하고 또 단일한 돌연변이 전략이 빚어내는 효과와 비록 소수라 하더라도 무리를 지어 나타난 복수의 돌연변이 전략들이 빚어내는 효과 사이에 존재하는 차이를 집중적으로 조명하기 위해서 이런 새로운 개념 규정을 사용해 왔다. 진화론적으로 안정한 전략은 모두 총체적으로 안정하다. 절대로 먼저 배반하지는 않는 신사적인 전략에 대해서 이 정의는 유효하다. 본문에 수록된 모든 명제들은 '진화론적 안정성'이 '총체적 안정성'으로 대체될 수 있다면, 참이다. 단, 〈부록 B〉의 특성화 정리는 예외다. 이 정리에서 특성화는 필요조건은 되지만 충분조건은 되지 않는다.

3. 총체적 안정성은 전체 개체군 차원에서뿐만 아니라 경기자 개인 차원에도 적용할 수가 있다. 예를 들어서, 한 참가자가 어떤 특정 전략을 사용하기로 마음을 정했다고 하자. 그런데 이 전략이 총체적으로 안정적일 경우, 다른 참가자는 이 전략 이외의 다른 전략을 구사해서 이 참가자보다 더 좋은 점수를 얻을 수가 없다.

4. 조건을 달아서 상황을 제한하는 접근 방법은 Hamilton 1967에서 여러 가지 다양한 게임에서 활용되었고, 임의로 범위를 제한해서 전략을 소수로 제한하는

접근 방법은 Maynard Smith and Price 1973; Maynard Smith 1978; Taylor 1976 에서 활용되었다. 협력적인 행동의 잠재적 안정성에 대한 관련 결과에 대해서는 Luce and Raiffa 1957, p. 102; Kurz 1977; Hirshleifer 1978을 참조하라.

5. 특히, 팃포탯이 총체적으로 안정적일 수 있는 w의 임계값은 $(T-R)/(T-P)$ 과 $(T-R)/(R-S)$ 가운데 수치가 높은 쪽이다. 1장에서 살펴보았듯이 팃포탯 에 맞서서 항상 배반만 선택할 때 얻을 수 있는 점수는 $T + wP + w^2P + w^3P + \cdots$ $= T + wP/(1-w)$이다. 이것은 $w \geq (T-R)/(T-P)$일 때 팃포탯으로 통일 된 개체군 전체의 평균인 $R/(1-w)$보다 높지 않다. 마찬가지로 팃포탯에 맞서 서 배반과 선택을 번갈아 가면서 선택할 때 얻을 수 있는 점수는 $T + wS + w^2T + w^3S + \cdots = (T + wS)(1 + w^2 + w^4 + \cdots) = (T + wS)/(1 - w^2)$이다. 이것은 $w \geq (T-R)/(R-S)$일 때 개체군 전체 평균인 $R/(1-w)$보다 낮다. 자세한 증명은 〈부록 B〉를 참조하시오.

6. Warner 1960, p. 328.

7. Mayer 1974, p. 280.

8. 반대로 이런 추론도 가능하다. 즉, 협력적이고 신뢰가 있으며 또 자신에게 유 리하다는 사실이 입증된 어떤 의원이 있을 때, 이 의원이 재선에 성공할 가능성 이 높아지기를 희망하는 우호적인 동료 의원들로부터 도움을 받을 수 있다.

9. Kelley 1930, p. 18.

10. 대회의 결과를 분석한 결과, 응징과 관련된 개념이 매우 유용하다는 사실이 확인되었다. 이를 '보복적 전략'이라 하는데, 상대방이 '뜻밖의' 배반을 할 때 그 다음에 곧바로 자신도 배반을 선택하는 전략을 말한다. 응징이라는 개념은 결과 의 확실성을 요구하지도 않고 즉각적인 반응도 요구하지 않는다. 하지만 보복적 인 전략의 개념은 이 두 가지를 모두 내포한다.

협력의 진화

11. 올디를 구사하는 참가자를 상대로 팃포탯을 구사하는 참가자가 얻는 점수는 $S + wP + w^2P + \cdots = S + wP/(1 - w) = 0 + (0.9 \times 1)/0.1 = 9$점이다.

12. 무리를 지어서 팃포탯을 구사하는 참가자들은 $30p + 9(1 - p) > 10$, 즉 $21p > 1$, 즉 $p > 1/21$일 때 언제나 올디를 구사하는 비열한 참가자들보다 높은 점수를 얻는다.

13. 자세한 내용은 〈부록 B〉를 참조하시오.

14. Young 1966.

15. Bogue and Marlaire 1975.

4장. 1차 대전 참호전에 나타난 공존공영 시스템

1. Dugdale 1932, p. 94.

2. Ashworth 1980.

3. Belton Cobb 1916, p. 74.

4. The War the Infantry Knew 1938, p. 92.

5. Morgan 1916, pp. 270-71.

6. Fifth Battalion the Cameronians 1936, p. 28.

7. Hay 1916, pp. 224-25.

8. The War the Infantry Knew 1938, p. 98.

9. Greenwell 1972, pp. 16-7.

10. Gillon n.d., p. 77.

11. Sulzbach 1973, p.71.

12. Ashworth 1980, p. 169.

13. Ashworth 1980, pp. 171-75의 추정으로는 영국군 전체 참호의 약 3분의 1 에서 공존공영 시스템이 작동되고 있었다.

14. Sorley 1919, p. 283.

15. Rutter 1934, p. 29.

16. Hay 1916, p. 206.

17. Hills 1919, p. 96.

18. Koppen 1931, pp. 135-37.

19. Ashworth 1980, p. 144.

5장. 생물계에서의 협력의 진화

1. 다윈 이론에 대한 개체 중심적인 강조에 대해서는 Williams 1966; Hamilton 1975를 참조하라. 집단 차원에서 일어나는 효과적인 선택 및 무관한 경기자들 사이의 유전적 상관성에 바탕을 둔 이타주의에 대한 최근의 좋은 사례는 D. S. Wilson 1979를 참조하라.

2. Dawkins 1976.

3. Hamilton 1972. 친족이론에 대해서는 Hamilton 1964를 참조하라. 호혜주의이론에 대해서는 Trivers 1971; Chase 1980; Fagen 1980; Boorman and Levitt 1980을 참조하라.

4. Janzen 1966.

5. Wiebes 1976; Janzen 1979.

6. Caullery 1952는 난초곰팡이와 지의류 사이의 공생 관계를 여러 가지 사례로 제공한다. 벌과 개미의 공생에 관해서는 Hamilton 1972을 참조하라.

7. Trivers 1971.

8. Maynard Smith and Price 1973; Maynard Smith and Parker 1976; Dawkins 1976; Parker 1978.

9. Elster 1979.

10. Emlen 1978; Stacey 1979.

11. Harcourt 1978; Parker 1978; Wrangham 1979.

12. Ligon and Ligon 1978.

13. 협력을 할 때 이득이 발생하는 죄수의 딜레마 이외에도 상호작용의 다른 양상들은 많이 있다. 동일한 종에 속하는 개체들 사이에 벌어지는 싸움 모형의 사례를 다루는 Maynard Smith and Price 1973을 참조하라.

14. 진화에서의 배반에 대해서 더 많은 것을 알고 싶다면 Hamilton 1971을 참조하라. Fagen 1980에서는 단 한 차례만 이루어지는 게임에서 배반이 해결책이 되지 못하는 여러 조건들이 무엇인지 보인다.

15. 계수 w는 1장에서 설명했듯이 상호작용 사이의 할인율을 고려 대상으로 삼을 수 있다.

16. 진화론적으로 안정한 전략에 대한 정의는 Maynard Smith and Price 1973에서 빌린 것이다. 이와 밀접한 관련이 있는 총체적 안정성 개념에 대해서는 3장, 특히 주 2를 참조하라.

17. Ptashne, Johnson, and Pabo 1982.

18. 선택이 동시에 이루어지거나 혹은 연속적으로 이루어지거나 상관없이 w가 충분히 크기만 하면 팃포탯에 입각한 협력은 진화론적으로 안정하다. 연속적인 선택의 경우에서, 어떤 대전 쌍의 한 경기자가 다음 차례에 도움을 필요로 할 확률을 고정값 q라고 하자. 이때 w의 임계값은, A가 도움을 줄 때의 비용이고 B가 도움을 받을 때의 이득이라고 할 때 $A/q(A+B)$의 최소값이다. 이러한 도움에 관한 사례들은 Thompson 1980을 참조하라.

19. Fisher 1930; Haldane 1955; Hamilton 1963.

협력의 진화

20. Hamilton 1971; Wade and Breden 1980.

21. Trivers 1971.

22. R. D. Alexander 1974.

23. Fisher 1980; Leigh 1977.

24. Fisher 1980.

25. Trivers 1971.

26. Hamilton 1972 and 1978.

27. E. O. Wilson 1971; Treisman 1980.

28. Yonge 1934, p. 13. 또한 단세포 녹조류와 무척추동물의 사례들도 제시된다.

29. E. O. Wilson 1975, p. 273.

30. Geschwind 1979.

31. 3장의 명제 2에서 밝혔듯 팃포탯의 안정성을 보장하기 위한 임계값은 $(T - R)/(T - P)$과 $(T - R)/(R - S)$ 가운데 큰 값이다.

32. Savage 1977.

33. Manning 1975; Orlove 1977.

34. Hamilton 1966.

35. Henle, Henle, Lenette 1979.

36. 이중 감염에 관한 보다 자세한 내용에 대해서는 Eshel 1977을 참조하라. 바이러스가 조건부 전략을 사용하는 최근 사례에 대해서는 Ptashne, Johnson, and Pabo1982를 참조하라.

37. Stern 1973.

6장. 어떻게 효과적으로 선택할 수 있을까

1. Behr 1981에서는 이 기준을 활용해서 컴퓨터 죄수의 딜레마 1차 대회에서 각 경기자가 획득한 점수를 다시 계산한다. 그리고 몇몇 조건에서 경기자들은 절대적인 이득이 아니라 상대적인 이득을 최대화하려고 노력한다는 사실을 지적한다. 하지만 이런 상황에서는 게임이 죄수의 딜레마가 아니라 제로섬 게임으로 변질된다. 이 경우에 w의 값이 얼마가 되든지 간에 올디가 유일하게 지배적인 전략이 된다.

2. 게임 경기자들을 비교하는 이런 두 가지 기준은, 전략 A가 전략 B와 상호작용을 할 때 전략 A의 예상 점수를 나타내는 $V(A|B)$로 표시할 수 있다. 사람들이 흔히 저지르는 실수는 $V(A|B)$를 $V(B|A)$와 비교함으로써 상대방보다 더 잘하고 있음을 확인하려 한다는 점이다. 게임의 올바른 목적은 대회의 구조에서 반영되듯이 다른 경기자들과의 상호작용을 통해서 본인이 가장 높은 점수를 얻는 것이다. 이것은 B를 맞닥뜨릴 가능한 모든 경우에서 $V(A|B)$의 평균값을 최대화

협력의 진화

하는 것을 의미한다. 특정한 전략 B를 구사하는 경기자를 만났을 때, 올바른 비교 기준은 상대방이 전략 B를 구사한다는 사실을 전제로 하고 얼마나 적절하게 잘 대응해 높은 점수를 얻느냐는 것이다. 자기의 전략 A가 거둔 성과와 비교 대상으로 삼아야 하는 것은, 동일한 상대방의 전략 B에 대응해 구사하는 또 다른 전략 A'가 거둘 수 있는 성과다. 즉, $V(A|B)$와 $V(A'|B)$를 비교해야 한다는 말이다. 요컨대, 필요한 전략이란 맞닥뜨릴 다른 모든 B를 상대로 가장 높은 평균 점수를 거둘 수 있는 전략이다.

3. Macaulay 1963.

4. Gropper 1975, pp. 106-7.

5. Surtherland 1975, p. 70.

6. 집시와 집시 아닌 사람들 사이에 관계에 대해 더 많은 설명을 원하면 Kenrick and Puxon 1972; Quintana and Floyd 1972; Acton 1974; Sway 1980을 참조하라.

7. 이 사례에서 $w = 0.9$, $T = 5$, $R = 3$, $P = 1$, $S = 0$이다.

7장. 어떻게 협력을 증진시킬 수 있을까

1. Luce and Raiffa 1957, pp. 94-95.

2. 팃포탯에 맞서서 항상 배반만 선택하는 올디로 얻을 수 있는 점수는 $T + wP + w^2P + w^3P + \cdots = T + wP/(1 - w)$이다. 수치를 대입하면 $5 + 0.9 \times$

$1/0.1 = 14$(점)이다.

3. 팃포탯에 맞서서 배반과 선택을 번갈아 선택할 때 얻을 수 있는 점수는 $T + wS + w^2T + w^3S + \cdots$ 이고, 이것은 $(T+wS)(1 + w^2 + w^4 + \cdots) = (T + wS)/(1 - w^2)$로 단순화할 수 있다. 여기에 수치를 대입하면, $(5 + 0.0)/(1 - 0.9 \times 0.9) = 26.3$이 된다.

4. Schelling 1973.

5. Rousseau 1762/1950, p. 18.

6. 명제 2는 안정성에 필요한 계수들 사이의 관계를 보여준다. 이와 다르게 보수 행렬 자체의 이해 상충을 최소화하는 접근법도 있다. 이렇게 하려면 T와 P를 줄이고 R과 S를 늘리는 것을 목표로 삼아야 한다(Rapoprt and Chammah 1965, p. 35-38; Axelrod 1970, pp. 65-70).

7. 이타주의에 관한 연구는 사회과학 분야에서 수도 없이 많이 있었다. 공적인 측면에서 사람들은 흔히 사회적 책임을 인식하며 그에 따라서 행동을 한다. 예를 들어 빈 병을 재활용하거나(Tucker 1978) 헌혈을 하거나(Titmuss 1971) 한다. 사실 공적 영역에서 이타주의는 설명하기가 너무 어려워서, 어떤 정치학자(Margolis 1982)는 사적 영역과 공적 영역에 효용 함수가 따로 있다고 주장하기도 했다. 경제학자들 사이에서는 겉으로 보기에 명백하게 이타적인 행위를 하는 사람들을 어떻게 설명해야 할 것인가, 그리고 이타주의의 효과를 어떻게 정식화할 것인가 하는 문제에 관심을 기울이는 부류도 있다(예를 들어 Becker 1976; Kurz 1977; Hirshleifer 1977; Wintrobe 1981). 심리학자들은 이타주의의 근원을 임상적으로 연구하기도 했다(이에 대한 리뷰는 Schwartz 1977을 참조하라). 게임이론가들은 효용의 상호작용에 대한 이론적인 의미들을 연구했다(예를 들어 Valavanis 1958; Fitzgerald 1975). 법학자들 또한 고통받는 사람을 구원하기 위한 법적 의무가 실질적으로 존재할 수 있는 여러 조건을 연구했다(Landes and Posner 1978a and

278   협력의 진화

1978b).

8. Blau 1968.

9. Black-Michaud 1975.

10. Calfee 1981, p. 38.

11. 박테리아는 여태까지 진행된 게임 내력에 대한 정보처리와 같은 복잡한 연산을 수행할 수 없었다. 그러나 이들은 주변 환경이 이전보다 좀 더 나아졌다든가 하는 따위의 단순한 변화에는 반응할 수 있었다.

12. Sykes and Everden 1982.

8장. 협력의 사회적 구조

1. 이것을 시장신호 용어로는 지표 index라고 부른다(Spence 1974).

2. Rytina and Morgan 1982.

3. 온순할 때 얻을 수 있는 점수는 $S + wR + w^2S + w^3R + \cdots = (S + wR)/(1 - w^2)$ 이다. 만일 당신이 반란을 일으킬 경우에 언제나 배반을 선택하게 되고, 이때 얻을 수 있는 점수는 $P + wP + w^2P + w^3P + \cdots = (P + wP)/(1 - w^2)$이다. 그러므로 $(S + wR)/(1 - w^2) > (P + wP)/(1 - w^2)$이면 반항을 할 동기가 존재하지 않는다. $S + wR > P + wP$ 혹은 $w > (P - S)/(R - P)$일 때도 마찬가지다. 그러므로 w

가 충분히 크면 반란을 일으킬 동기가 존재하지 않는다. 예를 들어 $S = 0$, $P = 1$, $R = 3$일 때 w가 $1/2$보다 크지 않으면 반란을 일으켜봐야 아무런 이득이 없다.

4. Raiffa 1968.

5. Sheehan and Kenworthy 1971, p. 432에서 재인용함.

6. Scholz 1983.

7. Mnookin and Kornhauser 1979.

8. 진화론적으로 안정한 전략 개념은 총체적으로 안정한 전략 개념과 유사하다. 그리고 신사적인 전략의 경우는, 3장의 주 2에서 설명한 내용과 같다.

9. 이 보수 값들과 $w = 1/3$일 때, 세력권 체계에서는 $D_3 > D_4$을 제외하면 $D_n > T_{n-1} > D_{n-1}$이라는 관계가 성립한다. 여기서 D_n은 올디가 n개의 팃포탯 이웃들을 상대로 얻는 점수이고, T_n은 팃포탯이 n개의 팃포탯 이웃들을 상대로 얻는 점수이다. 예를 들어 $D_4 = V(\text{All } D | \text{TFT}) = T + wP/(1 - w) = 56 + (1/3)(6)/(2/3) = 59$가 된다.

10. 앞으로 더 연구해야 할 흥미로운 가능성들은 다음과 같다.
(1) 상호작용이 끝나는 것은 상호작용 내력에 따라 좌우될 수 있다. 참가자들이 서로 얼마나 잘하느냐에 따라 결정될 수 있다는 말이다. 성공적인 성적을 내지 못한 참가자는 죽거나 파산하거나 다른 동업자를 찾으려 할 가능성이 더 높다. 여기에는, 보복을 하지 않거나 혹은 할 줄 모르는 참가자를 이용하는 게 이득이 되지 않을 수도 있다는 의미가 담겨 있다. 황금알을 낳는 거위를 죽이지 않아야 하는 이유와 같은 이유다.

(2) 게임이 꼭 죄수의 딜레마일 필요는 없다. 예를 들어 위기 교섭이나 노조

협력의 진화

파업에서와 같이 상호배반이 최악의 결과를 가져오는, 치킨게임(두 경쟁자가 자기 차를 몰고 정면으로 돌진하다가 충돌 직전에 핸들을 꺾는 사람이 지는 경기 – 옮긴이)의 반복일 수도 있다(Jervis 1978). 이런 게임의 경우 협력의 진화 결과에 대해서는 Maynard Smith 1982와 Lipman 1983를 참조하라. 또한 경기자들에게 협력과 배반이라는 양자택일 이외에 더 많은 선택지가 제공될 수도 있다.

(3) 두 명이 아니라 세 명 이상이 한꺼번에 게임에 참가할 수 있다. 즉, 죄수 n명의 딜레마가 될 수 있다는 말이다(Olson 1965). 이런 식의 여러 변형판 게임에서는 각각의 경기자가 다른 경기자의 노력에 편승해서 의무를 회피하려는 등의 다양한 문제가 발생할 수 있다. 로비 활동이나 국제 사회에서의 집단 안전보장 체제를 조직하는 일 등을 이런 사례로 꼽을 수 있다. 도스(Dawes 1980)가 지적했듯, n명이 참가하는 게임은 두 명이 참가하는 게임과 세 가지 점에서 질적으로 다르다. 첫째, 배반을 선택했을 때 야기되는 피해가 한 사람에게 집중되지 않고 여러 사람에게로 분산된다. 둘째, n명이 참가할 때 어떤 경기자가 선택하는 행동은 익명성을 띤다. 셋째, 각 경기자는 전체 경기자들에게 총체적인 영향력을 행사하지 못한다. 경기자 각각이 얻을 수 있는 T, R, P, S의 네 가지 보수는 한 명이 아닌 여러 명의 경기자들에 의해서 결정되기 때문이다. 이 주제에 관한 연구는 많이 있지만, 다음과 같은 연구들에서부터 시작하면 좋을 것이다. Olson 1965; G. Hardin 1968; Schelling 1973; Taylor 1976; Dawes 1980; R. Hardin 1982.

(4) 다른 경기자를 구별하고 보복할 수 있는 능력을 갖추려면 상당한 대가를 치러야 한다. 그러므로 만일 거의 모든 경기자가 신사적인 전략을 구사할 때 차라리 이런 능력을 아예 포기하는 게 오히려 유리할 수도 있다. 따라서 이런 경우에 흔히 대응 능력이 감소하는 것도 바로 이 사실로 설명할 수 있다. 따라서 이러한 관점에서, 형식적인 조약이 아니라 진화론적 원칙에 기반하여 군비 통제 및 축소 방안을 연구할 수 있다.

(5) 어떤 경기자는 전 게임에서 다른 경기자가 실제로 했던 선택에 대해서 확

신을 하지 못할 수도 있다. 불규칙 잡음이나 체계적 인식 오류의 문제가 나타
날 수 있다(Jervis 1976). 이를 연구하기 위해 각 경기자가 다른 경기자가 한 선
택을 잘못 인식할 확률을 1퍼센트로 설정하고 1차 대회를 다시 진행시켜 보
았다. 그리고 이번에도 팃포탯이 우승했다. 이 결과는 어느 정도의 인식 오류
가 존재하는 조건에서도 팃포탯이 비교적 강건하다는 사실을 의미한다.

9장. 호혜주의의 강건함

1. 죄수의 딜레마는 이 논의가 암시하는 것보다 조금 더 일반적이다. 죄수의 딜
레마 공식은, 어떤 경기자가 다른 경기자에게 도움을 주는 데 드는 비용은 상대
방이 협력을 하든 배반을 하든 상관없이 동일하다고 가정하지 않는다. 즉, 게임
을 하는 두 당사자는 서로 이용하고 이용당하기보다 서로 도움을 주기를 더 선
호한다는 가정을 설정한다.

2. Luciano and Fisher 1982, p. 166.

3. Macaulay 1963, p. 61.

4. Macaulay 1963.

5. Art 1968.

6. Ike 1967; Hosoya 1968.

7. 워싱턴에서 잘 나가는 정치인들이 이 "낯선 자들의 정부" 속에서 호혜주의

를 성공의 발판으로 삼는다는 사실은 딱히 놀라운 일도 아니다(Heclo 1977, pp. 154-234).

8. Black-Michaud 1975.

9. Betts 1982, pp. 293-94.

10. 경기자들이 기록한 평균 점수는 랜덤을 제외한 모든 프로그램을 다 포괄하며, 또 1차 컴퓨터 대회에서는 한 경기의 게임이 200회였는데 2차 대회에서는 한 경기의 게임 횟수가 각기 다르다. 다만 평균적으로 151회라는 사실을 고려했다.

11. Gilpin 1981, p. 205.

〈부록 A〉 대회 결과

1. 개정판 스테이트 트랜지션에는 프로그램상 오류가 있어서, 원래 의도와 다르게 작동하기도 했다. 그러나 다른 참가 프로그램들에 까다로운 도전 상대로서의 기능을 흥미롭게 수행함으로써 대표 프로그램으로서 충실하게 기능했다.

2. 가상 대회의 점수를 계산하는 방법을 소개하면 다음과 같다. 어떤 대표 규칙의 선거구를 실제 크기보다 다섯 배로 늘릴 때 $T' = T + 4cs$라고 하자. 여기서 T'는 어떤 규칙이 새로운 대회에서 얻는 점수이고, T는 원래 대회 점수이며, c는 효과가 확대될 대표 규칙의 회귀식 계수이고, s는 이 규칙이 확대될 대표 규칙을 상대로 얻은 점수이다. 어떤 대표 규칙의 "선거구"라는 개념은 이런 식으로 정의되

며, 전형적으로 한 규칙은 여러 대표 규칙의 선거구에 속한다는 사실에 주목해야
한다. 잔차에 가중치가 주어지는 가상 대회도 이와 비슷하게 $T' = T + 4r$이 성립
한다. 여기서 r은 한 규칙의 점수를 구하기 위한 회기식의 잔차다.

〈부록 B〉 이론적 명제의 증명

1. 정확하게 하자면 $V(B|B)$는 미리 정해져 있어야 한다. 예를 들어서, 만일 B가
처음에는 결코 배반을 선택하지 않는다면, $V(B|B) = R/(1 - w)$이다.

● 참고 문헌

— Acton, Thomas. 1974. *Gypsy Politics and Social Change: The Development of Ethic Ideology and Pressure Politics among British Gypsies from Victorian Reformism to Romany Nationalism*. London: Routledge & Kegan Paul.

— Alexander, Martin. 1971. *Microbial Ecology*. New York: Wiley.

— Alexander, Richard D. 1974. "The Evolution of Social Behavior." *Annual Review of Ecology and Systemics* 5:325-83.

— Allison, Graham T. 1971. *The Essence of Decision*. Boston: Little, Brown.

— Art, Robert J. 1968. *The TFX Decision: McNamara and the Mili-*

tary. Boston: Little, Brown.

— Ashworth, Tony. 1980. *Trench Warfare, 1914-1918: The Live and Let Live System.* New York: Holmes & Meier.

— Axelrod, Robert. 1970. *Conflict of Interest, A Theory of Divergent Goals with Applications to Politics.* Chicago: Markham.

— _____. 1979. "The Rational Timing of Surprise." *World Politics* 31:228-46.

— _____. 1980a. "Effective Choice in the Prisoner's Dilemma." *Journal of Conflict Resolution* 24:3-25.

— _____. 1980b. "More Effective Choice in the Prisoner's Dilemma." *Journal of Conflict Resolution* 24:379-403.

— _____. 1981. "The Emergence of Cooperation Among Egoists." *American Political Science Review* 75:306-18.

— Axelrod, Robert, and William D. Hamilton. 1981. "The Evolution of Cooperation." *Science* 211:1390-96

— Baefsky, P., and S. E. Berger. 1974. "Self-Sacrifice, Cooperation and Aggression in Women of Varying Sex-Role Orientations." *Personality and Social Psychology Bulletin* 1:296-98.

— Becker, Gray S. 1976. "Altruism, Egoism and Genetic Fitness: Economics and Sociobiology." *Journal of Economic Literature* 14:817-26.

— Behr, Roy L. 1981. "Nice Guys Finish Last—Sometimes." *Journal of conflict Resolution* 25:289-300.

협력의 진화

— Belton Cobb, G. 1916. *Stand to Arms*. London: Well Gardner, Darton & Co.

— Bethlehem, D. W. 1975. "The Effect of Westernization of Cooperative Behavior in Central Africa." *International Journal of Psychology* 10:219-24.

— Betts, Richard K. 1982. *Surprise Attack: Lessons for Defense Planning*. Washington, D.C.: Brookings Institution.

— Black-Michaud, Jacob. 1975. *Cohesive Force: Feud in the Mediterranean and Middle East*. Oxford: Basil Blackwell.

— Blau, Petter M. 1968. "Interaction: Social Exchange." In *International Encyclopedia of the Social Sciences*, volume 7, pp. 452-57. New York: Macmillan and Free Press.

— Bogue, Allan G., and Mark Paul Marlaire. 1975. "Of Mess and Men: The Boardinghouse and Congressional Voting, 1821-1842." *American Journal of Political Science* 19:207-30.

— Boorman, Scott, and Paul R. Levitt. 1980. *The Genetics of Altruism*. New York: Academic Press.

— Brams, Steven J. 1975. "Newcomb's Problem and the Prisoner's Dilemma." *Journal of Conflict Resolution* 19:596-612.

— Buchner, P. 1965. *Endosymbiosis of Animals with Plant Microorganisms*. New York: Interscience.

— Calfee, Robert. 1981. "Cognitive Psychology and Educational Practice." In D.C. Berliner, ed., *Review of Educational Research*, 3-73. Washington, D.C.: American Educational Research Association.

— Caullery, M. 1952. *Parasitism and Symbiosis*. London: Sidgwick and Jackson.

— Chase, Ivan D. 1980. "Cooperative and Noncooperative Behavior in Animals." *American Naturalist* 115:827-57.

— Clarke, Edward H. 1980. *Demand Revelation and the Provision of Public Goods*. Cambridge, Mass.: Ballinger.

— Cyert, Richard M., and James G. March. 1963. *A Behavioral Theory of the Firm*. Englewood Cliffs, N.J.: Prentice-Hall.

— Dawes, Robyn M. 1980. "Social Dilemma." *Annual Review of Psychology* 31:169-93.

— Dawkins, Richard. 1976. *The Selfish Gene*. Oxford: Oxford University Press.

— Downing, Leslie L. 1975. "The Prisoner's Dilemma Game as a Problem-Solving Phenomenon: An Outcome Maximizing Interpretation." *Simulation and Games* 6:366-91.

— Dugdale, G. 1932. *Langemarck and Cambrai*. Shrewsbury, U.K.: Wilding and Son.

— Elster, Jon. 1979. *Ulysses and the Sirens, Studies in Rationality and Irrationality*. Cambridge: Cambridge University Press.

— Emlen, Steven T. 1978. "The Evolution of Cooperative Breeding in

Birds." In J. R. Kreps and Nicholas B. Davies, eds., *Behavioral Ecology: An Evolutionary Approach*, 245-81. Oxford: Blackwell.

— Eshel, I. 1977. "Founder Effect and Evolution of Altruistic Traits— An Ecogenetical Approach." *Theoretical Population Biology* 11:410-24.

— Evans, John W. 1971. *The Kennedy Round in American Trade Policy*. Cambridge, Mass.: Harvard University Press.

— Fagen, Robert M. 1980. "When Doves Conspire: Evolution of Nondamaging Fighting Tactics in a Nonradom-Encounter Animal Conflict Model." *American Naturalist* 115:858-69.

The Fifth Battalion the Cameronians. 1936. Glasgow: Jackson & Co.

— Fischer, Eric A. 1980. "The Relationship between Mating System and Simultaneous Hermaphroditism in the Coral Reel Fish, Hypoplectrum Nigricans (Serranidae)." *Animal Behavior* 28:620-33.

— Fisher, R. A. 1930. *The Genetical Theory of Natural Selection*. Oxford: Oxford University Press.

— Fitzgerald, Bruce D. 1975. "Self-Interest or Altruism." *Journal of Conflict Resolution* 19:462-79. (with a reply by Norman Frohlich, pp. 480-83)

— Friedman, James W. 1971. "A Non-Cooperative Equilibrium for Supergames." *Review of Economic Studies* 38:1-12

— Geschwind, Norman. 1979. "Specializations of the Human Brain." *Scientific American* 241 (no. 3):180-99.

— Gillon, S., n.d. *The Story of the 29th Division*. London: Nelson & Sons.

— Gilpin, Robert. 1981. *War and Change in World Politics*. Cambridge: Cambrige University Press.

— Greenwell, G. H. 1972. *An Infant in Arms*. London: Allen Lane.

— Gropper, Rena. 1975. *Gypsies in the City: Cultural Patterns and Survival*. Princeton, N.J.: Princeton University Press.

— Haldane, J. B. S. 1955. "Population Genetics." *New Biology* 18:34-51.

— Hamilton, William D. 1963. "The Evolution of Altruistic Behavior." *American Naturalist* 97:354-56.

— _____. 1964. "The Genetical Evolution of Social Behavior." *Journal of Theoretical Biology* 7:1-16 and 17:-32.

— _____. 1966. "The Moulding of Senescence by Natural Selection." *Journal of Theoretical Biology* 12:12-45.

— _____. 1967. "Extraordinary Sex Ratios." *Science* 156:447-88.

— _____. 1971. "Selection of Selfish and Altruistic Behavior in Some Extreme Models." In J. F. Eisenberg and W. S. Dillon, eds., *Man and Beast: Comparative Social Behavior*. Washington, D.C.: Smithsonian Press.

— _____. 1972. "Altruism and Related Phenomena, Mainly in Social Insects." *Annual Review of Ecology and Systemics* 3:193-232.

— _____. 1975. "Innate Social Aptitudes of Man: An Approach from Evolutionary Genetics." In Robin Fox, ed., *Biosocial Anthropology*, 133-55. New York: Wiley.

— _____. 1978. "Evolution and Diversity under Bark." In L. A. Mound and N. Waloff, eds., *Diversity of Insect Faunas*, pp. 154-75. Oxford: Blackwell.

— Harcourt, A. H. 1978. "Strategies of Emigration and Transfer by Primates, with Particular Reference to Gorillas." *Zeitschrift für Tierpsychologie* 48:401-20.

— Hardin, Garrett. 1968. "The Tragedy of the Commons." *Science* 162:1243-48.

— Hardin, Russell. 1982. *Collective Action*. Baltimore: Johns Hopkins University Press.

— Harris, R. J. 1969. "Note on 'Optimal Policies for the Prisoner's Dilemma'." *Psychological Review* 76:373-75.

— Hay, Ian. 1916. *The First Hundred Thousand*. London: Wm. Blackwood.

— Heclo, Hugh. 1977. *A Government of Strangers: Executive Politics in Washington*. Washington, D.C.: Brookings Institution.

— Henle, Werner, Gertrude Henle, and Evelyne T. Lenette. 1979. "The Epstein-Barr Virus." *Scientific American* 241 (no. 1):48-59.

— Hills, J. D. 1919. *The Fifth Leicestershire 1914-1918*. Loughborough, U.K.: Echo Press.

— Hinckley, Barbara. 1972. "Coalitions in Congress: Size and Ideological Distance." *Midwest Journal of Political Science* 26:197-207.

— Hirshleifer, Jack. 1977. "Shakespeare vs. Becker on Altruism: The Importance of Having the Last Word." *Journal of Economic Literature* 15:500-02 (with comment by Gordon Tullock, pp. 502-6 and reply by Gary S. Becker, pp. 506-7).

— _____. 1978. "Natural Economy versus Political Economy." *Journal of Social and Biological Structure* 1:319-37.

— Hobbes, Thomas. 1651. *Leviathan.* New York:Collier Books edition, 1962.

— Hofstadter, Douglas R. 1983. "Metamagical Themas: Computer Tournaments of the Prisoner's Dilemma Suggest How Cooperation Evolves." *Scientific American* 248 (no. 5):16-26.

— Hosoya, Chihiro. 1968. "Miscalculations in Deterrent Policy: Japanese-U.S. Relations, 1938-1941." *Journal of Peace Research* 2:97-115.

— Howard, Nigel. 1966. "The Mathematics of Meta-Games." *General Systems* 11 (no. 5):187-200.

— _____. 1971. Paradoxes of Rationality: *Theory of Metagames and Political Behavior.* Cambridge, Mass.: MIT Press.

— Ike, Nobutaka, ed. 1967. *Japan's Decision for War, Records of the 1941 Policy Conferences.* Stanford, Calif.: Stanford University Press.

— Janzen, Daniel H. 1966. "Coevolution of Mutualism between Ants and Acacias in Central America." *Evolution* 20:249-75.

— _____. 1979. "How to be a Fig." *Annual Review of Ecology and Systematics* 10:13-52.

— Jennings, P. R. 1978. "The Second World Computer Chess Championships." *Byte* 3 (January):108-18.

— Jervis, Robert. 1976. *Perception and Misperception in International Politics.* Princeton, N.J.: Princeton University Press.

— _____. 1978. "Cooperation Under the Security Dilemma." *World Politics* 30:167-214.

— Jones, Charles O. 1977. "Will Reform Change Congress?" In Lawrence C. Dodd and Bruce I. Oppenheimer, eds., *Congress Reconsidered.* New York: Praeger.

— Kelley, D. V. 1930. *39 Months.* London: Ernst Benn.

— Kenrick, Donald, and Gratton Puxon. 1972. *The Destiny of Europe's Gypsies.* New York: Basic Books.

— Koppen, E. 1931. *Higher Command.* London: Faber and Faber.

— Kurz, Mordecai. 1977. "Altruistic Equilibrium." In Bela Belassa and Richard Nelson, eds., *Economic Progress, Private Values, and Public Policy*, 177-200. Amsterdam: North Holland.

— Landes, William M., and Richard A. Posner. 1978a. "Altruism in Law and Economics." *American Economic Review* 68:417-21.

— _____. 1978b. "Salvors, Finders, Good Samaritans and Other Rescuers: An Economic Study of Law and Altruism." *Journal of Legal Studies* 7:83-128.

— Laver, Michael. 1977. "Intergovernmental Policy on Multinational Corporations, A Simple Model of Tax Bargaining." *European Journal of Political Research* 5:363-80.

— Leigh, Egbert G., Jr. 1977. "How Does Selection Reconcile Individual Advantage with the Good of the Group?" *Proceedings of the National Academy of Sciences*, USA 74:4542-46.

— Ligon, J. David, and Sandra H. Ligon. "Communal Breeding in Green Woodhoopes as a Case for Reciprocity." *Nature* 276:496-98.

— Lipman, Bart. 1983. "Cooperation Among Egoists in Prisoner's Dilemma and Chicken Games." Paper Presented at the annual meeting of the American Political Science Association, September 1-4, Chicago.

— Luce, R. Duncan, and Howard Raiffa. 1957. *Games and Decisions.* New York: Wiley.

— Luciano, Ron, and David Fisher. 1982. *The Umpire Strikes Back.* Toronto: Bantam Books.

— Lumsden, Malvern. 1973. "The Cyprus Conflict as a Prisoner's Dilemma." *Journal of Conflict Resolution* 17:7-32.

— Macaulay, Stewart. 1963. "Non-Contractual Relations in Business: A Preliminary Study." *American Sciological Review* 28:55-67.

— Manning, J. T. 1975. "Sexual Reproduction and Parent-Offspring Conflict in RNA Tumor Virus-Host Relationship — Implications for Vertebrate Oncogene Evolution." *Journal of Theoretical Biology* 55:397-413.

— Margolis, Howard. 1982. *Selfishness, Altruism and Rationality.* Cambridge: Cambridge University Press.

— Matthews, Donald R. 1960. *U. S. Senators and Their World.* Chapel Hill: University of North Carolina Press.

— Mayer, Martin. 1974. *The Bankers.* New York: Ballatine Books.

— Mayhew, David R. 1975. *Congress: The Electoral Connection.* New Haven, Conn.: Yale University Press.

— Maynard Smith, John. 1974. "The Theory of Games and the Evolution of Animal Conflict." *Journal of Theoretical Biology* 47:20-21.

— _____. 1978. "The Evolution of Behavior." *Scientific American* 239:176-92.

— _____. 1982. *Evolution and the Theory of Games.* Cambridge: Cambridge University Press.

— Maynard Smith, John, and G. A. Parker. 1976. "The Logic of Asymmetric Contests." *Animal Behavior* 24:159-75.

— Mnookin, Robert H., and Lewis Kornhauser. 1979. "Bargaining in the Shadow of the Law." *Yale Law Review* 88:950-97.

— Morgan, J. H. 1916. *Leaves form a Field Note Book.* London: Macmillan.

— Nelson, Richard R., and Sidney G. Winter. 1982. *An Evolutionary Theory of Economic Change.* Cambridge, Mass.: Harvard University Press.

— Nydegger, Rudy V. 1978. "The Effects of information Processing Complexity and Interpersonal Cue Availability on Strategic Play in a Mixed-Motive Game." Unpublished.

— _____. 1974. "Information Processing Complexity and Gaming Behavior: The Prisoner's Dilemma." *Behavioral Science* 19:204-10.

— Olson, Mancur, Jr. 1965. *The Logic of Collective Action.* Cambridge, Mass.: Harvard University Press.

— Orlove, M. J. 1977. "Kin Selection and Cancer." *Journal of Theoretical Biology* 65:605-7.

— Ornstein, Norman, Robert L. Peabody, and David W. Rhode. 1977. "The Changing Senate: From the 1950s to the 1970s." In Lawrence C. Dodd and Bruce I. Oppenheimer, eds., *Congress Reconsidered.* New York: Praeger.

— Oskamp, Stuart. 1971. "Effects of Programmed Strategies on Cooperation in the Prisoner's Dilemma and Other Mixed-Motive Games." *Journal of Conflict Resolution* 15:225-29.

— Overcast, H. Edwin, and Gordon Tullock. 1971. "A Differential Approach to the Repeated Prisoner's Dilemma." *Theory and Decision* 1:350-58.

— Parker, G. A. 1978. "Selfish Genes, Evolutionary Genes, and the Adaptiveness of Behaviour." *Nature* 274:849-55.

— Patterson, Samuel. 1978. "The Semi-Sovereign Congress." In Anthony King, ed., *The New American Political System*. Washington, D.C.: American Enterprise Institute.

— Polsby, Nelson. 1968. "The Institutionalization of the U.S. House of Representatives." *American Political Science Review* 62:144-68.

— Ptashne, Mark, Alexander D. Johnson, and Carl O. Pabo. 1982. "A Genetic Switch in a Bacteria Virus." *Scientific American* 247 (no. 5):128-40.

— Quintana, Bertha B., and Lois Gray Floyd. 1972. *Que Gitano! Gypsies of Southern Spain*. New York: Holt, Rinehart & Winston.

— Raiffa, Howard. 1968. *Decision Analysis*. Reading, Mass.: Addison-Wesley.

— Rapoport, Anatol. 1960. *Fights, Games, and Debates*. Ann Arbor: University of Michigan Press.

— _____. 1967. "Escape from Paradox." *Scientific American* 217 (July):50-56.

— Rapoport, Anatol, and Albert M. Chammah. 1965. *Prisoner's Dilemma*. Ann Arbor: University of Michigan Press.

— Richardson, Lewis F. 1960. *Arms and Insecurity*. Chicago: Quadrangle.

— Riker, William, and Steve J. Brams. 1973. "The Paradox of Vote Trading." *American Political Science Review* 67:1235-47.

— Rousseau, Jean Jacques. 1762. *The Social Contract.* New York: E. P. Dutton edition, 1950.

— Rutter, Owen, ed. 1934. *The History of the Seventh (Services) Battalion The Royal Sussex Regiment* 1914-1919. London: Times Publishing Co.

— Rytina, Steve, and David L. Morgan. 1982. "The Arithmeric of Socail Relations: The Interplay of Category and Network." *American Journal of Sociology* 88:88-113.

— Samuelson, Paul A. 1973. *Economics.* New York: McGraw-Hill.

— Savage, D. C. 1977. "Interactions between the Host and Its Microbes." In R. T. J. Clarke and T. Bauchop, eds., *Microbial Ecology of the Gut*, 277-310. New York: Academic Press.

— Schelling, Thomas C. 1960. *The Strategy of Conflict.* Cambridge, Mass.: Harvard University Press.

— _____. 1973. "Hockey Helmets, Concealed Weapons, and Daylight Saving: A Study of Binary Choices with Externalities." *Journal of Conflict Resolution* 17:381-428.

— _____. 1978. "Micromotives and Macrobehavior." In Thomas Schelling, ed., *Micromotives and Macrobehavior*, 9-43. New York: Norton.

— Scholz, John T. 1983. "Cooperation, Regulatory Compliance, and the Enforcement Dilemma." Paper presented at the annual meeting of the American Political Science Association, September 1-4, Chicago.

— Schwartz, Shalom H. 1977. "Normative Influences on Altruism." In Leonard Berkowitz, ed., *Advances in Experimental Social Psychology*, 10:221-79.

— Sheehan, Neil, and E. W. Kenworthy, eds. 1971. *Pentagon Papers*. New York: Times Books.

— Shubik, Martin. 1959. *Strategy and Market Structure*. New York: Wiley.

— _____. 1970. "Game Theory, Behavior, and the Paradox of Prisoner's Dilemma: Theree Solutions." *Journal of conflict Resolution* 14:181-94.

— Simon, Herbert A. 1955. "A Behavior Model of Rational Choice." *Quarterly Journal of Economics* 69:99-118.

— Smith, Margaret Bayard. 1906. *The First Forty Years of Washington Society*. New York: Scribner's.

— Snyder, Glenn H. 1971. "'Prisoner's Dilemma' and 'Chicken' Models in International Politics." *International Studies Quarterly* 15:66-103.

— Sorley, Charles. 1919. *The Letters of Charles Sorley*. Cambridge: Cambridge University Press.

— Spence, Michael A. 1974. *Market Signalling*. Cambridge, Mass.:

Harvard University Press.

— Stacey, P. B. 1979. "Kinship, Promiscuity, and Communal Breeding in the Acorn Woodpecker." *Behavioral Ecology and Sociobiology* 6:53-66.

— Stern, Curt. 1973. *Principle of Human Genetics.* San Francisco: Freeman.

— Sulzbach, H. 1973. *With the German Guns.* London: Leo Cooper.

— Sutherland, Anne. 1975. Gypsies, *The Hidden Americans.* New York: Free Press.

— Sway, Marlene. 1980. "Simmel's Concept of the Stranger and the Gypsis." *Social Science Information* 18:41-50.

— Sykes, Lynn R., and Jack F. Everden. 1982. "The Verification of a Comprehensive Nuclear Test Ban." *Scientific American* 247 (no. 4):47-55.

— Tayler, Michael. 1976. *Anarchy and Cooperation.* New York: Wiley.

— Thompson, Philip Richard. 1980. "'And Who Is My Neighbour?' An Answer form Evolutionary Genetics." *Social Science Information* 19:341-84.

— Tideman, T. Nicolaus, and Gordon Tullock. 1976. "A New and Superior Process for Making Social Choices." *Journal of Political Economy* 84:1145-59.

— Titmuss. Richard M. 1971. *The Gift Relationship: Form Human Blood to Social Policy.* New York: Random House.

— Treisman, Michel. 1980. "Some Difficulties in Testing Explanations

협력의 진화

for the Occurrence of Bird Song Dialects." *Animal Behavior* 28:311-12.

— Trivers, Robert L. 1971. "The Evolution of Reciprocal Altruism." *Quarterly Review of Biology* 46:35-57.

— Tucker, Lewis R. 1978. "The Environmentally Concerned Citizen: Some Correlates." *Environment and Behavior* 10:389-418.

— Valavanis, S. 1958. "The Resolution of Conflict When Utilities Interact." *Journal of Conflict Resolution* 2:156-69.

— Wade, Michael J., and Felix Breden. 1980. "The Evolution of Cheating and Selfish Behavior." *Behavioral Ecology and Sociobiology* 7:167-72. *The War the Infantry Knew.* 1938. London: P. S. King.

— Warner, Rex, trans. 1960. *War Commentaries of Caesar.* New York: New American Library.

— Wiebes, J. T. 1976. "A Short History of Fig Wasp Research." *Gardens Bulletin Singapore* 29:207-32.

— Williams, George C. 1966. Adaptation and Natural Selection. Princeton, N.J.: Princeton University Press.

— Wilson, David Sloan. 1979. *Natural Selection of populations and Communities.* Menlo Park, Calif.: Benjamin/Cummings.

— Wilson, Edward O. 1971. *The Insect Societies.* Cambridge, Mass.: Harvard University Press.

— _____. 1975. *Sociobiology.* Cambridge, Mass.: Harvard University Press.

— Wilson, Warner. 1971. "Reciprocation and Other Techniques for Inducing Cooperation in the Prisoner's Dilemma Game." *Journal of Conflict Resolution* 15:167-95

— Wintrobe, Ronald. 1981. "It Pays to Do Good, But Not to Do More Good Than It Pays: A note on the Survival of Altruism." *Journal of Economic Behavior and Organization* 2:201-13.

— Wrangham, Richard W. 1979. "On the Evolution of Ape Social Systems." *Social Science Information* 18:335-68.

— Yonge, C. M. 1934. "Origin and Nature of the Association between Invertebrates and Unicellular Algae." *Nature* (July 7, 1939) 34:12-15.

— Young, James Sterling. 1966. *The Washington Community, 1800-1828.* New York: Harcourt, Brace & World.

— Zinnes, Dina A. 1976. *Contemporary Research in International Relations.* New York: Macmillan.

협력의 진화

1.

이 책은 1984년에 초판이 발행되었고, 2006년에 개정판이 나왔다. 이 개정판의 서문을 쓴 『이기적 유전자』의 저자 리처드 도킨스의 말을 빌리자면, 그동안 이 책은 수많은 학자들에게 영감을 줄 만큼 고전이 되었다. 액설로드의 협력이론은 전쟁의 예방, 사회적 진화, 동물사회에서의 협력, 인간의 역사, 진화적 게임이론, 사회적 자본을 구축하는 신뢰와 상호성의 네트워크, 미시경제학, 과학소설 등의 영역으로까지 확장되었다. 나아가 리처드 도킨스는 다음과 같이 확신에 찬 주장을 한다.

나는 모든 사람들이 이 책을 공부하고 이해하면 이 행성이 더 살기 좋은 곳이 되리라고 굳게 믿는다. 이 세계의 지도자들을 몽땅 가두어놓고 이 책을 다 읽을 때까지 풀어주지 말아야 한다. 그것은 그들 개인에게 기쁨이 될 뿐 아니라 인류를 구원할 것이다. (『협력의 진화』 개정판을 위한 추천의 글 중에서)

2.

이 책이 중심으로 다루는 내용은 반복적 죄수의 딜레마 게임이다. 이것을 쉽게 설명하기 위해서 예를 하나 들어보자. 당신과 어떤 사람 둘이서 죄수의 딜레마 게임을 한다고 하자. 두 사람은 각각 협력이나 배반 두 가지 가운데 하나를 선택할 수 있다. 이 경우 선택에 따른 경우의 수는 (1) 협력 - 협력 (2) 협력 - 배반 (3) 배반 - 협력 (4) 배반 - 배반의 네 가지다. (1)처럼 두 사람이 모두 협력을 선택하면 두 사람은 각각 3점씩을 얻고, (2)와 (3)처럼 한 사람이 협력을 하고 한 사람이 배반을 하면, 배반한 사람은 5점을, 협력한 사람은 0점을 받는다. 그리고 (4)처럼 두 사람 모두 배반을 하면 1점을 받는다. 당신 같으면 배반과 협력 가운데 어떤 것을 선택하겠는가?

상대방이 협력을 선택할 때 당신은 배반을 선택하는 게 유리하다. 그럼 이제 상대방이 배반을 선택한다고 가정하자. 이 경우 당신이 얻을 수 있는 결과는 협력을 선택해서 0점을 얻거나 배반을 선택해서 1점을 얻는 두 가지다. 이 경우에도 당신은 배반을 선택하는 게 유리

　　　　　　　　　　　　　　　　　　　　　　　협력의 진화

하다. 즉, 상대방이 협력을 선택하든 배반을 선택하든 당신은 배반을 선택하는 게 유리하다. 상대방이 어떤 선택을 하든 상관없이 당신은 배반을 선택해야 유리하다는 뜻이다.

좋다. 하지만 이 논리는 상대방에게도 동일하게 적용된다. 당신이 어떤 선택을 하든 상관없이 상대방 역시 배반을 선택하는 게 유리하다. 이렇게 되면 당신이나 상대방 모두 배반을 선택하게 되고, 이 경우 두 사람이 모두 협력을 선택할 때 얻을 수 있는 점수인 3점에 훨씬 못 미치는 1점밖에 얻지 못한다. 각자 합리적으로 선택했지만 모두 가장 나쁜 결과를 얻는 셈이다. 그래서 딜레마인 것이다.

3.

죄수의 딜레마 이론이 정립되면서, 각자의 이익이 모두의 이익이라는 애덤 스미스 경제학의 주요 전제가 붕괴되었다. 동일한 활동 영역 안에서 행동하는 상대방은 내가 어떻게 행동하는지에 따라 자신의 행동을 결정하는데, 이런 상호작용의 중요성을 애덤 스미스는 미처 몰랐던 것이다. 그렇다고 단순히 어떤 토대가 무너진 것만은 아니다. 새로운 전망이 제시되는 순간이기도 하다. 어떤 새로운 전망일까? 인간 사회는 필연적으로 보다 나은 단계로 진화한다는 진보로서의 낙관적 전망이다. 이 전망을 로버트 액설로드는 『협력의 진화』를 통해 매우 논리적이고 설득력 있게 제시한다.

4.

저자 로버트 액설로드는 죄수의 딜레마 게임을 분석하면서 인간 사회의 발전을 낙관적으로 전망한다. 이 점이 이 책의 가장 큰 미덕이고, 누구도 생각지 못한 그만의 통찰력이다. 그는 그 근거를 진화론에서 찾는다. 사람은 천성적으로 선할 수도 있고 악할 수도 있지만, 이는 전혀 문제가 되지 않는다는 게 그의 생각이다. 어떤 사람 혹은 집단의 의도가 선하거나 악하거나 상관없이 언제나 궁극적으로 최선의 이득을 얻기 위해서 상대방과 상호작용을 한다는 사실이 중요하고, 이로부터 진화가 이루어진다는 사실이다. 상대방을 이용해 단기적인 이득을 챙기려는 전략에서부터 상대방과의 협력을 통해 장기적인 이득을 꾀하려는 전략까지 온갖 다양한 전략들이 서로 투쟁하며 부침하는 진화 과정을 겪게 마련이다. 그러나 결국에는 협력을 통해 자기 이득을 최대화하는 전략이 살아남는다는 사실을 액설로드는 두 차례에 걸쳐 실시한 '컴퓨터 죄수의 딜레마 대회'를 통해 예시하고 있다. 나아가 군비경쟁과 관련된 국제 정치, 박테리아와 숙주 사이의 공생 혹은 기생 관계 등 다양한 사례들을 들어서 구체적으로 설명한다.

우리는 축구나 체스처럼 오로지 한쪽만 이기고 한쪽은 지는 식의 경쟁에 익숙해져 있다. 그러나 실제 세상은 그렇지 않다. 광범위하고 다양한 상황에서 상호협력이 상호배반보다 '양쪽 모두에게' 이득이 될 때가 더 많다. 좋은 성과를 올리는 비결은 상대방을 누

르고 이기는 게 아니라 상대방에게서 협력을 유도하는 것이다. (본문 223쪽)

 액설로드가 내린 이 결론이 매력적으로 보인다면, 혹은 적어도 내가 내리는 선택이 나 아닌 다른 누구의 선택을 전제로 한다는 사실에 관심이 있는 사람이라면, 그래서 늘 자기 머리가 복잡하다고 느끼는 사람이라면, 이 책을 통해 협력이 어떻게 인류를 추동하는지 확인해 보기 바란다.

옮긴이 **이경식**

서울대학교 경영학과와 경희대학교 대학원 국문학과를 졸업했다. 영화 〈개 같은 날의 오후〉, 〈나에게
오라〉, 연극 〈동팔이의 꿈〉, 〈춤추는 시간여행〉, 드라마 〈선감도〉 등의 대본을 썼고, 『문 앞의 야만인
들』, 『오마바 자서전-내 아버지로부터의 꿈』, 『투자전쟁』, 『돌파경영 돌파전략』, 『욕망하는 식물』, 『나무
공화국』, 『컨닝, 교활함의 매혹』 등을 번역했으며, 산문집으로 『나는 아버지다』가 있다.

협력의 진화
The Evolution of Cooperation

초판 1쇄 펴낸 날 2024년 5월 20일
초판 2쇄 펴낸 날 2024년 7월 31일

지 은 이 로버트 액설로드
옮 긴 이 이경식
펴 낸 이 장영재
펴 낸 곳 마루벌
자 회 사 시스테마
전   화 02)3141-4421
팩   스 0505-333-4428
등   록 2012년 3월 16일(제313-2012-81호)
주   소 서울시 마포구 성미산로32길 12, 2층 (우 03983)
E - m a i l   sanhonjinju@naver.com
카   페 cafe.naver.com/mirbookcompany
S N S   instagram.com/mirbooks

- 시스테마는 마루벌의 인문·과학 브랜드입니다.
- 마루벌은 독자 여러분의 의견에 항상 귀 기울이고 있습니다.
- 파본은 책을 구입하신 서점에서 교환해 드립니다.
- 책값은 뒤표지에 있습니다.